本研究受国家自然科学基金委员会的资助

企业环境财务指数及环境财务融合绩效牵引研究

Corporate Environmental Financial Index and
Integrated Environmental Financial
Performance Traction

徐光华等 著

经济管理出版社
ECONOMY & MANAGEMENT PUBLISHING HOUSE

图书在版编目（CIP）数据

企业环境财务指数及环境财务融合绩效牵引研究/徐光华，沈弋，束颖著.—北京：经济管理出版社，2018.12
ISBN 978-7-5096-6190-1

Ⅰ.①企… Ⅱ.①徐…②沈…③束… Ⅲ.①企业管理—财务管理—研究 ②企业环境管理—研究 Ⅳ.①F275 ②X322

中国版本图书馆 CIP 数据核字（2018）第 275590 号

组稿编辑：申桂萍
责任编辑：赵亚荣
责任印制：黄章平
责任校对：王纪慧

出版发行：经济管理出版社
（北京市海淀区北蜂窝8号中雅大厦A座11层　100038）

网　　址：	www.E-mp.com.cn
电　　话：	（010）51915602
印　　刷：	北京玺诚印务有限公司
经　　销：	新华书店
开　　本：	720mm×1000mm/16
印　　张：	16.5
字　　数：	282 千字
版　　次：	2018 年 12 月第 1 版　2018 年 12 月第 1 次印刷
书　　号：	ISBN 978-7-5096-6190-1
定　　价：	68.00 元

·版权所有　翻印必究·

凡购本社图书，如有印装错误，由本社读者服务部负责调换。
联系地址：北京阜外月坛北小街2号
电话：（010）68022974　　邮编：100836

前　言

被誉为"近世以来最伟大的历史学家"的阿诺德·汤因比（Arnold Toynbee）在《人类与大地母亲》一书中指出："人类将会杀害大地母亲，抑或将使她得到拯救？如果滥用日益增长的技术力量，人类将置大地母亲于死地；如果克服了那导致自我毁灭的放肆的贪欲，人类则能够使她重返青春，而人类的贪欲正在使伟大母亲的生命之果——包括人类在内的一切生命造物付出代价。"

2017年5月，习近平总书记在中国共产党第十八届中央政治局集体学习时指出："推动形成绿色发展方式和生活方式，是发展观的一场深刻革命。这就要坚持和贯彻新发展理念，正确处理经济发展和生态环境保护的关系，像保护眼睛一样保护生态环境，像对待生命一样对待生态环境，坚决摒弃损害甚至破坏生态环境的发展模式，坚决摒弃以牺牲生态环境换取一时一地经济增长的做法，让良好生态环境成为人民生活的增长点、成为经济社会持续健康发展的支撑点、成为展现我国良好形象的发力点，让中华大地天更蓝、山更绿、水更清、环境更优美。"

2018年3月，李克强总理在《政府工作报告》中指出"树立绿水青山就是金山银山理念，以前所未有的决心和力度加强生态环境保护"。

伴随着环境污染问题的日益加剧，环境问题已成为当今社会各阶层人士关注的重要社会问题，人们对企业承担环境责任的呼声也越来越高，然而由于很多企业没有一个清晰的环境战略，不知应该如何应对环境问题。作为学者，应该如何引导企业加大环保投入，改善环境生态，同时提升企业形象，进而发挥环境绩效牵引作用，已成为当前学者们迫切需要认真思考和深入探讨的学术问题。

本书在全面回顾国内外环境问题相关文献和深入社会调查研究的基础上，以共生观理念为价值导向，从环境财务融合的视角，构建企业环境财务指数体系，进而对企业环境财务融合绩效牵引机理进行解析，同时开展企业环境财务指数数据库建设，最后通过实证研究，全面揭示企业应加强环境管理、提升财务与环境融合绩效，最终使企业真正达到可持续发展和整个社会的健康发展。

本书得到了国家自然科学基金委员会的资助，是国家自然科学基金面上项目"企业环境财务指数及其绩效牵引测度研究"（项目批准号：71472088）的研究成果。本书的主要撰写者为徐光华、沈弋、束颖，参与报告撰写、资料收集整理的还有钱明、吕明晗、李文勤、周荣青和朱佳立等。对于本书可能存在的不当之处，甚至错误观点，欢迎大家不吝指正！

作 者
2018年11月于南京

目 录

1 绪 论 ··· 001

  1.1 研究背景 ·· 001

  1.2 研究目的与研究内容 ··· 003

    1.2.1 研究目的 ·· 003

    1.2.2 研究内容 ·· 006

2 企业环境绩效理论回顾 ·· 008

  2.1 企业环境战略和环境绩效研究回顾 ·························· 008

    2.1.1 环境战略与绩效产生的背景 ····························· 008

    2.1.2 企业环境战略与环境绩效的内涵 ······················ 014

  2.2 企业环境绩效的测度 ··· 019

    2.2.1 企业环境绩效的计量与模型 ····························· 020

    2.2.2 企业环境绩效的测度数据来源 ·························· 027

  2.3 企业环境绩效的经济后果 ······································ 028

    2.3.1 企业环境绩效经济后果的理论溯源 ··················· 029

    2.3.2 环境绩效经济后果的异质性分析 ······················ 033

3 国内环境政策与环境治理 ··· 036

  3.1 企业环境保护现状概览 ·· 036

    3.1.1 全国企业主要污染物排放及处理情况 ················ 037

    3.1.2 企业环境保护现状评价 ··································· 043

  3.2 企业环境保护政策回顾 ·· 044

- 3.2.1 企业环境保护政策发展历程 ······ 045
- 3.2.2 企业环境保护政策体系 ······ 049

4 发达国家环境政策与环境治理 ······ 053

4.1 美国环境政策与环境治理 ······ 053
- 4.1.1 美国环境政策的初始阶段 ······ 053
- 4.1.2 美国环境政策的停滞与复兴阶段 ······ 055
- 4.1.3 21世纪的美国环境政策 ······ 056
- 4.1.4 美国环境政策特色——45年的空气质量改善伴随美国的发展 ······ 057

4.2 欧盟环境政策与环境治理 ······ 058
- 4.2.1 欧盟环境政策的初始阶段 ······ 058
- 4.2.2 欧盟环境政策的快速发展阶段 ······ 060
- 4.2.3 欧盟环境政策的成熟阶段 ······ 061
- 4.2.4 欧盟的环境政策特色——完善的环境税收体系与卓有成效的环境治理 ······ 063

4.3 日本环境政策与环境治理 ······ 071
- 4.3.1 日本环境污染的末端污染治理时期 ······ 071
- 4.3.2 日本环境政策的发展阶段 ······ 072
- 4.3.3 日本环境政策的成熟阶段 ······ 073
- 4.3.4 日本环境政策特色——环境、经济与社会问题的综合解决方案 ······ 076

4.4 发达国家环境治理对我国的启示 ······ 078
- 4.4.1 全民树立环境保护观念 ······ 079
- 4.4.2 不断完善环境政策体系 ······ 079
- 4.4.3 加大环境财政支出 ······ 080

5 指数理论研究 ······ 082

5.1 指数的概念 ······ 082
5.2 指数研究的理论基础 ······ 083

  5.2.1 指数的分类与内涵 ·· 083
  5.2.2 指数的评价标准 ·· 084
 5.3 指数研究的应用回顾 ··· 086
  5.3.1 经济学角度 ··· 086
  5.3.2 管理学角度 ··· 092
  5.3.3 社会学角度 ··· 095
 5.4 指数研究的方法简介 ··· 098
  5.4.1 统计指数编制的基本方法 ······································ 098
  5.4.2 经济管理领域指数研究主要步骤 ··························· 101

6 重污染企业环境财务指数体系构建——环境财务融合的测度 ············ 108

 6.1 环境财务融合的提出 ··· 108
  6.1.1 环境财务融合的理论依据 ······································ 108
  6.1.2 环境财务指数的内涵 ··· 112
  6.1.3 环境财务指数的意义 ··· 113
 6.2 环境财务指数体系构建 ·· 115
  6.2.1 环境财务指数体系构建原则 ··································· 115
  6.2.2 环境财务指数体系结构 ·· 117
  6.2.3 环境财务指数权重计算 ·· 120
  6.2.4 环境财务指数数据获取与计算 ································ 129
 6.3 环境财务指数评价 ·· 132
  6.3.1 环境财务指数年度统计分析 ··································· 132
  6.3.2 重污染行业细分对比分析 ······································ 136
  6.3.3 环境财务指数动态分析 ·· 137
  6.3.4 环境财务指数聚类分析 ·· 142

7 重污染企业环境财务融合绩效牵引机理解析 ···································· 144

 7.1 企业环境财务融合的资本市场绩效牵引机理 ······················ 144
  7.1.1 对企业融资约束的缓解作用 ··································· 145
  7.1.2 对企业股权融资成本的影响 ··································· 147

		7.1.3 对企业债务融资及其成本的影响 ················· 149
		7.1.4 对企业债务融资期限的影响 ······················ 151
	7.2	企业环境财务融合的内部管理绩效牵引机制 ················ 154
	7.3	企业环境财务融合的政府资源牵引机理 ··················· 156
		7.3.1 环境财务融合的影响 ··························· 156
		7.3.2 环境合法的影响 ······························ 156
		7.3.3 环境沟通的影响 ······························ 158
		7.3.4 环境管理的影响 ······························ 159
		7.3.5 绿色经营的影响 ······························ 160
		7.3.6 财务水平的影响 ······························ 160
	7.4	企业环境财务融合的供应商反哺牵引机理 ················· 161
		7.4.1 环境财务融合的影响 ··························· 161
		7.4.2 环境合法指数的影响 ··························· 161
		7.4.3 环境沟通指数的影响 ··························· 162
		7.4.4 环境管理指数的影响 ··························· 163
		7.4.5 绿色经营指数的影响 ··························· 164
		7.4.6 财务水平指数的影响 ··························· 164
	7.5	企业环境财务融合的客户正向反馈牵引机理 ················ 165
		7.5.1 环境财务指数的影响 ··························· 165
		7.5.2 环境合法指数的影响 ··························· 166
		7.5.3 环境沟通指数的影响 ··························· 166
		7.5.4 环境管理指数的影响 ··························· 167
		7.5.5 绿色经营指数的影响 ··························· 168
		7.5.6 财务水平指数的影响 ··························· 168

8 环境财务融合绩效牵引实证研究 ·························· 169

8.1	数据来源与样本确定 ··································· 169
8.2	模型构建与变量定义 ··································· 170
8.3	实证分析结果 ·· 174
	8.3.1 企业环境财务融合的资本市场反馈 ··············· 174

目 录

  8.3.2 企业环境财务融合的内部管理效应 ········· 188
  8.3.3 企业环境财务融合的供应链反哺 ············ 193
  8.3.4 企业环境财务融合的客户反馈 ··············· 198
  8.3.5 企业环境财务融合的政府资源牵引 ········· 201

9 结 语 ········· 207

9.1 研究贡献 ········· 207
  9.1.1 模型构建 ········· 207
  9.1.2 主要结论 ········· 208

9.2 启示与建议 ········· 209
  9.2.1 管理建议 ········· 209
  9.2.2 政策建议 ········· 210

附 录 ········· 213

  附录A：环境财务指数体系100强 ········· 213
  附录B：中华人民共和国环境保护法 ········· 223
  附录C：中华人民共和国环境保护税法 ········· 234

参考文献 ········· 244

1 绪 论

1.1 研究背景

改革开放以来,中国经济经历了 40 年年均 10%左右的高速增长,然而经济增长带来人民物质生活提升的同时,也产生了一些问题,其中比较突出的是较为粗放原始的经济发展方式对于环境和生态的破坏。特别是近年来,各地愈演愈烈的环境污染问题,让人们越来越真切地感受到环境治理的迫切。2013 年末,一场严重的雾霾席卷了东部及中部包括北京、上海在内的中国经济最发达的地区。2013 年 1 月 14 日,亚洲开发银行和清华大学发布的《中华人民共和国国家环境分析》报告称,中国 500 个大型城市中,只有不到 1%达到世界卫生组织空气质量标准,而世界上污染最严重的 10 个城市中有 7 个位于中国。2013 年 2 月,环保部在官方文件中首度承认中国存在"癌症村";2 月 22 日,马云在亚布力中国企业家论坛上表示:"我们相信十年以后,中国三大癌症将会困扰着每一个家庭,肝癌、肺癌、胃癌。肝癌,很多可能是因为水;肺癌,是因为我们的空气;胃癌,是我们的食物。最后我们所有挣的钱都是医药费。"[①]

不仅是居民的生命健康方面,粗放发展带来的环境污染和生态退化也给中国带来了巨大的经济损失。2005 年,中国因环境污染和生态退化造成的经济损失

---

① 2009 年 4 月,《凤凰周刊》以《中国百处致癌危地》作为封面故事,讲述了我国百处致癌危地。同年,华中师范大学地理系学生孙月飞在题为《中国癌症村的地理分布研究》的论文中,有 197 个癌症村记录了村名或得以确认。2013 年 2 月,一份基于调查材料由公益人士制作的"中国癌症村地图"在互联网上被关注,村子数量被认为超过 200 个。

（主要来自空气污染）达到 GDP 的 7.7%。与 2002 年相比，这一比例增长了 10.3%，此外水污染造成的经济损失（6.1%）开始超过空气污染造成的损失。

环境治理刻不容缓。2012 年 11 月，党的十八大从新的历史起点出发，做出"大力推进生态文明建设"的战略决策。2014 年 3 月 13 日，李克强总理在记者招待会上表示：我们要向雾霾等污染宣战，要向我们自身粗放的生产和生活方式来宣战，要铁腕治污加铁规治污。2014 年 4 月 24 日，第十二届全国人民代表大会常务委员会第八次会议通过了新修订的《中华人民共和国环境保护法》，自 2015 年 1 月 1 日起施行，按日计罚、查封扣押、限产停产、信息公开等具体惩处办法，使新环保法成为"史上最严"的环保法。2015 年 5 月 5 日，中共中央、国务院发布《关于加快推进生态文明建设的意见》。2016 年 11 月 24 日，国务院印发《"十三五"生态环境保护规划》，加强生态文明建设首度被写入国家五年规划。2017 年 10 月 18 日，习近平同志在党的十九大报告中指出，加快生态文明体制改革，建设美丽中国。2018 年 3 月 11 日，第十三届全国人民代表大会第一次会议通过了宪法修正案，"生态文明建设"和"美丽中国"的概念首次被写入中华人民共和国宪法。

马云说："污染问题不仅仅是因为发展快速造成的，不仅仅是因为政府的失职造成的……这是一个危机，是中国的巨大危机，是全人类的危机，以前我们为世界工厂而骄傲，今天我相信大家意识到工厂带来的灾难也是非常之大的。"面对如此现状，企业应该如何作为？利益相关者理论认为，在现代市场经济的条件下，企业本质上是各利益相关者缔结的"一组契约"（Jensen & Meckling, 1976），这就意味着：企业的目标是追求企业价值最大化，企业的利益是各利益相关者的共同利益，企业发展的物质基础是各利益相关者投入的资本（资源），除了股东投入的股权资本外，还有债权人投入的债务资本、员工投入的人力资本、供应商和客户投入的市场资本、政府投入的公共环境资本以及社区提供的经营环境等（张兆国、刘晓霞和张庆，2009）；企业承担社会责任不仅有利于维护各利益相关者的利益，降低社会成本，促进整个社会经济的和谐发展，而且有利于增强企业竞争能力，提高企业绩效，促进企业可持续发展（张兆国、梁志钢和尹开国，2012）。伴随着环境问题的凸显以及人们环保意识的增强，各利益相关者对企业承担环境责任的诉求越来越强烈，如何在追求经济利益的同时保护环境已经成为企业无法回避的一个问题。

学术界一直积极探讨企业与环境之间的关系，企业环境战略及其财务绩效也是近年来战略管理研究领域的热点。但是，目前对于环境战略对财务绩效的影响研究结论呈现多元的特点，意见尚未统一。一些学者（Russo & Fouts，1997；Klassen & Whybark，1999）认为企业执行前瞻型环境战略导致企业绩效提高，积极地应对环境问题能够使企业获得相应的财务回报。企业对环境的积极应对和战略性管理能够降低企业的资本成本，从而减少费用。然而，也有一些学者（Palmer，Oates & Portney，1995；Newton & Harte，1997）认为环境管理是企业负担，企业不可能通过投资环境而得到任何经济回报。

本书在充分回顾国内外相关文献的基础上，以"共生观"为价值导向，以社会的自然环境为切入口，建立环境管理战略理论平台，综合分析企业与环境的相互作用机制，将财务理论与环境理论相互融合，构建企业环境财务绩效评价体系并由此计算出环境财务指数（EFI），建设企业环境财务指数数据库，并通过数据实证和案例实证全面解析企业环境管理战略的落地过程及其管理路径。借助数理和案例两个维度的勾画，使企业能够清楚了解环境对于企业可持续发展的重要作用以及环境绩效改善的方向。

本书的理论成果也将有助于企业主管部门横向比较不同企业间的环境绩效以及相应的经济影响，为有关部门做出环境和经济决策提供理论依据和数据支持。本书希望通过展示环境对企业的影响路径以及影响结果，使企业最终能够真正认识到企业与其所处自然环境共生共荣的关系，最终在共生共赢的价值观之上，以及企业环境管理战略的指导下，真正实现企业可持续发展的目标。

1.2 研究目的与研究内容

1.2.1 研究目的

回顾以往国内外的研究，可以发现在企业的环境战略以及环境绩效评价的研究领域，其理论层面和应用层面仍然存在着一些需要进一步探索的问题。

（1）以往有关环境战略与环境绩效评价的研究大多是分别进行的。企业需要根据自身的实际情况制定自身的环境管理战略，然而往往现实中的情况是不少企业在制定环境战略后无法有效地实现战略落地，致使其成为空中楼阁。而环境绩效评价缺乏战略的支撑，所制定出来的评价体系使企业的目标模糊，无法有效帮助企业实现环境战略目标。如何让环境战略和绩效评价有机地融为一体，使企业环境管理战略有效落地，是有待进一步研究的问题。

（2）目前，国内外有关环境绩效评价已有一些研究成果，但仍然没有一个标准或相对统一的体系，导致不同企业和不同行业间无法比较，从而使社会、政府无法准确和有效评估其环境绩效，更无法据此进行有效的监督和制定相应法律法规。企业也无法了解自身的环境管理在横向比较中所处的位置，从而失去追赶目标。如何设置一个适用性广的、采用标准化计算的方法，从而能够将不同企业、行业的环境绩效水平进行对比的环境绩效评价体系，已经成为一个亟待解决的问题。

（3）以往此类研究大多忽略一个重要问题，即"绩效牵引"问题。实际上，只有通过研究一个绩效评价体系所产生的牵引作用，诸如其对财务绩效、经营绩效等的牵引力，才能真正体现这一评价体系的理论意义和应用价值，并在实践中不断完善。因此，如何测度环境绩效评价体系对企业多重绩效的影响，同样是在现有研究基础上值得探讨和深入研究的问题。

从战略视角观察，企业如何处理与自然环境的关系？企业对自然环境的投入又如何与其盈利目标相融合？从财务视角观察，如何测度企业环境管理战略的成果（结果）？这些成果（结果）对企业可持续发展又有哪些可以测度的牵引作用？从观念到战略、从宏观到微观，本书拟解决以下几方面的问题：

（1）企业发展理念与履行环境责任。传统观念认为自然环境更多是被企业作为一种静态资源予以看待的。而我们从前期的共生理论研究观察，自然环境和企业是一种相互作用的动态平衡。企业能够向自然环境索取资源，同时，自然环境也会有自身的反馈作用于企业。尤其是在现代社会，人们逐渐地认识到环境问题的严重性，从而对企业提出了更高的要求，对环境问题的漠视不仅会导致企业在长期上的"可持续发展困境"，还会更直接地引起各利益相关者的不信任，从而危及企业生存和发展的基础。因此，我们通过论证、重申这样一种互动的、运动的共生观，从根本上改变企业的观念，促使企业积极主动地去承担环境责任，制定相应的环境管理战略。

(2) 企业环境管理战略。传统观念认为自然环境作为资源的一种，从来就不是企业的战略层所考虑的因素，而只是企业为达到其某一战略目的的手段和资源（典型的如经济目标）。然而当我们把自然环境作为和企业共生共荣的一个共生组织来看待的时候，自然环境则不再是可有可无的因素，而是企业的"战略伙伴"，一个没有环境战略的企业，必定无法从根本上追求"共生性"的经济发展，从而失去环境这位"伙伴"以及众多利益相关者的信任和支持，也就无法实现企业财务目标。如何与这位"战略伙伴"进行合作，以及如何制定环境管理战略等都成了需要在战略层面解决的问题。对此，本书将通过全面回顾国内外的相关文献，并进行广泛社会调查后，以"共生观"为价值导向，构建企业环境管理战略理论平台，从而在理论上为企业履行环境责任提供指引。

(3) 环境财务指数及数据库建设。平衡计分卡（BSC）创始人、哈佛大学教授罗伯特·卡普兰（Robert S. Kaplan）认为："评价什么就得到什么。"尽管目前已有一些有关环境绩效评价的指标体系，但是这些指标体系大多是指南性质的指导文件，并不是在一个整体性的战略管理基础上构建的，且没有一个采用规范的、标准化计算流程的评价体系，这导致了不同企业、行业之间的环境绩效水平无法比较，人们无法了解企业在横向上的环境表现。此外，过多、过复杂的指标体系容易使企业在追求目标时发生混乱，不利于其环境绩效的改善。本书基于环境管理战略，通过构建企业环境绩效评价体系，并由此研制企业环境财务指数，采用货币化指标并通过标准化的计算，能够有效避免以上这些问题。此外，通过建设企业环境财务指数数据库，可以更加全面地评价企业的环境表现，并为政府的政策制定以及相关学术研究提供支持。

(4) 绩效牵引测度及实证研究。以往的研究大多停留在"怎么办"层面，然而理论用于指导实践的效果如何、执行效果怎样测度等问题却常常被忽略。有鉴于此，我们在研究了企业以何种途径以及如何使企业环境战略落地之后，还将通过数据实证和案例实证两个维度的勾画，全面解析企业环境管理战略的落地过程，揭示企业加强环境管理、提升环境绩效、形成绩效牵引的战略地图和管理路径，使企业真正达到可持续发展，实现人与自然的"和谐共生"，进而促进整个社会的健康发展。

1.2.2 研究内容

本书将对国内外企业环境战略与环境财务绩效方面的相关文献进行充分梳理，以"共生观"为价值导向，构建企业环境财务绩效评价体系并由此计算出环境财务指数，建设企业环境财务指数数据库，并通过数据实证和案例实证全面解析企业环境管理战略的落地过程及其管理路径。

本书具体将从七个方面进行研究，各部分研究内容如下：

第2章为企业环境绩效理论回顾部分。企业环境战略的财务绩效影响是目前学者们关注的热点，对于环境战略对财务绩效的影响研究结论呈现多元化的特点，国内的学者对于企业环境绩效评价指标体系构建也提出了不同的观点和看法。本章将充分梳理国内外企业环境战略与环境财务绩效方面的相关文献，为环境财务指数体系的构建奠定理论依据。

第3章为国内环境政策与环境治理部分。近年来，随着国家环保方面投入力度的增强，特别是环保法制体系的不断完善，我国的环境状况得以明显改善，但我国的环境污染问题依然严峻。本章将对近年来我国的环境现状及环境政策进行梳理、回顾，分析近年来我国在环境保护特别是企业环境治理方面取得的进展，总结经验教训，为企业环境治理效率提升提供实践经验与政策依据。

第4章为发达国家环境政策与环境治理部分。本章对美国、欧盟、日本的环境政策进行了分析。美国、日本等发达国家是传统的制造业强国。这些国家与中国类似，都经历了"先污染、后治理"的过程，这些国家在有效利用资源、治理环境污染、促进经济可持续发展方面都形成了较为有效的政策体系，因此，总结并学习这些国家的环境政策，对我国的环境保护有重要的意义。

第5章为指数理论研究部分。本章将重点介绍指数概念的界定、指数研究的理论基础、指数研究的应用回顾和常用的指数研究方法。指数作为传统的经济分析方法之一，是国家制定宏观经济政策、完善相应法律法规、抑制通货膨胀和物价上涨等的重要依据，而本书的最终成果也将以环境财务指数的形式呈现，因此第5章是本书的重要理论基础。

第6章为重污染企业环境财务指数体系构建部分。环境财务指数是上市公司在环境保护和财务绩效两方面整体协调程度的数量化反映，该指数的提出是鞭策上市公司加强环境保护或提高财务水平的动力，是国家在生态环境保护方面对上市公司综合评价体系的完善，是人类文明和生态文明共生的需要，是人类可持续发展必不可少的一环。本章重点论述了环境财务指数的理论背景、指数内涵与意义、指数构建的方法及对环境财务指数的评价。

第 7 章为重污染企业环境财务融合绩效牵引机理解析部分。环境财务指数主要包含环境合法、环境沟通、环境管理、绿色绩效和整体财务五项内容，本章首先从资本市场视角出发，具体分析环境财务融合对企业融资能力的影响机制，进而从员工视角出发，对环境财务的内部管理绩效牵引机制进行探究。

第 8 章为环境财务融合绩效牵引实证研究部分。本章主要通过实证分析来检验环境财务指数对企业绩效的牵引机理。企业的绩效是一个高度综合的概念。要探讨环境财务指数对它的影响，有必要对企业绩效进行剖析，从而厘清具体的作用机理。本章依据利益相关者理论，结合前文中的理论分析，沿循实证研究的思路，分别从股东、债权人、员工、供应商、客户、政府等多个视角出发来进行实证分析。整体而言，本章主要采用线性回归的方式来验证环境财务指数对各项绩效的影响，其内容主要包括数据来源与样本确定、变量定义与实证模型构建、实证结果讨论。

2 企业环境绩效理论回顾

企业环境问题不仅关乎企业自身的生存与发展,更关乎整个社会民众、国家乃至整个人类的可持续发展与福祉。企业的环境绩效通常被视为企业环境管理和环境战略实施的成效。企业环境绩效已成为当今世界牵动社会各界关心的重要热点问题,也是国内外学术界研究的重点和热点问题。企业环境绩效如何,还需要一系列评价标准和指标体系以及一定的计量模型或方法进行测度,而最终的落脚点或者说环境绩效研究领域最根本的问题乃是企业环境绩效可能产生的经济后果问题。对于这些问题,国内外学者都运用不同的方法、从不同的视角进行了理论与实证研究。本章主要对企业环境战略和环境绩效产生的宏观、微观背景及其内涵进行回顾,并重点对企业环境绩效的测度(包括环境绩效的指标选取、评价标准、测度的模型/方法等)与可能的各种经济后果进行理论回顾与综述。

2.1 企业环境战略和环境绩效研究回顾

企业为什么需要实施环境战略和评估环境绩效?什么是环境战略?什么是环境绩效?如何科学地界定或定义环境战略和环境绩效的内涵,始终是关系到企业环境绩效的测度以及研究环境绩效经济后果的基础问题。本节回顾环境绩效产生的微观、宏观背景,并对环境战略和环境绩效的内涵从不同角度进行综述。

2.1.1 环境战略与绩效产生的背景

2.1.1.1 宏观背景

自工业革命以来,尤其是 20 世纪五六十年代以前,西方发达国家几乎把最大限度追逐企业经济利润奉为经济行为的最高纲领，从而忽视社会和公众的利益，尤其是忽视对自然环境的污染和破坏，造成自然资源的严重枯竭和生态环境状况日益恶化，环境的破坏反过来制约和阻碍了经济的进一步持续发展。著名的八大公害事件，使人类遭受重大灾难，人类为环境破坏行为付出沉重代价。自然和环境对人类的报复，敲响了人类环境意识和环境保护的警钟。许多国家开始意识到经济活动对环境造成的危害以及采取措施来保护和治理环境的必要性，并先后制定环境保护方面的相关法律法规以及政策。1969 年美国颁布了《联邦环境政策法》，规定设立国家环境质量委员会（Council on Environmental Quality，CEQ），明确政府对环境承担责任。1970 年美国通过《清洁空气法》（Clean Air Act），并成立了环境保护署（Environmental Protection Agency）。荷兰 1972 年制定有关环境方面的《紧急政策文件》，1989 年制定《国家环境政策规划》。澳大利亚维多利亚州在 1970 年就制定和颁布了《环境保护法》（Environment Protection Act）。1973 年，欧盟提出第一个环境行动计划，确立未来 5~10 年欧盟环境保护的重点领域和涉及这些重点领域的环境保护行动。

1972 年联合国环境规划署（UNEP）成立，并在瑞典首都斯德哥尔摩第一次召开人类环境工作会议，会议发表的《人类环境宣言》呼吁各国政府和人民为全体人民和他们的子孙后代的利益做出共同的努力，要求公民和团体以及企业和各级政府机关承担责任。《人类环境宣言》在承认人类环境权利的同时也明确规定："人类负有保护和改善这一代和将来的世世代代的环境的庄严责任。"环境大会的举行和联合国环境规划署的成立，在促进全球环境保护行动和环境保护与管理领域留下了深刻一笔。

20 世纪 90 年代以来，环境污染、自然资源的过度利用等环境问题仍然堪忧，全球气候灾害频发、周期缩短、多灾并发且破坏力强，全球环境形势依然严峻。环境问题越来越得到政府、企业管理层、环境组织、媒体和社会公众等的广泛而普遍的关注和重视。1992 年包括 99 位诺贝尔奖获得者在内的 1500 位科学家发表《对人类的警告》，指出全球至少面临八大严重环境危机。1992 年，联合国环境与发展大会上通过的《21 世纪议程》，提出了可持续发展理念，并呼吁工商界"采用有效的清洁生产工艺、污染预防战略，从而尽量减少和避免浪费资源"。

为应对环境压力，世界各国都在加紧制定环境规制方面的法律、政策、制度，环境质量标准认证体系也在世界范围内飞速发展。全球范围内重要的环境标准认证规则主要包括国际质量标准ISO14000、欧洲生态管理和审计计划（EMAS）和英国质量标准7750（BS7750）等。其中，国际化标准组织（ISO）于1993年10月成立环境管理技术委员会（ISO/TC207），制定出ISO14000系列环境管理系统标准，广泛用于规范各国政府、企业以及社会团体等各种组织的环境行为，促进全球环境保护工作的开展。

迫于政府法律法规的制约、环境污染惩罚力度的加大和环境保护的压力，美国、加拿大、欧洲等西方国家的企业管理当局也意识到环境问题给企业带来的风险与压力，越来越多的企业开始采取"更为积极"的态度或战略来处理企业涉及的环境问题。很多企业纷纷自发地制定积极主动的环境管理与可持续发展战略或环境战略计划，核算环境成本，评估环境绩效，并且出于降低环境风险的需要，开始应用会计计量形式确认其对环境的影响。可以说，20世纪70~90年代以来，企业环境责任、企业环境主义、企业环境战略、企业绿色化与绿色管理、企业环境会计、企业环境绩效等概念纷纷出现，充分体现了社会各界对企业各项环境活动与绩效的高度关注。

早期的环境法律法规、政策等以"命令和强制"为特点，行政管理当局强制要求企业必须严格遵守环境保护政策法规和一定的环保标准（如ISO14000标准），并对企业应当采用如减污技术标准、生产技术标准等做出规定，否则企业将面临严厉的处罚。单纯的"命令和强制"型环境规制限制了企业的自主环境管理决策权，不利于企业环境战略的形成。而20世纪90年代后期，经济激励型环境政策（如环境方面的税费政策、可交易的排污许可证等）为越来越多的国家所采用，成为环境规制体系的重要政策手段之一。通过借助市场无形的手的力量，来引导企业减排、节能、环境技术创新等行为，赋予企业管理者更多的自主选择空间。在这一背景下，企业实施环境战略的重要性和选择性逐步得到了发展，更大程度地发挥了企业自主管理与保护环境行为的能动作用，丰富了企业环境战略选择的内容。

我国自改革开放以来，经济取得了令世界瞩目的高速增长，但是这种高速发展以对自然资源的过度开发和对环境的巨大破坏为代价。环境污染与资源耗竭严重地威胁到人们的生活质量，影响国家和地区的可持续发展。20世纪80年代，我国开始重视环境污染与治理问题，并逐步制定多部与环境保护相关的法律、政策。进入21世纪以来,党和国家也多次提出要转变我国经济增长方式,加强环境治理与保护,缓解资源环境约束。党的十八大首次将生态文明建设纳入中国特色社会主义建设事业的"五位一体"总体布局,将生态文明建设提升到更高战略层面,将其融入政治、经济、文化、社会建设的各个方面和全部过程,致力于实现可持续发展,建设美丽中国。生态文明建设突出强调大力发展循环经济、绿色经济、低碳经济模式,更加全面地引导企业注重制定环境战略,提升环境绩效,实现社会的可持续发展。党的十八届五中全会又提出"创新、协调、绿色、开放、共享"的五大发展理念,把绿色协调发展理念作为社会经济可持续发展的根基。

随着我国国家在法律、政策、制度等环境规制体系方面越来越完善,环境管理与环境监管也越来越严格,企业和社会公众的环保意识也与时俱进,企业的环境战略也逐步从政府推动模式向积极主动模式转变。企业的环境战略、环境绩效等问题越来越成为企业生存与发展的重要组成部分。

随着环境保护与可持续发展理念的深入人心,企业的环境行为和环境管理绩效越来越受到政府、股东与债权人、基金管理者、环境保护组织以及社会公众等不同利益相关主体的关注。Deegan Craig 和 Michaela Rankin(1997)的一项调研报告表明,大多数外部机构如金融机构、环境监管机构等,在关注企业财务会计报告信息的同时,对企业的环境成本及环境绩效方面的信息也非常关注,他们一般认为环境绩效信息与财务报告中的资产、利润和现金流量等信息同等重要。绩效的产生需要一种工具来对其进行计量、评估或者定量化,进行环境绩效评价成为企业环境战略管理问题的关键。企业制定和实施的环境战略以及环境投入、环境管理等是否有效,需要经过一套科学的评价模型对其进行"价值判断",也即通过客观、有效的环境战略绩效评价或环境绩效评价来验证企业一系列环境活动的科学性、有效性。因此,有关企业环境绩效、环境绩效评价的概念也成为国内外学者共同关注的焦点问题之一。早在1969年,美国环境保护署公布的国家环境政策法案《关于推动产业界采用系统化环境影响评估程序》,就提出环境绩效评价概念。挪威 NorskHydro 公司于1989年发布了全球第一份环境报告,涉及环境绩效的披露。20世纪90年代以来,国际标准组织(ISO)、联合国国际会计和报告标准政府间专家工作组(ISAR)、世界可持续发展工商理事会(WBCSD)、全球性报告促进行动(GRI)、加拿大特许会计师协会(CICA),以及日本、英国、美国、欧洲等国家(地区)制定了大量环境绩效评价相关标准,发布各自的环境报告指南，大力推动了环境绩效评估的发展。

2.1.1.2 微观背景

除了国家环境规制等外部压力驱动企业进行环境战略选择，一些利益相关者、经济利益的诱使以及企业管理者自身认知也驱动着企业实施环境战略。一方面，现代工业企业生产经营活动对环境产生的影响越来越大，另一方面，随着人们环保意识的增强，利益相关者对企业环境方面的活动越来越关注，企业管理者为了避免企业在环境方面的负面影响，必须采取一定的环境战略措施，积极对环境资源进行管理，提升环境绩效。有研究表明，在顾客和供应商，股东、员工和金融机构，媒体、竞争者和其他组织等利益相关者中，媒体对企业反应型战略选择的影响最大，原因在于媒体能够将企业的违法行为公布于众，企业违法行为被公布于众会对企业声誉产生巨大的负面影响，同时吸引政府干预（Sharma & Henriques，2005）。此外，环境问题能否进入企业的战略管理层面，也和企业内部管理者本身对环境的认知和企业以往的环境管理经验与成效有关。

在企业环境战略研究领域，早在20世纪八九十年代，管理学学者就将企业环境战略作为企业管理战略的一个重要领域开展研究。如 Logsdon（1985）研究了采掘行业的企业应对政府环境规制的战略；Klassen 和 Whybark（1999）论述了制造业的相关环境战略；Sharma（2000）对加拿大石油和天然气行业的环境战略进行了分析；C. Oliver（1990）并没有把研究局限在某个具体行业和环境下，而是提出了一个具有一般意义的环境战略，就组织如何处理政府规制的干预提出了五个战略和十五条策略，使研究最具综合性和应用性。当然，当时 C.Oliver 研究的主要是政治战略，而不是环境战略，并没有把环境纳入其战略的研究范围中，但是后来 B. Clements（2001）结合 C. Oliver 的一些观点，以美国钢铁业为样本对此进行了实证研究，发现特别契合。B. Clements（2001）还指出，企业针对环境法规做出的企业环境战略从最初的被动顺从到主动操纵，并对这一观点通过实证研究进行了验证。

此后，企业环境战略的驱动力、环境战略分类以及环境战略与企业竞争优势的关系、对经济绩效的影响成为学者们关注的热点问题。在环境战略对企业竞争优势或经济绩效的影响方面，最具代表性、影响最深的当属 Porter 和 Linde（1995）提出的"波特假说"。他们认为环境管制必然会引导和激发企业进行技术创新，并获得先动优势，从而提高国际竞争力，环境绩效与经济绩效呈正相关关系。

随着环境战略与环境绩效理论研究和环境管理实践的不断深入,企业管理层也越来越认知到环境管理的重要性和对环境管理带来的经济利益或竞争优势做出判断,进而,企业越来越认识到实施环境战略的重要性。

在环境绩效方面,早期的企业也是在政府环境管制驱动下被动改善环境绩效。由于提高环境绩效需要增加环境投入迫使企业成本增加,从短期看损害了其竞争优势。但随着时间推移,一些企业在环境规制的压力下开始采取积极的创新政策,不断提高资源生产力或资源利用率,实行低碳管理、开发清洁能源、研发新的环保技术、创新绿色环保产品等,从而在提高企业环境绩效的同时提高企业的生产效率并获得竞争优势。企业在环境管理方面的良好成效或良好社会形象无疑会为企业赢得更多的市场份额;在技术方面的创新和新型环保产品方面的生产,比竞争对手更抢先进入市场从而获得竞争优势。因此,企业环境绩效往往能带来一定的经济收益,并能给企业创造良好形象,反过来也成为驱动企业改善环境绩效的因素。而国家环境规制从命令强制型到激励型转变,企业拥有了一定的环境自主选择权,也是激励企业环境创新、提升环境绩效的因素。

企业改善环境绩效(往往也被称为"组织绿化"过程),也即企业值不值得绿化的问题。自20世纪70年代,美国学者Bragdon和Marlin等(1972)首次提出环境绩效等相关概念以来,国外学者对企业是否值得绿化、企业环境绩效等问题从理论与实证检验等方面进行了大量研究,取得重要的研究进展。但直到20世纪90年代,环境绩效和环境绩效评价的相关研究才逐渐丰富起来。环境绩效的研究主要集中在环境绩效内涵的界定、环境绩效的测度(指标选取、计量模型、实证检验等)、环境财务绩效以及企业环境绩效与经济绩效(财务绩效)的关系等方面。在国内外企业环境绩效研究领域中,企业值不值得绿化的问题或者说企业环境绩效与经济绩效(财务绩效)的关系是最受重视和最具争议的问题之一,不仅成为理论界研究的重点,也成为决定企业是否将环境绩效问题纳入企业核心运营目标和战略管理的关键问题之一。

国内对于环境绩效的研究也基本在20世纪90年代开始。对于环境绩效,早期很多学者引入时将其定义为"环境表现""环境行为""环境效率""环境绩效"等,直到2005年5月中国国家标准化委员会才正式命名为"环境绩效"。环境绩效评价的研究略晚,大概始于1997年,直到2000年后,环境绩效与评价的研究开始成为热点。国内学者的研究多以国外相关成果作为研究基础,结合我国具体国情，对跨地区及行业的环境绩效评价、环境绩效评价指标体系以及环境绩效计量模型或方法等进行了大量有益的探索。

2.1.2 企业环境战略与环境绩效的内涵

2.1.2.1 企业环境战略的内涵回顾

虽然企业环境战略在企业战略管理中占据一席之地，但迄今为止，有关企业环境战略内涵的研究较少而且尚无公认的定义。国外比较认可的是 Hart（1995）架构的以自然资源基础观为理论基础的企业环境战略框架。Hart 认为企业的商业活动必然受制于自然生态环境，传统的战略管理理论仅仅强调政治、经济、社会和技术等方面，而忽略了自然环境，也没有把自然环境作为企业外部环境的一个重要部分；在自然环境日益恶化的背景下，就必须将环境问题纳入企业战略管理。他认为环境战略应当以自然资源基础观为理论基础，形成预防污染、监控产品和可持续发展三个互相关联的战略维度。Sharma 和 Vredenburg（1998）在拓展 Hart（1995）的理论基础上，认为环境战略是企业战略管理中的重要研究问题。Sharma（2000）对环境战略进行了更加宽泛的定义，认为企业环境战略是指企业自然环境与经济管理之间的模式，是企业为弱化对环境的负面影响而自愿采取的一系列应对环境方面的措施，包括遵守环境规制等。这个概念主要包含两类环境行为：一种是企业为遵守环境法规而被动采取的基本应对行为；另一种是企业为避免和减少对环境造成的负面影响而自愿主动采取的环境管理行为。

近年来，国内学者对环境战略也多有研究，刘彦平（2000）指出企业环境战略是企业为实现生产经营全过程绿化而制定的战略；秦颖等（2004）认为企业环境战略是政治战略的主要组成部分，对企业环境战略的研究源自于企业政治战略，即企业应对政府政策法律规定的战略；何苑（2004）认为企业环境战略是依据经济发展规律及生态环境优化的原理，以提高综合效益为总体目标，对企业的产、供、销等环节实行全面绿色化管理的企业经营发展战略。胡美琴和李元旭（2007）认为企业环境战略是企业处理生产经营活动与自然生态环境相互关系的一种行为模式。吴维库和李贞恩（2010）表示企业环境战略是企业为有效应对气候变化，尽量减少产品价值链全过程中温室气体等有害物质的排放，并创造绿色发展先机，最终实现企业的低碳可持续发展的经营管理活动。

关于企业环境战略具体包括哪些内容，Hart（1995）认为其主要包括污染防治、产品管理和可持续发展三个部分。Sharma 和 Vredenburg（1998）认为环境战略不能仅仅作为一个职能部门战略，如环境管理并不是污染处理技术的安装与使用，应该把环境战略放在整体战略高度上。Sharma 和 Henriques（2005）则将范围扩展到产品"从出生到死亡"的整个过程，即从产品研发、原材料采购、供应链管理、产品生产、分销、使用到废弃物的回收利用等整个过程。从企业生产经营过程的角度来阐述企业环境战略的具体内容，企业的经营理念、战略目标、技术创新、产品研发、清洁生产、市场开拓、绿色企业文化、企业形象等都要涉及绿色环保。刘燕娜等（2007）认为企业环境战略要求企业在整个产品生命周期，即从资源利用，到生产转化为产品，再到消费并最终将资源转化为废弃物的涉及环境的整个过程都要有"绿色"意识。

企业环境战略的内涵较为宽泛，根据不同的划分标准，企业环境战略可以分为多种类型。其划分标准有：企业对环境问题的重视程度及环境责任意识、企业对待政府环境规制的态度和行为、企业环境战略的关注点和侧重点，典型的分类如表 2-1 所示。其中，Roome（1992）的分类影响最广。

表 2-1 企业环境战略类型

序号	环境战略类型	提出者（时间）
1	不遵守、遵守、遵守+、商业与自然环境双优秀、领导优势	Roome（1992）
2	反应型和前瞻型环境战略	Sharma 和 Vredenburg（1998）
3	反应型、防御型、适应型和前瞻型战略	Henriquesi 和 Sadorsky（1999）
4	污染控制、生态效率、再循环、生态管理和业务重新定义	Sharma 和 Henriques（2005）
5	追随、改变、适应和塑造四种类型	费显政（2006）
6	规制应对型、消极策略型、风险规避型和机会追求型	马中东和陈莹（2010）
7	领导战略、跟随战略以及预防战略	曹瑄玮（2011）

资料来源：根据文献整理。

企业环境战略的财务绩效影响也是学者们关注的热点，但是，对于环境战略对财务绩效的影响研究结论呈现多元的特点，意见尚未统一。许多学者认为企业执行前瞻型环境战略导致企业绩效提高，积极地应对环境问题和积极环境战略性管理会激发企业创新活动，能够使企业获得相应的财务回报，降低企业的资本成本，从而减少费用（Klassen & McLaughlin, 1996; Russo & Fouts, 1997; Judge &

Douglas, 1998; Klassen & Whybark, 1999; Wagner & Schaltergger, 2004)。Hart 和 Milstein（2003）指出，积极的环境战略可以通过内部生产运营效率的提高以及满足外部合规性要求等方式提升环境绩效，从而为企业带来更大的竞争力、创造更多的财富。然而，也有一些学者（Palmer, 1995; Oates & Portney, 1995; Newton & Harte, 1997）认为环境管理会增加企业产品生产成本，降低企业经营绩效，企业不可能通过改善环境方面的投资而获得任何经济上的回报。也有学者认为，争论企业环境战略的财务效应没有意义，关键问题在于企业在什么条件下应当进行环境投入，环境与财务的边界在哪里，而这也是进一步需要研究的问题。只有对企业所处的环境进行具体分析，采取适合的环境战略，才有助于提高企业的经营绩效（Martinez, 2014）。

环境战略的制定要考虑环境战略的可持续性和有效性，即考虑产品"从出生到死亡"的整个生命周期过程的环境战略有效性。企业环境战略的目标应该是提升企业竞争优势、经济绩效和环境绩效。具体而言，无论企业采取何种环境战略，都意味着要将环境绩效的理念贯穿于环境战略制定、实施、评估的始终，并制定企业环境绩效目标。总之，企业环境战略选择成为影响企业环境绩效和企业经营绩效的重要因素之一。

2.1.2.2 企业环境绩效的内涵

企业环境绩效内涵界定是进行企业环境绩效测度的关键，也是研究企业环境绩效与企业经济绩效之间关系的模型的理论起点（杨东宁和周长辉，2004）。但目前国内外学者对环境绩效的内涵并未形成统一的观点，更没有公认的定义标准。Trumpp 等（2015）进行文献分析时发现在 133 篇相关论文中仅有 16 篇对环境绩效内涵给出了明确定义。综合国内外文献，下面从不同视角归纳定义企业环境绩效的内涵。

（1）从绩效本身的概念出发定义。绩效往往和期望的实现程度相联系，Brumbrach（1998）指出绩效是指行为和结果。从绩效本身的概念出发，环境绩效往往被定义为是公司达到委托人目标的程度（Milgrom & Roberts, 1992），以及公司为了满足利益相关者有关环境责任期望的程度（Rufetal, 1998; Carroll, 2000）。余怒涛（2017）认为环境绩效是企业对其环境因素进行管理从而对利益相关者期望的实现程度。环境绩效是通过企业对其自身环境因素进行管理而实现的成绩，利益相关者对企业环境绩效的期望是评价企业环境绩效好坏的基准。

（2）从公司的产出角度定义。一些学者把利益相关者的环境责任期望具体化，从公司产出的角度定义环境绩效，认为环境绩效是一个公司的活动对环境产生损害的水平，环境绩效是所有的环境影响的一个矢量（Lankoski，2000）。此外，学术界普遍认为，企业环境绩效应把握两个方面的维度：一是环境要素作为一种资源投入，应力求以最小的环境资源投入来获得既定产出；二是企业生产经营活动或行为对自然环境及利益相关者造成的影响，环境绩效作为企业经济活动的一种产出结果，应力求在既定投入下获得最大程度的环境改善或最小的环境损害。余怒涛（2017）认为现有文献中使用最多的度量环境绩效的方法是从经营产出（如废气、废水排放和有毒物质、放射性物质等的排放）角度来度量。

（3）从社会绩效和社会责任角度定义。Wood（1991）认为环境绩效的概念应该包括在企业社会绩效中，提出企业社会绩效（Corporate Social Performance，CSP）模型，并将 CSP 定义为一个商业组织的社会责任原则性的构成，社会反响力、政策、项目，以及可观察的结果三个维度的企业社会责任。Wood（2010）还指出这三个维度相互依存：责任感的结构性原则是投入，社会反响力的过程是生产量和产出，影响是绩效的结果。Ilinitch 等（1998）及 Busch 和 Hoffmann（2011）等持社会绩效观点的学者支持 Wood 提出的 CSP 概念模型，他们认为环境绩效可以被看作是企业社会绩效的一个子范畴，可以直接用企业社会绩效来构造环境绩效的概念。

许多学者也从社会责任的角度定义环境绩效。早在 1916 年，美国学者克拉克（Maurice Clark）就提出企业社会责任思想，根据不同的利益相关方，企业承担的社会责任可以分为环境责任、员工责任、伙伴责任等。此外，很多学者认为企业社会责任包括环境责任、经济责任、政治和文化责任三方面。Judge 和 Douglas（1998）认为公司要对不同的环境利益相关者承担责任，因此，从社会责任的角度，环境绩效被定义为"在涉及有关自然环境的问题时，一个公司在满足和超出社会预期方面产生的效益"。

（4）从信息披露或使用者的角度定义。英国著名会计学家 R. H. Gray（1993）从信息披露的角度对环境绩效进行定义，认为环境绩效报告需要披露的内容主要应包括企业所采取的环境政策、相应的环境计划和结构框架、涉及的财务事项、发生的环境活动、可持续发展方面的管理五个部分。Gray 还指出环境绩效不能只考虑财务因素，也不能只把企业对环境的影响作为环境绩效的计量依据，还要联系顾客满意度、生产效率、产品质量和创新能力等其他因素的多维度概念。加拿大特许会计师协会 CICA（1994）发布《环境绩效报告》，根据该报告，环境绩效包括企业的基本情况，环境政策、目的与目标，环境管理分析，环境绩效分析等内容。一些学者从信息使用者的角度定义环境绩效，如 Lenciu 和 Clu-Napoca（2012）认为传统的财务会计不能满足环境信息使用者的需求，为能够清晰地反映公司的环境绩效，必须增加反映公司环境管理和环境绩效方面的环境管理会计，以及基于环境管理会计建立能够完成传统的财务报告、与可持续环境报告相关的机制，以弥补传统财务会计的不足。

（5）从企业环境管理角度定义。国际标准化组织（ISO）发布的 ISO14000 系列标准将环境绩效定义为"一个组织基于其环境方针、目标和指标，控制其环境因素所取得的可测量的环境管理体系结果"。ISO14031（1999）将环境绩效分为管理绩效（EMP）和操作绩效（EOP）两个维度。Tyteca（1997）认为企业环境绩效是企业在污染防治和资源利用等方面进行管理而取得的效率和效果，是能够在不同企业间进行比较的衡量标准。C. J. Corbett（2002）从环境管理效果的角度，认为企业环境绩效是企业进行环境管理所取得的成效，包括两个方面的管理成效：一是企业生产经营活动对环境造成的直接影响；二是在企业的管理制度、企业文化、人力资源开发等方面所体现的环保意识。Bhattacharyya 等（2015）建立了一个由组织制度、利益相关者关系、操作对策和环境追踪四个环境管理绩效与输入和输出两个环境操作绩效构成的系统。

杨东宁（2004）等从环境管理效果角度，认为环境绩效是企业在从事环境管理活动过程中所取得的环境效益和社会效益，包括企业行为对自然环境的影响和企业环境行为对自身组织能力的影响两个维度。刘德银（2007）认为环境绩效即环境管理绩效，是指政府或企业进行环境管理所取得的成绩或效果，而不是环境管理过程或行为本身，环境绩效包括经济上（环境财务绩效）和环境质量上的效果。

此外，许多学者将企业在污染治理、资源节约、生态保护等环境管理方面取得的成效称为环境绩效，并用一些简单的指标如排污量数据评估环境绩效。

（6）从财务业绩和环境质量业绩两方面定义。Stanwick P. A. 等（1998）认为环境绩效是对涉及环境及环境问题方面的财务业绩和环境质量业绩的总称。日本环境省 2005 年《环境会计指南》指出，"企业环境会计的业绩分为两个部分——财务业绩和环境业绩，其环境业绩仅指环境会计系统确认、计量和报告的环境持续利益的实物部分而不包括货币部分，其中的货币部分作为财务业绩"。经济合作与发展组织（2006）认为广义的环境绩效是企业通过控制或调整生产活动对生态环境产生的不利影响，在污染治理、资源节约、生态保护等层面取得的包括货币性和非货币性两方面的积极成果。英国的经济学家 Motta R. S. 在研究企业披露的环境绩效报告等信息后，将环境绩效进一步划分为环境质量绩效和环境财务绩效。其中，环境财务绩效是环境收入与环境支出的差额（类似利润的概念），环境质量绩效包括环境法规的执行情况、生态环境保护和改善情况、自然环境生态损失情况，以及环境审计报告、未来展望等部分（胡嵩，2006）。

国内学者许家林和孟凡利（2004）、胡嵩（2006）、刘德银（2007）、丛晓华（2010）、陈璇和淳伟德（2010）、甘昌盛（2012）都认为企业环境绩效综合反映了企业生产经营活动和企业环境管理行为对环境造成的影响和对财务成果的影响，是企业在环境管理方面的财务业绩和环境质量业绩的总称，主要体现在财务和质量两个方面。财务绩效可通过货币指标反映，而环境质量绩效一般要通过非货币指标，如实物、技术指标等来反映。张亚连（2007）认为广义的环境绩效指企业持续改善其污染防治、资源利用和生态环境等方面所取得的生态效率和累积效果，既可以用财务指标计量，也可用非财务指标计量。

目前国内外对企业环境绩效的内涵界定不统一，不同的内涵界定反映出环境绩效不同的内容，从而导致在进行环境绩效测度时，企业环境绩效测度指标的选择存在较大的随意性，环境绩效测度方法、标准不一，无法建立科学且适用的绩效评价体系，加上赋予权重时具有很强的主观性，也在很大程度上造成研究结论的不一致。

2.2 企业环境绩效的测度

企业环境绩效的测度是运用一定的工具计量或定量化企业环境绩效，包括指标的选取、测度的方法、评价标准等，并进行科学综合评价，这是进行环境绩效问题研究的关键。本节内容重点介绍企业环境绩效的评价标准、计量指标、测度模型（方法），以及环境绩效测度的数据来源。

2.2.1 企业环境绩效的计量与模型

2.2.1.1 企业环境绩效的评价标准

最初对环境绩效评价的研究主要是囊括在对企业社会责任的评价之中的，但随着人们对环境问题的日益重视，环境绩效评价逐渐独立开来，成为一个重要的研究主题。尤其是从 20 世纪 90 年代以来，对企业环境绩效评价指标及标准的研究逐渐增多起来。目前，国际上的一些重要国际环境组织和政府机构已经推出了一些有关环境绩效评价指标的指南或指导意见，对企业环境绩效评价标准做出规定（见表 2-2）。

表 2-2 国外环境报告指南

类型	标准或指标	发布机构
参考型指南	《衡量生态效率：呈报企业绩效的指导》的生态效益评价标准。生态效益指标的计算公式如下： 生态效益=产品或服务的价值/环境影响	WBCSD（世界可持续发展工商理事会，1994，2000）
		UNEP（联合国环境规划署，1994）
		美国环保局（1996）
	1994 年，CICA 发布了《环境绩效报告》，主要涉及资源、公用事业、小型制造业、零售行业、交通行业以及其他服务业共 6 种行业；包括野生动植物的保护，土地的破坏和恢复，采掘、使用和再生的资源，污染预防，固体废物的管理，能源的保护等 15 个方面的环境绩效指标。这些指标主要是针对企业外部利益相关者的环境信息需求而制定的	加拿大特许会计师协会（CICA，1994） 加拿大政府（2000，2002）
	英国的 BS7750 质量标准，1992 年由英国标准协会制定，是世界上第一部系统的环境认证标准，1996 年引入 ISO14001 质量标准后停止实施	英国政府（1997，2002）
	《企业环境绩效指标》，包括环境保护效果指标（以对企业造成环境负影响的量以及增减变化进行确认和计量时所使用的以物量单位来反映）和伴随环境保护政策的经济效益评价指标两大类。这些指标可以分为用数量表示的递减指标和用比例表示的递增指标。根据与生产经营活动的关系可以具体区分为以下四类：有关生产经营活动中投入的资源的环境绩效；有关生产经营活动中产生的环境负荷及废弃物的环境绩效；有关产品、服务的环境绩效；运输等其他方面的环境绩效	日本环境省（环境报告书指南，1997，2000）
自主标准型指南		CERES（对环境负责的经济体联盟，1989，2000） PERI（公共环境报告行动，1993）

续表

类型	标准或指标	发布机构
环境管理监察型指南	最初目的是针对特定行业的强制性环境管理和审计规则，它比ISO14001更为严厉，现在已发展为适用于所有公司的一套环境管理规则。EMAS要求由欧盟成员国管辖机关等公认的环境鉴证人对环境政策、实施计划等内容以及环境报告书的可行性进行鉴证并且公布鉴证完毕的环境报告书	EMAS（欧盟环境管理和审计计划，1993，1998）
		ISO/TC207 世界会议标准（2004）
	组织周边的环境状况指标（ECIs）和组织内部的环境绩效指标（EPIs），其中EPIs又可以进一步分为经营业绩指标（OPIs）和管理业绩指标（MPIs）	ISO14031 环境绩效评价标准（国际标准化组织，1999）
可持续发展报告型指南	企业的可持续发展包括环境、社会和经济三个方面。其中绩效指标包括10个：所用的总能量、所用的总电量、所用的总燃料、所用的其他能源、所用的非燃料原料总量、所用的水总量、被归为废弃物的非产品产出的数量、在陆地处理的各类非产品产出的数量、排入大气的各类废弃物、排入水中的各类废弃物。这些指标适用于所有选择提供可持续发展报告的企业	GRI（全球性报告促进行动，2000，2002，2006）

资料来源：根据文献整理。

此外，联合国国际会计与报告标准政府间专家工作组（ISAR）在1997年公布的《企业层次的环境财务会计和报告》中，提出了一套关键性环境绩效指标（EPIs），包含环境影响最终指标、潜在环境影响风险指标、排放物和废弃物指标、投入指标、资源耗费指标、效率指标、顾客指标、财务指标八项主要内容。

2.2.1.2 企业环境绩效的计量指标体系研究

设计出能对企业间的绩效进行计量、定量化、对比的指标是企业环境绩效测度的核心。

（1）产品生命周期视角的环境绩效指标。评价企业环境绩效时，如果割裂整个生命周期过程，不利于全面选取环境绩效评价指标。Johan Thoresen（1999）认为应基于生命周期的观点评估和管理企业环境绩效，其指标应分为产品生命周期绩效、操作绩效和环境状况指标，并提出管理层制定总体及内部具体环境绩效指标的标准。Hansson（1996）、Xin Ren（2000）和T. Zobel（2002）都认为应以生命周期为视角，划分环境绩效指标。

林逢春和陈静（2006）等构建了基于生命周期的环境影响指标、环境管理水平先进性指标、环境管理指标和环境守法指标等企业环境绩效指标体系。王燕等（2016）围绕钢铁产品全生命周期对环境的影响，构建了包含反映财务业绩的财务业绩最大化指标和环境业绩指标的产品设计生态化、生产过程清洁化、资源能源利用高效化、废物回收资源化、环境影响最小化五个方面指标体系。

（2）投入产出生产过程的企业内部管理环境绩效指标。Pittman（1981）基于生产理论提出"环境效率指数"指标，不仅能评价生产过程中污染处理效率，而且能系统、全面地反映环境绩效，有效克服了传统指标因不同的污染排放物而各异，以及没考虑环境破坏成本以及环境质量改善的收益等缺陷，因而具有更高的参考价值。D. Tyteca（1997）构建了从输入、产品输出和污染物（非产品的输出）三方面来评价环境绩效的指标。Ilnitch（1998）和 D. Daryl（1998）构建了原材料的使用、能源的耗费、污染物的排放和产品的输出四方面的环境绩效评价指标。Xie 和 K. Hayase 等（2007）构建了一个包括环境管理绩效指标和环境运作绩效指标的环境计量模型，并假设环境管理绩效（MPIs）由组织系统、利益相关者关系、运作对策以及环境跟踪四个指标计量，环境运作绩效（OPIs）由投入和产出两个绩效指标计量。

刘焰等（2003）提出企业绿色度的概念，并基于企业生产链的产品原材料绿色度评价、工艺制造过程绿色度评价（能源利用效率、废弃物产生评价、企业营销绿色度评价、产品消费过程绿色度评价）等各个环节，设置指标体系，采用层次分析法计量模型并赋予权重，建立企业绿色度的计量模型，考核企业的环境绩效。余怒涛（2017）认为可以从经营投入（如原材料、水电和土地等的消耗）、经营过程（新技术使用或新产品的变革）、经营产出（废气、废水、有毒物质等排放）三个角度度量环境绩效。

（3）基于 WBCSD 生态效率测度的指标。自 1990 年 Schaltegger 和 Sturm 提出兼顾经济活动的经济效益和环境效益的生态效率概念以来，生态效率评估标准已被广泛应用于评估一个国家、地区和企业的环境绩效。WBCSD 于 1992 年提出的"生态效率"（Eco-efficiency）这一有力工具，试图获得企业的环境绩效与财务绩效同时提升的复合指标。

Tyteca D.（1996）通过基于多个环境压力指标的生态效率指标，分析企业环境绩效。Kortelainen（2008）在测度企业经济活动的生态效率基础上，借鉴 Malmquist TFP 指数，构建出一个被分解为环境技术变化和相对生态效率变化两个组成部分的环境绩效指数，用来测度环境绩效变化的动态以及他们对环境绩效变化的影响。此外，Doonan 等（2005）、Cole 等（2008）也以生态效率来测度经济活动的环境绩效。

吕彬和杨建新（2006）通过单个环境压力指标来测度生态效率，诸大建和邱寿丰（2008）、杨文举（2009）通过基于多个环境压力指标的生态效率指标综合分析环境绩效。杜春丽（2009）以钢铁产业为研究对象，建立了生态效率定量化测度的评价指标体系和综合评价模型。陈静、林逢春和杨凯（2007）构建了环境绩效动态评估生态效益指标体系。许家林（2009）设计了一套有利于推动企业经营活动生态效率考核的指标体系（或称生态环境控制指数）。用生态效率来测度经济活动的环境绩效的学者还有鞠芳辉和董云华（2002）、张亚连（2007）、马育军等（2007）、周景博和陈妍（2008）、胡星辉（2009）、王俊能等（2010）、谢琨（2011）、桂萍（2011）、刘永红等（2012）、陈琪（2014）等。

（4）有毒物质排放清单（TRI）。1986 年美国国会通过法律创建了毒物排放清单（TRI），被广泛用来作为对土地、水以及空气排放物的加总指标。Hart 和 Borjsa（1996）、Feldman（1996）、Pascual、Gomez-Mejia（2009）、Cris-tina 和 Martin（2010）等都运用 TRI 方法进行环境绩效评价。然而，作为公司污染绩效的一种计量工具，TRI 有很多缺陷。根据美国环境保护局给出的定义，TRI 数据库中的有毒排放物仅仅统计有毒的化学物质，且没有包括所有的有毒化学物质，诸如硫氧化物、氮氧化物、二氧化碳等都不包括在内。因此，TRI 仅仅适用于计量一个工厂的有毒物质排放总量。事实上，很多研究如 Freedman 和 Patten（2004）、Hamilton（1995）、Pascual 和 Gomez-Mejia（2009）在使用 TRI 时用的都是污染物排放的总量，并且认为所有污染物物质的毒性是一样的。由于未考虑企业的规模以及所排废物的危险性或环境负荷，如果用 TRI 来计量公司的污染情况就会有些不妥，也无法为企业之间的环境绩效比较提供依据。因而，在欧美等国家很多组织通常采取多种计量方式来评估企业环境绩效。

（5）其他测度指标。Jaffeer（2011）为构建一个使环境因素与可持续发展的要求相契合的框架，提出了一个与环境绩效指数极为相近的环境绩效框架，这一架构通过将 EPI（Environmental Performance Index Report，2010）的 25 个指标分为 6 类 3 个目标来计算环境绩效得分。

巩天雷等（2008）从原材料物质流、能量流、污染排放物、产品生态影响四个方面建立生态链环境绩效评价指标体系。温素彬等（2005）从环境效益、经济效益、社会效益"三重绩效"构建企业环境绩效评价指标体系。张亚连（2007）

基于可持续发展理念,建立企业产品对环境的"无害性"、企业生产工艺的"清洁化"、企业排放的"低三碳化"、企业支柱的"高科技化"、企业发展的"可持续化"五个维度的企业环境绩效评价体系。徐光华和周小虎(2008)构建的共生战略绩效评价模型,寻求多重绩效的共生共赢。唐欣(2010)、刘建胜(2011)等基于循环经济理念,基于循环经济的"减量化、再利用、资源化"原则,构建反映企业各项效率状况的环境绩效评价指标体系。赵茜(2012)在社会责任视角下,将平衡计分卡的四个维度作为环境绩效一级指标,并细分为 8 个二级指标和 30 个三级指标。张心怡和刘连喜(2013)则基于日本环境会计报告构建了环境会计指数指标体系。

此外,国内外很多学者基于 ISO 发布的 ISO14040 系列标准,建立环境绩效评价指标体系。如 Ramos(2009)建立了针对国防部门的 SEPI 指标框架,并在葡萄牙国防部门中验证了它的有效性;田家华等(2009)针对国有资源型企业,田金玉(2011)根据电力行业的特点构建电力行业绩效评价体系;胡建等(2009)基于 ISO14031 标准,构建了相应企业的环境绩效评价指标体系。

尽管国内外学者对环境绩效指标的构建研究较多,但都缺乏足够的理论基础,存在定位不准、适用性不强及缺乏普遍性、可操作性和可比性等问题。如有的指标研究面向所有行业,未考虑每个行业的差异性;多数指标的研究还停留在理论研究阶段,缺乏对企业环境绩效指标构建有效性的进一步实践或实证论证。因此,有必要研究出一套具有理论基础、标准化、权威的环境绩效指标体系,为理论与实务界的环境绩效评估提供有意义的指导。

2.2.1.3 企业环境绩效计量模型

近年来,国内外学者运用了许多统计测度模型对环境绩效进行评价、分析研究,主要的模型分析方法有以下几种:

(1)数据包络分析(DEA)方法。Daniel Tyteca(1996)从输入、产品输出和污染物(非产品的输出)三方面来构建环境绩效指标,并运用数据包络分析方法对环境绩效指数进行综合评估。Kuosmanen 和 Kortelainen(2005)提出数据包络分析法(Data Envelopment Analysis,DEA)的内生赋权重的选择思路,用 DEA 的内生赋权测度产品的生态经济效率。Kortelainen(2008)等结合 Malmquist 指数和数据包络分析的内生赋权思路,比较分析不同环境压力指标对环境影响的程度差异。P. Zhou,B. W. Ang 和 K. L. Poh(2008)研究在不同(规模报酬不变、规模报酬可变等条件）数据包络技术下，对世界八个地区的碳排放环境绩效进行测度。以 T. Sueyoshi 和 M. Goto（2012）等为代表的学者研究了在规模报酬、规模损害、边际转化率和边际替代率等概念下，用 DEA 方法进行环境绩效评估。A. Ewertowska 和 A. Galán-Martín（2016）等将数据包络法和生命周期法（LCA）结合起来，研究欧洲各大经济体的电力部门的环境绩效。

国内学者也对运用 DEA 方法的环境绩效评估进行了大量的探索，杨文举（2008）将 DEA 内生赋权思路应用于中国地区工业的动态环境绩效分析。彭昱（2011）基于 Kortelainen（2008）提出的环境数据包络模型的 Malmquist 指数法，测度了我国六大区域中华北地区电力业在 2006~2009 年的动态环境绩效变化。何平林等（2012）以我国 25 家火力发电厂为例，运用数据包络分析方法进行了环境绩效评价。李苏等（2013）以我国钢铁行业上市公司为样本，构建基于 DEA 方法的环境绩效评价。陈晓红和周智玉（2014）通过构建基于规模报酬可变假设的环境 DEA 模型，引入曼奎斯特—伦伯格指数，以湖南省 13 个地级市为对象进行了实证研究。杨文举（2015）基于跨期 DEA-Tobit 模型，以中国省份工业为样本，测度中国省份工业的环境绩效影响因素。蔡晓春和刘晶晶（2017）将 DEA、Bootstrap 和 Malmquist 指数分析结合运用，构建 BMDEA 模型，采用 DEA-Malmquist 方法，全面评价制药行业的环境绩效状况。

（2）灰色关联度评价模型。陈雯（2012）利用灰色关联模型分析了环境保护税费与环境绩效的关系。袁广达、徐沛勋和袁玮（2014）采用灰色关联分析和熵权法对中国制造业的 26 个子行业四年的财务环境绩效进行静态和动态分析，并对各影响因素的重要性进行比较评价研究。

（3）模糊综合评价方法。林逢春和陈静（2006）将模糊理论与综合指数法相结合，提出了模糊综合指数法（Fuzzy Aggregative Index Method），评估企业环境绩效。陈静和林逢春等（2006）应用模糊综合法探索建立中国企业环境绩效评估指标体系，并进行绩效评价。董晓东（2010）运用层次分析法（AHP）和 360 度绩效考核法设计企业环境绩效指标体系并赋予权重，运用多层次模糊综合评判数学方法对企业进行公正的评判。田金玉、李萌和徐秋卉（2014）基于熵权和模糊综合评价方法，对电力企业进行环境绩效评价。

（4）层次分析法。申立银等（2002）在建筑企业套用层次分析法计算模型，评估建筑企业环境绩效。刘焰等（2003）根据企业生产链的各个环节设置指标体系，采用层次分析法建立企业绿色度的计量模型，评估企业的环境绩效。田金玉（2011）运用模糊层次分析法对企业环境绩效评价中的应用原理和方法进行了研究。任艳红等（2013）基于层次分析法（AHP），以浙江省丽水市为例，构建环境绩效审计评价体系。王燕、王煦和赵凌云（2016）基于钢铁行业特点，运用层次分析法，构建产品设计生态化、生产过程清洁化、资源能源利用高效化、废物回收资源化、环境影响最小化五个环境业绩指标和一个财务业绩最大化的财务业绩指标。

（5）神经网络评价法。唐建荣等（2006）通过建立一个三层前馈 BP 神经网络模型，选取了无锡地区 20 个样本，采用最小距离法聚类分析结果并确定环境绩效等级。张承煊（2006）等借助 BP 人工神经网络方法，对企业环境绩效进行综合评价。邓英和冯玲（2015）运用 BP 人工神经网络方法对火力发电企业环境绩效进行了综合评价。唐欣（2010）基于模糊数学评价法以及 BP 神经网络模型，结合实施循环经济的样本企业进行了实证分析，对循环经济视角下企业绿色经营绩效的整合性评价模式进行了探讨。胡健、李向阳和孙金花（2009）针对中小企业，结合数据包络分析方法和遗传神经网络方法，构建了基于二次相对效益动态评价模型的环境绩效评价方法。

（6）平衡计分卡方法。平衡计分卡是一个财务与非财务指标相结合的全面业绩衡量指标体系，也被广泛用于环境绩效的评价。Epsrein 等（2001）运用平衡计分卡，从财务、内部环境管理、学习与成长三个维度来评价企业环境绩效。宋子义和邹玉娜（2010）运用平衡计分卡方法对环境绩效进行评价。周晓慧（2016）以融入型平衡计分卡的构建模式，以某个石油公司为案例，构建了石油行业的环境绩效评价指标体系。

（7）其他方法。Boyd 和 Mc Clelland（1999）、Färe 等（2007）、Oggioni 等（2011）和 Riccardi 等（2012）利用方向距离函数测度技术效率和环境治理成本。Charles、Beerronr 和 Gomez-Mejia（2009）、Cristina 和 Martin（2010）通过美国有毒物质释放数据库（TRI）收集数据，利用人类潜在毒性因子法（HTP）赋权，创新了环境绩效的评价方法。N. Muhammad 和 F. Scrimgeour（2016）基于澳大利亚 PRTR 数据库，采用毒性加权得分法研究了企业的环境绩效。刘永祥（2006）运用了主成分分析法和环境杠杆评价法。汪克亮等（2013）利用非径向、非角度的 SBM 模型对 2000~2010 年中国各省份的能源经济效率和环境绩效进行了测度。

此外，国外学者还采用了因子分析、多元回归、结构方程模型（SEM）、多层线性模型（HLM）、生命周期评估（LCA）等多种研究方法。还有非定量或半定量的方法，如专家意见法、问卷与访谈法、个案分析方法等也是广泛采用的研究方法。

2.2.2 企业环境绩效的测度数据来源

从国内研究的情况来看，大多数学者都是从理论上进行企业环境绩效评价指标体系、计量模型的构建，较少运用企业真实数据予以实证检验和评价。从目前研究的情况看，数据来源主要有：

何平林、石亚东和李涛（2012），邓英和冯玲（2015）选取环保部公开发布的《大唐国际发电股份有限公司环境核查技术报告》以及《国投华靖电力控股股份有限公司环境核查技术报告》中有关数据，以 25 家火力发电企业作为决策单元，对我国电力企业环境绩效问题进行实证研究，并以单位电量（亿千瓦时）排污费额和单位电量煤耗量、水耗量作为输入变量，以固体废物利用率、二氧化硫节约排放率作为输出变量。李苏和邱国玉（2013）基于环保部环境规划院在《绿色证券》一书中披露的钢铁行业 2008 年污染物排放数据，对 19 家钢铁企业环境绩效问题进行研究。李宁、王舒和赵兴荣（2016）选取国内外 8 家石油公司的统计数据对能源型企业进行环境绩效测度，数据主要来自于各个石油公司的 2014 年年报、企业社会责任报告和官方网站上披露的数据。蔡晓春和刘晶（2017）通过选取各上市公司各年年报、企业官网发布的环境报告、企业社会责任报告以及企业所在地环境保护局所公布的数据，建立 19 家具有代表性的制药业企业 2011~2015 年（"十二五"期间）的面板数据，分析制药业企业的环境绩效。杨文举（2015）用工业增加值来度量工业生产活动的经济增加值，用工业二氧化硫排放量、工业化学需氧量排放量、工业氨氮排放量、工业烟尘及粉尘排放量 4 个指标来度量工业生产活动对环境造成的压力，基于《中国统计年鉴》相关数据，将中国大陆 30 个省份 2003~2011 年的企业数据作为分析样本，实证分析中国省份工业的环境绩效影响因素。余莉娜（2017）通过选取巨潮资讯网中有关钢铁行业上市公司 2011~2013 年的企业责任报告书、可持续发展报告和年度报告数据，运用 DEA 方法评估钢铁企业环境绩效。

秦颖和武春友等（2004）用几个重要废弃物指标排放量（SO_2 排放量、NOR

排放量和 COD 排放量三个污染因子）集成一个综合指标作为代理变量。胡曲应（2012）以沪深两市全部 A 股上市公司作为研究对象，用企业排放财务数据——单位营业收入排污费及其年度增量分别作为环境绩效的代理变量，来测度我国上市公司环境绩效与财务绩效的相关性。其中财务数据来源于国泰安信息技术有限公司开发的 CSMAR 上市公司财务数据库，年报数据来源于上海证券交易所、深圳证券交易所、巨潮资讯网等网站上市公司年报。行业涉及电子业、机械、设备、仪表业、其他制造业、交通运输、仓储业、社会服务业。环境数据均来自沪深两市全部 A 股上市公司 2009 年 1697 份年报。陈雯（2011）研究的所有变量均取自 2001~2010 年的《中国统计年鉴》和《中国环境年鉴》。刘忠文等（2013）选取的公司财务绩效、公司规模与性质数据主要来源于 CSMAR 数据库，公司环境绩效数据主要依据上市公司和监管当局互联网公开数据手工收集而得，采用公司是否因环境问题受到处罚以及处罚的类型（EP）来衡量公司的环境绩效。龚光明和张旻（2016）结合前人研究，以钢铁企业为例，并以宝钢股份相关数据作为研究样本，提出了财务与环境互动评价的生态效率指标体系。张长江、温作民和徐晴（2016）基于市场的指标 Tobin's Q 值作为衡量环境绩效的标准，财务数据来自于锐思数据库（RESSET），研发支出、排污费、地理位置、经营年数来自各公司年报，环境绩效数据来自当年证监会各上市公司网站。

2.3 企业环境绩效的经济后果

企业环境绩效的经济后果一般指企业环境绩效对企业经济（或财务）绩效带来的影响，也即环境绩效与财务绩效之间的相互关系。企业环境绩效会影响投资人等利益相关者对企业未来经济绩效的预判，这一直是决定企业如何将环境问题纳入企业核心战略的关键问题，也是国内外学者环境管理研究的核心问题。国内外研究人员从不同视角对企业的环境绩效对经济绩效或财务绩效产生的影响（后果）进行理论与实证研究，但至今结论不一致，有些研究结果往往互相矛盾，实证研究结果也仍未有定论。本节将从基础理论和研究综述两方面系统地分析企业环境绩效经济后果，并对企业环境经济后果的异质性进行分析。

2.3.1 企业环境绩效经济后果的理论溯源

2.3.1.1 基础理论

对于环境绩效与财务绩效之间的关系，有三种理论可以解释，即新古典经济学理论、自然资源基础观以及利益相关者理论。

（1）新古典经济学理论。新古典经济学理论秉承自由经济学思想，认为公司的环境保护行为如增加对环保的投入、减少废弃物排放等，会导致生产成本的增加，并且假设其边际成本是递增的、边际收益是递减的，这样就使企业的收益减少，损害了企业的经济效益，使公司在竞争中处于不利的地位。新古典经济学家费里德曼（1962，1970）认为公司的每一项环保活动都会增加公司成本支出，降低公司成功的概率。当今绝大多数环境绩效差的中小公司的环境行为可以用这种理论解释。但基于静态生产理论的新古典经济学存在严重缺陷，因此，新古典经济学遭到了尖锐的批评。

（2）自然资源基础观。Hart（1995）认为，在自然环境日益恶化的大背景下，应将自然环境因素和战略性环境管理纳入资源基础理论研究框架，吸收有关企业对自然环境的影响以及自然环境对企业可持续发展的约束限制的内容，由此构建自然资源基础论，使之成为创建企业持续竞争优势的理论框架。Hart（2011）指出企业利用组织资源和能力应对自然环境挑战的能力，在为企业带来竞争优势的同时有助于企业提升财务绩效。Porter等（1995）从资源管理和利益角度，认为环境污染说明资源没有被充分、有效率或有效果地利用，实现技术创新，企业环保支出可以降低企业遵守环保管制的成本，增强资源利用率。自然资源基础观理论符合现代社会环境下企业生存和发展的理念，随着环境保护的日益重要，企业片面追求经济效益而忽视自然环境利益必然会损害企业的长期利益，只有不断提升环境绩效，企业才能长期可持续发展。此外，随着科学技术的发展、绿色技术的创新和环境投资成本的不断下降，企业完全可以将环境保护与追求经济利益协调起来。

（3）利益相关者理论。利益相关者理论将环境管理方面的投入视为公司对利益相关者的投资，公司通过满足各个利益群体的需要，使各个利益集团满意，从而为公司提升未来财务绩效创造了机会。基于利益相关者理论，Surroca J.（2011）认为企业可以通过满足利益相关者的环保诉求，改进组织效率以适应外部环境变化，有助于企业获得行业声誉，建立与供应商和顾客的长期关系，进而帮助企业获得多种竞争优势资源。Freeman（1984）、Porter 和 Linde（1995）、Buysse 和 Verbeke（2003）等指出，满足利益相关者的利益诉求有助于实现企业财务经济绩效的提升。Mc Williams 和 Siegel（2001）认为改善环境绩效的支出是公司对利益相关者的投资，它为公司创造了改善未来财务绩效的机会。

2.3.1.2 研究综述

（1）传统学派观点——负相关关系。传统学派的经济学家基本也是基于新古典经济学理论，认为环境成本会大大降低企业的边际利润，使企业在竞争中处于劣势地位，即两者呈负相关关系。

Walley 和 Whitehead（1994）等传统的经济学家认为，迫于政府的环境管制，企业为了提高环境绩效，不得不增加环境改进成本，而企业的资源是有限的，利用部分资源进行环境保护，那么企业在生产经营方面就会受到束缚，所创造的经济效益有限，损害其竞争优势。改进企业环境绩效的额外成本将不可避免地降低企业的财务绩效。Preston 等（1997）传统学派基于权衡理论，指出企业环保实践所带来的财务收益往往低于所产生的成本，进而削弱企业财务资源。Klassen 和 Whybark（1999）、Wagner（2003）等的研究也表明环境管理绩效的提升会带来企业经济绩效的下降，即两者之间呈现负相关关系。

在实证研究方面，Jaggi 和 Freedman（1992）、Cohen（1995）、Cordeiro 和 Sarkis（1997）、Klassen 和 Whybark（1999）、Konar 和 Cohen（2001）、Sarkis 和 Cordeiro（2001）、Molloy（2002）、Wanger（2002）、Filbeck 和 Gorman（2004）等对多个不同行业进行实证研究，表明两者之间存在负相关关系。Stanwick 等（1998）对不同行业的 120 多家企业进行的实证研究表明，企业的排污总量与财务绩效之间存在着较为显著的正相关关系，也就是说，经济绩效与环境绩效之间负相关。

秦颖（2003）以意大利、荷兰等地区的造纸行业为研究样本，利用联立方程模型进行实证研究，结果表明企业在进行环境投入时会增加企业的成本，即企业的环境绩效对企业的经济绩效产生不好的影响。李星元（2014）以我国各个地区的工业企业为样本，利用数据包络分析方法，实证证明环境绩效与企业盈利能力呈负相关关系。李慧霞（2016）以采掘业为样本进行实证研究，研究表明单纯的环境末端治理不一定会提升企业财务绩效，采掘业企业环境绩效对财务绩效可能出现边际效益递减的现象。

（2）修正学派观点——正相关关系。随着"波特假说"的提出，传统经济学理论观点不断受到以 Porter 等为代表的"修正学派"的质疑。Porter（1991）认为，环境因素会引起的成本包括显性成本和隐性成本，环境绩效提高所带来的创新可以部分抵消其成本，且环境保护行为还能给企业带来无形收益。Porter 和 Van der Linde（1995）认为，企业通过更有效率地提高能源使用率以及减少废弃物的产生和排放，能够明显降低企业运营成本，从而提高企业绩效，增强市场竞争能力。Walter，Woolman 和 Veshagh（2007）等认为，环境效益同经济效益是可以有效融合的，且在两者紧密联系的情况下才能实现经济的可持续发展。Hong 和 Kacperczyk（2009）在经典的投资模型中论证出大多数投资者在"罪恶股票"和"干净产"之间，会选择环保形象良好的企业，因此有着良好环境绩效的企业更有利于筹集更多资金，从而创造更多经济效益。

此外，Bragdon 和 Marlin（1972）、Spicer（1978）、Connier 等（1993）、Klassen 和 Mc Laughlin（1996）、Russo 和 Fouts（1997）、Judge 和 Douglas（1998）、Sharma 和 Vredenburg（1998）、King 和 Lenox（2001）、Al-Tuwaijri 等（2004）、Aly（2005）、Darnall 和 Jolley（2005）、Elsayed 和 Paton（2005）、Guenster 等（2006）、Montabon 和 Robert（2007）、Clarkson 等（2011）均通过不同行业进行实证研究，证明两者存在正相关关系。Hart 和 Borjsa（1996）、Feldman（1996）收集了上百个 S&P 500 的企业样本，采用毒性物质 TRI 排放量来衡量环境绩效，并进行多元回归分析，研究表明环境绩效对财务绩效有着积极的作用。

国内研究方面，胡曲应（2012）回顾了国内外关于环境绩效与财务绩效相关性的理论及实证研究成果，以我国 A 股上市公司 2006~2009 年的年报数据为样本，采用格兰杰（Granger）检验和 OLS 回归分析等方法进行实证研究。研究表明，积极有效的环境预防管理可带来环境和财务绩效的共赢，环境绩效与财务绩效表现出显著的正相关关系，但环境绩效对财务绩效可能出现边际效用递减现象。吕俊和焦淑艳（2011）以造纸业和建材业 2007~2009 年上市公司为样本，实证检验发现造纸业和建材业上市公司的环境绩效与财务绩效存在明显的正相关关系。谢琨（2010）根据 Wagner 提出的可持续绩效和竞争力解释因素相互作用的框架，设计问卷调查，分析影响环境绩效和经济绩效的因素，研究得出环境绩效和经济绩效有适度正相关关系，间接证明了"修正派"的结论。杨霞（2016）以

2011~2014年重污染行业上市公司为样本进行实证研究，结果表明环境绩效能够帮助企业提升财务绩效水平，但环境绩效对财务绩效的影响程度会因区域的不同存在差异。

在战略绩效、环境绩效、财务绩效三者的关系上，程巧莲和田也壮（2012）通过实证研究，发现在我国制造业中，环境战略好的企业能够获得更好的环境绩效，从而实现更好的经济绩效。

（3）折衷学派——倒U型与U型关系。修正派学者Michael和Porter（1991）进一步认为，环境绩效与经济绩效的关系是倒U型曲线，即环境绩效与经济绩效的关系有一个最佳的契合点。Schaltegger和Figge（2000）指出环境绩效与财务绩效之间的关系未必是非正即负的单调关系，它们的关系曲线应呈倒U型。Fujii等（2013）认为随着时间的推移，经济绩效随着环境绩效可能会先下降后上升呈U型关系，也可能先上升后下降呈倒U型关系。

秦颖等（2004）以造纸业为研究对象，建立环境绩效和经济绩效的联立方程，结果表明环境绩效与经济绩效表现为倒U型的关系。王彩风（2008）分析找出达到企业环境绩效的最优点，通过运用系统动力学分析软件，验证了环境绩效与经济绩效之间曲线呈倒U型关系，主要受治污技术、环境披露情况、环境质量标准、环境规则制定者对环境风险的偏好等主要因素影响。

但也有学者认为，从短期看，由于企业在前期无论是为满足环境规制而节能减排、污染治理，还是绿色技术创新，都需要先通过大量环境投入，这一时期，经济绩效会随着前期治理的大量投入出现短期的下降。但从长远看，当企业环境治理额边际成本下降，并有足够的能力进行环境技术创新之后，经济绩效会随着环境绩效的提升而增加，即两者间呈U型关系。

刘中文和段升森（2013）基于中国制造业上市公司的样本数据，实证研究了公司环境绩效与财务绩效的U型关系。

（4）其他观点——不相关关系。Alexander和Bachholz（1978）分析了50家企业的环境绩效和财务绩效，结果表明环境绩效与财务绩效并没有相关性。Mahapatra（1984）对六个不同行业进行了大量调查与分析，将污染控制费用作为衡量环境绩效的指标，最终确定支付污染控制成本的企业并没有收获丰富的经济利益。Rockness等（1986）利用污染物回收率作为企业环境绩效的衡量指标进行实证研究，研究结果表明两者之间不存在明显的相关关系。Freedman和Jaggi

(1986)、Rockness（1986）、Simpson 等（1996）也没有发现两者之间存在显著的相关关系。Stefan 和 Terje（2002）指出企业环境保护行为对经济绩效不存在单纯的正面影响或负面影响。

国内一些学者，如杨东宁和周长辉（2004）认为环境绩效与企业财务绩效之间没有显著相关关系，环境绩效的好坏不会影响企业的竞争优势。王金南等（2009）认为，环保支出增长率与经济增长率没有必然的关联性，环保支出对经济增长率的影响难以确定。孙金花（2008）通过分析企业环境绩效与经济绩效关系的相关理论及动态关系模型，认为企业环境绩效与经济绩效之间并不是简单的正相关或负相关。

（5）其他观点——双向因果正相关关系。冗余资源理论认为，优质的财务绩效会为企业环境管理投入提供可用的闲置资源。由于企业绿色环保行为在一定程度上受到企业可支配资源的影响，具备充裕闲置资源的企业采取前摄型绿色环保行为的可能性较大（Sharma，2000）。因此，财务绩效好的企业不仅拥有改善环境绩效所需的资源，还能利用环境绩效改善创造财务收益，并将其用于更高水平的环境绩效再投资（Surroca J.，2010）。这种双向因果的"良性循环"符合自然资源基础观、利益相关者理论以及冗余资源理论的逻辑基础（Surroca J.，2010）。

Hart 和 Ahuja（1996）、Schaltegger 和 Synnestvedt（2002）、Wagner（2002）、Orlitzky 等（2003）、Vogel（2005）、Zhang 和 Stern（2007）、Peloza 等（2009）的实证研究结果也支持上述观点。

张长江、温作民和徐晴（2016）基于可持续发展理论、生态经济理论和波特假设，以我国重污染行业上市公司为研究对象，实证研究表明，重污染行业上市公司环境绩效与财务绩效之间存在双向正向影响，环境绩效对滞后一期和两期的财务绩效产生正向激励效应，但不显著。

2.3.2 环境绩效经济后果的异质性分析

环境绩效经济后果的研究呈现异质性甚至相互矛盾的情况，环境绩效和经济绩效的相互关系还一直存在争论，正如我国学者胡曲应（2012）所言："基本上涵盖了统计学上的所有可能。"而引起上述不同观点的原因，国内学者也做了总结和实证分析。

孙燕燕等（2014）通过搜索 SCIE、Elsevier、Emerald、EBSCOhost 以及中国

学术期刊全文等数据库，整理得到49篇文献，研究表明环境与经济绩效之间有57个正相关、24个负相关以及37个不显著；并运用元分析法（Meta）分析了不同结果差别的深层次原因。徐建中等（2018）借助Meta分析方法定量综合了1997~2016年的51个有关企业环境绩效与企业财务绩效关系的研究文献结果，更为精确地评估了两者关系的方向与正负强度，并探究测量因素与情境因素对两者关系的影响以及造成研究结果差异的成因。胡曲应（2012）从文献综述的角度分析影响环境绩效和财务绩效两者之间相关性的因素和变量，如企业的规模与行业及部门特征、行业增长率、生命周期、公司的经营效率或环保管理水平等。综合国内外研究成果，梳理影响环境绩效与财务绩效相关性的因素如下：

（1）环境绩效概念缺陷。杨东宁和周长辉（2004）指出企业环境绩效的定义研究是企业环境绩效与企业经济绩效之间关系的模型的理论起点。然而，当前国内外尚未形成关于企业环境绩效与财务绩效概念的统一界定。不同角度的定义和概念界定使对环境绩效认定的边界、内容不一样，会影响对环境绩效和财务绩效测度指标种类、数量等的选择及各个指标权重的赋予，尤其是没有统一的环境绩效评价标准与指标体系，从而导致研究结论的不一致。

（2）不同测度方法与数据来源。环境绩效的经济后果（对经济绩效或企业财务绩效影响）的测度方法有很多，不同的测度模型与方法会得出不同的结论。从根本上说，计量模型与测度方法会从很大程度上影响研究结果。加上数据来源不同和数据筛选方法的不同，有的来自上市公司年报、互联网和部分数据库，有的数据选取自《中国统计年鉴》和《中国环境年鉴》，且选取样本数量的多少、样本数据年份跨度长短不一样，因此会得出不同结论。

（3）不同国家遵守环境规制成本。不同国家的经济发展不同，其与环境相关的法律法规、政策制度等环境规制也不同，美国、加拿大、欧洲和亚洲等国家的企业面临的法律环境和遵守环境规制的成本不一样。尽管欧美等国的环境规制较为严厉，企业遵守环保法律和控制环境污染排放的成本高，甚至环境规制因过多过杂而无效率受到了广泛的批评，但许多研究发现，环境法律法规比较严厉的欧美国家环境与财务绩效之间的正效应关系更普遍。

（4）环境绩效与财务绩效测量指标。现有文献中，有的研究将环境绩效指标分为定性指标和定量指标，如有的基于环境管理变量，而有些研究只运用环境绩效变量。因选取指标方法（如基于生命周期、生态效率、TRI等）的不同，对结果会产生不同的影响。可以说，缺少系统、规范、权威、标准的相关评价指标体系，会使研究结果因指标的不同、样本的不同而缺乏普适性。此外，经济绩效或财务绩效的测量指标选取也会影响结论。因此，不同环境绩效与财务绩效测量指标的选取会对评估结果产生显著影响。

（5）是否包含滞后期。研究结果表明，研究的时间范围对环境绩效的经济后果测度结果有重要的影响。在没有滞后环境变量的模型中，环境绩效与经济绩效之间的关系可能正相关、负相关、无相关性，但在有滞后环境变量的模型中，两者之间的关系将更加多元化。朱田（2015）选取2003~2012年宝钢股份企业作为样本，实证研究表明，当期的环境绩效对当期财务绩效具有负向影响，而对企业后期财务绩效具有正向影响；企业环境管理绩效与企业研发创新能力呈正相关。因此，企业从环境管理中获得的经济利益有长短期之分。

（6）行业影响。不同行业（如是否制造业或服务业、是否重污染行业、行业污染排放物的类型等）的环境与财务绩效关系也会存在差异。Elsayed 和 Paton（2005）以英国227家企业为样本，采用原始统计数据以及动态数据，研究不同的行业环境绩效与企业财务绩效之间的关系，研究结果表明在化工以及电子通信行业内，环境绩效对财务绩效起积极作用，而在纺织制衣、金属以及机动车行业内，环境绩效的作用有限。

3 国内环境政策与环境治理

本书是以"共生观"为价值导向,将财务理论与环境理论相互融合,构建企业环境财务绩效评价体系并由此计算出环境财务指数。企业环境现状与环境保护政策体系是研究财务理论与环境理论相互融合、构建企业环境财务绩效评价体系的实践基础与政策依据。本章将对近年来特别是党的十八大提出生态文明建设以来国内环境状况与环境政策的变革进行回顾,分析目前国内企业环境保护行为中的经验与问题,从而为全面地反映我国企业的环境绩效水平提供现实依据。

3.1 企业环境保护现状概览

根据 2018 年 5 月 22 日生态环境部发布的 2017 年《中国生态环境状况公报》,2017 年是全面实施《"十三五"生态环境保护规划》的重要一年,持续开展大气、水、土壤污染防治行动,着力推进绿色发展,强化环境督察执法,深化和落实生态环保改革措施,稳步推进生态保护,强化环保支撑保障措施,全国大气和水环境质量进一步改善,土壤环境风险有所遏制,生态系统格局总体稳定。2017 年,全国能源消费总量 44.9 亿吨标准煤,比 2016 年上升 2.9%。其中,煤炭消费量上升 0.4%,原油消费量上升 5.2%,天然气消费量上升 14.8%,电力消费量上升 6.6%。煤炭消费量占能源消费总量的 60.4%,比 2016 年下降 1.6 个百分点;天然气、水电、核电、风电等清洁能源消费量占能源消费总量的 20.8%,上升 1.3 个百分点。全国万元国内生产总值能耗比 2016 年下降 3.7%。[①]

[①] 生态环境部. 中国生态环境状况公报 [R]. 2017.

3.1.1 全国企业主要污染物排放及处理情况

3.1.1.1 污水排放及处理情况

水污染严重是我国水环境面临的一大挑战。我国地表水、地下水均有不同程度的污染，地下水污染情况尤为严重。受地表水、地下水污染影响，饮用水水源地也存在污染物超标现象，我国水污染现状不容乐观。地表水污染问题有待解决。我国《地表水环境质量标准》将地表水域功能划分为五类：Ⅰ~Ⅲ类具有饮用功能；Ⅳ~Ⅴ类具有使用功能；Ⅴ类以下的水被称为劣Ⅴ类水，属于污水。2016年10月全国956条河流的1655个断面中，Ⅰ~Ⅲ类水质断面合计占比75%左右，Ⅳ~劣Ⅴ类水质断面合计占比约25%，地表水污染仍比较严重。地下水污染情况尤为严重。2015年，我国5118个地下水水质监测点中，水质为优良、良好、较好、较差、极差级别的监测点比例分别为9.1%、25%、4.6%、42.5%、18.8%。地下水质差的点位占比高达61.3%，污染情况严重。饮用水水源亦存在污染，取水需要严格处理。2015年，我国338个地级以上城市的集中式饮用水水源地取水总量为355.43亿吨，服务人口3.32亿人。其中，达标取水量为345.06亿吨，占取水总量的97.1%。地表饮用水水源地共557个，达标水源地占92.6%，主要超标指标为总磷、溶解氧和五日生化需氧量；地下饮用水水源地共358个，达标水源地占86.6%，主要超标指标为锰、铁和氨氮。较差的饮用水源水质倒逼社会采用更好的水处理技术将其处理成可用于生产生活的净水。

水污染现状与工业废水、城镇生活污水排放密切相关。2011年以来我国废水排放总量呈上升趋势，污水治理需求不断提升。基于对水环境的深切担忧，加强水污染防范与城镇污水治理被列为"十三五"时期环境治理的重点内容。现有污水处理厂的提标改造以及污水处理厂的新建要求将推动行业迎来发展黄金期。2011~2015年，我国工业废水排放量逐年减少，城镇生活污水排放量逐年增加。2015年，全国废水排放总量为735.3亿吨，其中工业废水排放量为199.5亿吨，城镇生活污水排放量为535.2亿吨。根据住建部最新数据，2015年底我国共有1943座城市污水处理厂，处理污水能力为1.41亿立方米/日，城市污水处理率达91.9%。

2015年，工业废水排放量201.5亿吨，同比下降2%，排放量已连续五年出现下降，按照过去5年的平均下降幅度为2%，我们预计，2016~2020年工业废水排放量仍将保持2%的下降趋势。尽管工业废水排放量有所减少，但基数仍然十分庞大。同时，与生活污水相比，工业废水会对自然环境和生活环境产生非常严重的危害，主要表现在：工业废水流入河流、湖泊会污染地表水及周边生态环境，工业废水渗入地下会污染地下水，若人们在生活中使用了被污染的地表水或地下水，将会危及身体健康，工业废水深入土壤会造成土壤污染，另外工业废水中的有害物质还会在动植物体内残留，最终通过食物链进入人体，对人们健康造成危害。因此合理处置工业废水是非常必要的。

工业废水排放行业分布较为集中。目前而言，电力、石化、纺织、造纸和冶金领域是工业水处理的主要下游市场。2015年底，造纸和纸制品业、化学原料及化学制品制造业、纺织业、煤炭开采和洗选业的工业废水排放占比达47.1%。由于相关工业企业分布较为分散且监管体系建设不到位，政府监管和技改提标两条路包抄才能遏制工业不达标废水偷排漏排造成的严重污染（见表3-1）。

表3-1 水排放及处理情况

指标 \ 年份	2011	2012	2013	2014	2015
排放总量（万吨）	2308743	2215857	2098398	2053430	1994983
直接排入环境排放量（万吨）	1839635	1732817	1585283	1542361	1445728
排入污水处理厂排放量（万吨）	469108	483039	513115	511069	549255
处理量（万吨）	5805511	5274705	4924811	4998694	4445821
治理设施数量（套）	91506	85673	80298	82084	83227
处理能力（万吨/日）	31406	26620	25642	25317	24728
治理运行费用（万元）	7321460	6677025	6286649	6608918	6853282

资料来源：2012~2016年《中国环境年鉴》。

3.1.1.2 工业废气排放及处理情况

2015年，工业大气治理固定资产投资规模达到522亿元。从历史数据来看，2014年大气治理固定资产投资为789亿元，达到历史高点。目前，我国的大气治理达标率处于较高水平，2010年二氧化硫、粉尘、烟尘排放达标率分别达到98%、91%、91%。以25个2016年第一批中央环境保护督察地方整改典型案例为例，其中涉及工业水处理的案例就有5个。

2015 年，工业废气排放量 68.5 万亿立方米，从趋势上来看 2014 年已经见顶。从历史数据来看，2014 年工业废气排放量达到 69.4 万亿立方米，达到历史高点；2015 年工业废气排放量 68.5 万亿立方米，趋势上略有下滑。钢材、水泥、火电等主要工业品产量虽未见顶，但近几年增速明显放缓。近些年在我国积极实施淘汰工业落后产能、促进产业结构调整、加强节能减排等政策以及企业不断提高生产效率因素的共同作用下，工业废气排放量略有下滑。

工业废气排放集中，电力、钢铁、化工、建材、有色大气治理年运行费用占比达 87%。对于工业水处理，钢铁、化工、造纸、石化、纺织是工业水治理需求最大的五个行业，治理年运行费用占比仅为 54%；工业大气治理明显更集中。电力、建材、钢铁是排放污染物最多的三个行业。2015 年，二氧化硫排放量最大的三个行业分别为电力（占比 36%）、建材（14%）、钢铁（12%）；氮氧化物排放量最大的三个行业分别为电力（46%）、建材（24%）、钢铁（10%）；烟尘粉尘排放量最大的三个行业分别为钢铁（32%）、建材（22%）、电力（21%）。

国家统计局数据显示，2014 年非电行业废气排放远超电力行业，电力行业排放量仅占全行业排放量的 31%，其余 69% 的废气由钢铁、水泥、化工、有色等非电行业贡献。2010~2014 年，大部分行业废气排放量呈上升趋势；在 2014 年，仅有电力行业出现了明显的废气排放量下降，降幅达 4.59%，而其余行业废气排放量除石油行业外均出现了 5% 以上的增幅，未见减排效果。我们通过对煤炭消费量的比较发现，2015 年电力行业煤炭消费量进一步减少，达到 16.54 亿吨，相较 2013 年已减少 12.89%；而 2015 年非电领域煤炭消费量（我们选取煤炭消费量较大的十个行业进行加总）达到 19.5 亿吨，相比 2013 年仅减少了 0.92%。由此推测，2015 年非电行业废气排放量占全行业废气排放量的比例将超过 2014 年的 69%，超过七成。

简单测算，以 2014 年数字为例，电力热力行业（火电）废气排放量为 21.51 万亿立方米，黑色金属冶炼行业（钢铁）的废气排放量是 18.17 万亿立方米，假设所有产生废气达到排放标准（钢铁仅考虑烧结机环节），火电行业烟尘、二氧化硫、氮氧化物的排放量大约是钢铁行业的 71%、59%、39%；若所有火电机组达到超净排放标准，则烟尘、二氧化硫、氮氧化物的排放量大约是钢铁行业的 24%、21%、20%，火电行业实际污染物排放量远低于钢铁行业。

2015 年，全国火电行业燃煤 16.54 亿吨，生活燃煤 0.93 亿吨，两者比例约为100∶6。但由于散煤品质差、排放未加任何处理，散烧煤烟尘含量可以达到700~800毫克/吨，二氧化硫达到2000毫克/吨。非电行业废气排放量占总工业废气比例的七成，是目前最主要的污染源。同时相比于电力行业，政府对非电行业大气污染物排放的监管不力、排放标准不高、执行力度不强，非电行业的大气治理市场尚处于初级阶段，将是未来治理工作的重点。

目前火电厂常用的除尘方式包括静电除尘（ESP）、袋式除尘和电袋复合除尘，在我国火电厂应用所占比例分别为82%、6%和7%。静电和袋式除尘都有自身缺点：静电除尘器除尘效率不稳定，目前出现了多种新技术集成、电袋复合除尘以及湿式电除尘方向的改进；袋式除尘容易破袋堵网，目前正在向滤料覆膜等方向上改进（见表3-2）。

表3-2 工业废气排放及处理情况

指标＼年份	2011	2012	2013	2014	2015
排放总量（亿立方米）	674509	635519	669361	694190	685190
治理设施数量（套）	216457	225913	234316	261367	290886
设施处理能力（万立方米/小时）	1568592	1649353	1435110	1533917	1688675
治理运行费用（万元）	15794758	14522520	14977779	17309816	18660243

资料来源：2012~2016年《中国环境年鉴》。

3.1.1.3 一般工业固体废弃物产生及处置情况

工业固体废物是指在工业生产活动中产生的固体废物，是工业生产过程中排入环境的各种废渣、粉尘及其他废物，可分为一般工业废物（如高炉渣、钢渣、赤泥、有色金属渣、粉煤灰、煤渣、硫酸渣、废石膏、脱硫灰、电石渣、盐泥等）和工业有害固体废物，即危险固体废物。

根据数据，2005~2014年我国工业固体废物产生量呈现增长趋势。尤其是自2011年后由于统计口径发生变化，统计数据大幅提升，达到32.28亿吨，同比增长高达40%。此后一直居高不下，截至2015年，我国工业固体废物产生量达32.71亿吨。由环保部发布的《2017年全国大、中城市固体废物污染环境防治年报》指出，2016年，214个大、中城市一般工业固体废物产生量达14.8亿吨，综合利用量8.6亿吨，处置量3.8亿吨，贮存量5.5亿吨，倾倒丢弃量11.7万吨。一般工业固体废物综合利用量占利用处置总量的48%，处置和贮存分别占比

21.2%和30.7%，综合利用仍然是处理一般工业固体废物的主要途径，部分城市对历史堆存的固体废物进行了有效的利用和处置。

环保税法出台后，对尾矿、冶炼渣收取环保税。2016年12月25日出台的税法显示，对尾矿征收15元/吨，冶炼渣、粉煤灰炉渣等征收25元/吨，危废1000元/吨的环境保护税，倒逼钢铁有色冶炼企业进行尾矿尾渣处理。

钢铁冶炼年产生废渣高达4亿吨。2014年国家发改委对我国各领域、各行业资源综合利用工作开展情况进行了详细的调查，并发布《中国资源综合利用年度报告（2014）》。报告显示，2013年我国钢铁行业冶炼废渣产生量约为4.16亿吨，其中高炉渣2.41亿吨、钢渣1.01亿吨、含铁尘泥5960万吨、铁合金渣1390万吨。钢铁冶炼废渣处理尚不充分。2013年，我国冶金渣综合利用量为2.28亿吨，综合利用率为67%，同比增长6%。其中，高炉渣综合利用率为82%，同比增长4%；钢渣综合利用率为30%，同比增长8%。钢铁行业冶炼废渣目前主要用于水泥、混凝土掺合料、路基料以及钢渣砖、透水砖、免烧砖、砌块等各种建材制品的生产。有色金属冶炼废渣年产生量大，利用率低。报告显示，2013年有色行业冶炼废渣产生量1.28亿吨，综合利用量2240万吨，综合利用率17.5%。赤泥产生量约为7300万吨，利用量约290万吨，利用率为4%左右。我国尾矿产生和堆存量巨大。国家发改委关于中国资源综合利用报告显示，2013年我国尾矿产生量16.49亿吨，其中铁尾矿8.39亿吨，铜尾矿3.19亿吨，黄金尾矿2.14亿吨，其他有色及稀贵金属尾矿1.38亿吨，非金属矿尾矿1.39亿吨。截至2013年底，我国尾矿累积堆存量达146亿吨，废石堆存量达438亿吨（见表3-3）。

表3-3 一般工业固体废弃物产生及处置情况

年份 指标	2011	2012	2013	2014	2015
产生量（万吨）	322772	329044	327702	325620	327079
综合利用量（万吨）	195215	202462	205916	204330	198807
处置量（万吨）	70465	70745	82969	80388	73034
贮存量（万吨）	60424	59786	42634	45033	58365
综合利用率（%）	59.9	61	62.2	62.1	60.3

资料来源：2012~2016年《中国环境年鉴》。

3.1.1.4 工业危险废物产生及处置利用情况

危险废物是指具有腐蚀性、毒性、易燃性、反应性或者感染性等一种或者几种危险特性的固体或液体废物。最新的《国家危险废物名录》中将危险废物由原来的49类362种调整为46大类479种,包括工业危险废物、医疗废物和其他危险废物等。工业危险废物是危险废物的主要来源,主要包括废碱、废酸、石棉废物、有色金属冶炼废物、无机氰化物废物、矿物废油等。从行业来源看,主要来自化学原料和化学制品制造业、有色金属冶炼和压延加工业、非金属矿采选业、造纸和纸制品业、有色金属矿采选业等行业。相比于一般的工业固体废物,工业危险废物具有不易降解、毒害性、腐蚀性等特点,随意放置或排放会对水体、大气、土壤乃至人体的健康产生严重的危害,妥善处理工业危险废物非常重要。

根据《2016年全国大中城市固体废弃物污染环境防治年报》,截至2015年底,全国各省(区、市)颁发的危险废物(含医疗废物)经营许可证2034份,全国危险废物经营单位核准经营规模达到5263万吨/年,从实际利用处置情况来看(持有危险废物经营许可证的单位收集、利用、贮存及处置危险废物的实际数量,不包括单位自行利用处置的量),2015年危险废物实际经营规模为1536万吨,为核准利用规模的29.18%。危险废物许可证处理资质和市场需求的错配导致资质的整体负荷率低下(见表3-4)。

表3-4 工业危险废物产生及处置利用情况

指标 \ 年份	2011	2012	2013	2014	2015
产生量(万吨)	3431.22	3465.24	3156.89	3633.52	3976.11
综合利用量(万吨)	1773.05	2004.65	1700.09	2061.8	2049.72
贮存量(万吨)	823.73	846.91	810.88	690.62	810.3
排放量(吨)	96	16	—	9	2
处置利用率(%)	76.5	76.1	74.8	81.2	79.9

资料来源:2012~2016年《中国环境年鉴》。

2015年全国工业危险废物产生量为3976万吨,占一般工业固体废物产生量的1.22%。事实上,我国危险废物的实际产生量可能远远高于环境统计年报的统计数据,很多危险废物产生量未进入国家统计口径。根据2010年发布的《第一次全国污染源普查公报》,2007年全国工业危险废物产量为4573.69万吨,已远超

2015年环境统计年报的值。而根据国外经验，危险废物产生量占固体废物的比重基本都在4%以上，英国更是高达10%，参考日本、韩国的数据，假设中国危险废物实际产生量占固体废物比重为4%，基于环境统计年报数据，我国2015年工业危险废物产生量大约为1.3亿吨，尚有约9000万吨的工业危险废物没有被纳入统计口径，差异主要来自于危险废物产生企业的少报瞒报和部分危险废物流向没有危险废物经营资质的企业处置。

环保监管趋严，行业需求将进一步释放。根据2013年两高司法解释，非法排放、倾倒、处理3吨以上危险废物将入刑，这使企业污染环境的行为由承担民事责任上升到承担刑事责任，促进危险废物处理行业需求的释放也是我国危险废物处理行业启动的关键点；2016年国务院下发《"十三五"生态环境保护规划的通知》，以含铬、铅、汞、镉、砷等重金属废物和生活垃圾焚烧飞灰、抗生素菌渣、高毒持久性废物等为重点开展专项整治，且明确了危险废物利用处置二次污染的控制要求及综合利用过程环境保护的要求，促进危废处理行业的规范化发展，体现国家对于环境整治的决心；2017年环保督查如火如荼，地方政府对环保的重视程度进一步提升，环保排放不达标的企业停产整改甚至关停成为常态；2018年新《环境保护税法》实施，环保税的实施将进一步推动环保监管的日常化和规范化。

3.1.2 企业环境保护现状评价

从2012年生态文明建设概念提出以来，我国的环境现状得到明显改善。党的十九大报告指出，生态文明建设成效显著，全党全国贯彻绿色发展理念的自觉性和主动性显著增强，忽视生态环境保护的状况明显改变，全面节约资源有效推进，能源资源消耗强度大幅下降。重大生态保护和修复工程进展顺利，森林覆盖率持续提高，我国已经逐渐成为全球生态文明建设的重要参与者、贡献者、引领者。然而党的十九大报告同时也指出，生态文明建设任重道远，要坚定不移贯彻创新、协调、绿色、开放、共享的新发展理念，坚持节约资源和保护环境的基本国策，像对待生命一样对待生态环境。

而企业作为经济活动的微观主体，是社会经济活动中绝大多数污染物的直接生产者。2015年《中国环境统计年鉴》的数据显示，中国工业二氧化硫排放量约占总排放量的88%，工业氮氧化物排放量约占总排放量的68%，工业烟（粉）尘排放量约占总排放量的 84%。由此可见，企业环境表现的改善是实现绿色发展的微观基础。

总体来看，我国企业环境状况有所改善，主要污染物的整体排放量和单位排放量均有所下降，废水、废气、固体废物和工业危险废物的排放量都明显减少。一方面，随着我国环境保护法律制度体系的不断完善，特别是新《环境保护法》对于环境处罚的规定进行了细化和明确，企业迫于环境处罚的压力加强了环保投入、降低污染物的排放，以往"先污染后治理"、重视经济效益而忽视环境效益的现象得到明显改善；另一方面，近年来社会公众的环境保护意识也不断提高，企业的环境保护行为也从企业应对环境监管、环境督察的应变之举，变成了构建良好的企业形象的积极举措；此外，煤炭、原油等大宗能源商品价格的波动，也是企业主动进行节能减排的原因之一。尽管如此，我国企业的环境状况仍不容乐观，特别是农村地区及中西部欠发达地区的企业环境污染问题，要尽可能平衡企业环保投入的经济效益和社会效益。

3.2　企业环境保护政策回顾

环境保护政策是一个国家或地区为应对环境问题，以生态环境保护为目标而制定的一系列财政、税收、法律等制度性安排，反映了国家或地区的管理者生态环境保护的宗旨和大政方针。环境保护政策的制定与调整，将直接关系到这个国家和地区的环境立法、执法及环境管理，进而影响到国家和地区生态环境治理的整体状况。企业的生存与发展离不开各种不同自然资源的消耗，企业的经营活动或多或少也会对企业所处的生态环境产生一定影响。而环境经济政策则是按照价值规律的要求，运用价格、税收、信贷、收费、保险等经济手段，调节或影响市场主体的环境保护政策，也是对企业的环境保护行为产生最直接影响的环境保护政策。环境经济政策基于环境价值和市场刺激理论，借助环境成本内部化和市场交易等经济杠杆调整和影响企业生产经营过程中的资源消耗和环境治理（韩晓慧、赵婧懿和陈喜乐，2016）。

我国春秋战国时期道家学派"天人合一"的理念是我国古典环境保护政策的

核心思想，而战国中后期儒家学派代表人物孟子则更是将这种理念进一步细化为"不违农时，谷不可胜食也；数罟不入洿池，鱼鳖不可胜食也；斧斤以时入山林，材木不可胜用也……五亩之宅，树之以桑，五十者可以衣帛矣"。而在 1975 年 12 月湖北云梦县出土的《睡虎地秦简》上，第一次明确记载了我国古代封建统治时期的相关环境法律制度："春二月，毋敢伐材木山林及雍（壅）堤水。不夏月，毋敢夜草为灰，取生荔、麛（卵）鷇，毋……毒鱼鳖，置穽罔（网）。"意思是说，在春天不准到山林里砍伐林木，不准堵塞水道。不到夏季不准烧草作为肥料，不准采集刚发芽的植物，不准捕捉幼兽、鸟卵和幼鸟，不准毒杀鱼鳖，设置陷阱。

产业革命后，随着工业发展，出现了大规模的工业污染，从 19 世纪中叶开始，世界各国都陆续开始了各自的近代化的环境政策制定及环境立法工作，如英国 1863 年《碱业法》、1876 年《河川防污法》；美国 1888 年《港口管理法》；日本 1896 年《河川法》和《矿业法》。至 19 世纪末，西方发达资本主义国家已基本建立了较为完善的河川、森林、矿业等自然资源保护法律体系。我国环境保护政策近代化的历程肇始于清末民初。中华民国时期，颁布过《渔业法》（1929）、《森林法》（1932）、《狩猎法》（1932）等法规，南京国民政府时期的新生活运动，在一定程度上宣扬了环境保护的理念与意识。而在中国共产党领导下的地区，人民政府颁布过《闽西苏区山林法令》（1930）、《晋察冀边区保护公私林木办法》（1938）、《陕甘宁边区森林保护条例》（1941）等法规，这些法规的制定无疑为中华人民共和国成立后我国环境政策制定和环境立法工作的开展奠定了坚实的基础。

我国现代化的环境保护政策体系的建立，则是自在瑞典斯德哥尔摩举行的 1972 年联合国人类环境会议的激励下起步。40 多年来，随着我国社会进步、公民及社会组织环保意识的提升，环境政策也随之发生变化，环境政策的指导思想经历了从基本国策、可持续发展战略、科学发展观到生态文明的发展历程，在反思调整中逐步发展成熟。

3.2.1 企业环境保护政策发展历程

3.2.1.1 起步构建阶段（1972~1978 年）

中华人民共和国成立后，中央始终对环境保护保持着高度重视，中华人民共和国成立伊始的"爱国卫生运动"是我国卫生工作的伟大创举，反映了中国卫生工作的鲜明特色，至今对我国的环境保护活动的开展产生着影响。而我国系统性地开展环境保护政策的制定工作则开始于1972年，中国代表团参加了在斯德哥尔摩召开的联合国人类环境会议，会议上提到的国外环境问题的严峻性对我国环境保护的制度设计、污染治理和环境管理等产生了重大影响。

随着中华人民共和国成立以来工业化的发展，70年代左右我国的环境污染问题开始显现（如1972年大连湾污染事件、松花江水系污染事件），也是从此时开始，中央开始重视制定环境保护政策。1972年6月，国务院首次提出了环保"三同时"制度，即"一切新建、改建和扩建的基本建设项目（包括小型建设项目）、技术改造项目、自然开发项目，以及可能对环境造成损害的其他工程项目，其中防治污染和其他公害的设施和其他环境保护设施，必须与主体工程同时设计、同时施工、同时投产"，这是我国首次对工程项目的环境保护配套措施建设提出系统要求。1973年，我国召开第一次全国环境保护会议，并通过了《关于保护和改善环境的若干规定（试行）》。《关于保护和改善环境的若干规定（试行）》后经国务院转发，成为我国第一个由国务院批转的环境保护文件。而在1978年，我国《宪法》第一次对环境保护做出规定，规定"国家保护环境和自然资源，防止污染和其他公害"，迈出了我国环境保护法制化的第一步。

70年代是我国环境保护政策建设的初步构建阶段，尽管这段时间我国环境保护法律建设发展还较为缓慢，但环保"三同时"制度的建立、国务院环境保护领导小组等环保机构的设立，特别是将环境保护纳入《宪法》，为我国改革开放后环保政策框架体系的建立乃至如今生态文明建设打下了基础。

3.2.1.2 形成框架体系阶段（1978~1991年）

1978年改革开放后，我国工业化的步伐加快，与之相对应的是环境污染问题，企业的环境污染问题开始凸显，特别是城乡河流水质恶化问题严重，厉以宁等（2004）估计在这一阶段，环境损失占GNP的比重为10%~17%。面对日益严重的环境污染问题，我国的环保政策制定，特别是环保立法的进程开始加快，环境保护法律法规得以初步建立，环境保护政策形成了一个较为完整的体系，而我国的环境教育也开始朝着制度化、正规化、法制化方向发展。

1984年，环境保护作为基本国策被正式写入《中华人民共和国宪法》，为环境保护法制化奠定了基础。1989年4月底，第三次全国环境保护会议确立了环境保护的"预防为主,防治结合""谁污染,谁治理""强化环境管理"的三大政策和"环境影响评价""三同时""排污收费""环境保护目标责任""城市环境综合整治定量考核""排污申请登记与许可证""限期治理""集中控制"八项制度,标志着环境保护政策已经形成了一个完整的体系。至 1991 年,我国已经初步形成了以《环境保护法》为核心的,由 12 部资源环境法律、20 多件行政法规、20 多件部门规章、127 件地方法规和 733 件地方规章以及大量的规范性文件构成的环境保护法规体系。

1978~1991 年的 14 年,是我国环境保护政策的框架体系形成阶段,环境保护法制化和"三大政策、八项制度"建立,环境保护政策已经形成了一个完整的体系,但这一阶段的环境政策建设主要着眼于宏观层面,在执行过程中由于环境保护部门缺乏相应的执法权限,因此对于企业微观层面环境污染行为的规制作用有限。

3.2.1.3 加快发展阶段(1992~2001 年)

1992 年社会主义市场化改革的推进,使我国的工业化进程得以快速推进,然而这也导致了环境污染和资源浪费问题在这一时段愈演愈烈,特别是环境污染现象开始从城市扩展到广大农村地区,出现自东部经济发达地区向中西部欠发达地区蔓延的趋势。

为应对日益严重的环境污染与资源消耗,从 1992 年起,国家加快了环境政策制定与修订的进程,先后制定出台了《清洁生产促进法》等 5 部新法律,对《大气污染防治法》等 3 部法律进行了修订,国务院制定或修改了《自然保护区条例》等 20 多件环境法规和 200 多项环境标准。此外,国家对于环境政策的重视程度进一步得到提升,《环境与发展十大对策》《21 世纪议程》等具有较强建设性的环境保护政策、纲领被制定,并被纳入《国民经济和社会发展"九五"计划和 2010 年远景目标纲要》,这是首次将环境保护纳入我国的国民经济发展计划,自此环境保护得以纳入我国经济社会发展的整体加以统筹规划和安排,利用经济手段保护环境得到重视。

包含产业政策、投资政策、财税政策、价格政策、进出口政策在内的一大批切实有效的环保政策得以推行,使节约和综合利用资源的企业真正受益。排污许可制度得以试点并迅速推行,并于太原、柳州、贵阳、平顶山、开远和包头 6 个城市开展大气排污交易政策试点工作。国家通过税收优惠、技术补贴等一系列措施，大力鼓励扶持环保产业的发展。此外，在这一时期，还对既有的环境政策进行了调整与改革，如环境影响评价制度：不再执行企业环境目标责任制，而是对开发建设项目进行分类管理，引入竞争机制，试行环境影响评价工作的招标制。

1992~2001年的10年是我国环境政策的快速发展阶段，随着改革开放的深入推进，我国的经济发展得到了大幅提升，但同时也带来了严重的环境问题，特别是在向社会主义市场经济转型过程中，计划经济体制下建立的一部分环境保护政策已然失去其效力，因此一批以市场化手段为依托的环境政策得以建立实施，使我国企业环境保护进入了新阶段。

3.2.1.4 深化发展阶段（2002~2012年）

进入21世纪，特别是2001年中国加入世界贸易组织后，中国企业的国际商贸活动日益增多，而国际贸易的增多也对我国企业的环境保护提出了更高的要求，从企业的经营者到社会公众的环境保护意识也开始逐渐树立。与此同时，我国政府的环境保护政策制定也逐步开始同国际接轨，我国的环境保护进入了深入发展阶段。

在这一阶段，我国的环境监察体制得到完善。2006年，国家环保总局组建11个地方派出执行监督机构，并在全国107个地区展开生态环境监察试点，由此"国家监察、地方监管、单位负责"的环境监察体制开始进入初步实施阶段。而在2008年的国务院机构改革中，国家环保总局又进一步升格为环境保护部，环保部门的职权得以进一步提升。环境监察体制的初步建立，掀起首轮"环保风暴"，国家环保总局等7部门持续开展覆盖全国、声势浩大的整治违法排污企业、保障群众健康的专项行动。而在2004年6月，国家环保总局与国家统计局联合启动了绿色GDP的研究，并在全国进行了绿色国民经济核算与环境污染损失调查。GDP计算方式发生变化，政绩考核增加环保内容，地方领导干部政绩观的转变有了更大的推动力量。《国务院关于环境保护若干问题的决定》和新制定、修订的有关法律法规明确提出要大力发展环保产业，并明确指出要给予环保产业减免税收的政策优惠；制定技术政策，以提高资源利用效率，减少废弃物排放，我国2002年制定的《国家产业技术政策》中明确指出要重点推进高新技术与产业化发展，用先进适用技术改造提升传统产业，该政策在新能源技术、能源与环保、原材料、建筑业等发展方向作了规定。

此外，在这一阶段，社会公众参与环境保护行为得到了规范，国家环保总局于 2006 年 3 月颁布中国环保领域第一部公众参与的规范性文件《环境影响评价公众参与暂行办法》，标志着我国社会公众环境保护意识的觉醒与成熟。企业经营管理者对于企业环境保护的意识得到较高的提升，截至 2007 年 6 月底，全国共有 23197 家企业通过了 ISO14001 认证，推动企业在生产全过程中重视环境保护。

3.2.1.5　生态文明建设阶段（2012 年至今）

为了推进生态文明建设，实现"绿色发展、循环发展、低碳发展"，我国环境政策的发展步伐也逐步加快，尤其是经过了酝酿论证，在 2014 年后，新环境政策出台频率大大加快，生态文明制度建设进入快速推进阶段。

党的十八大将生态文明建设纳入中国特色社会主义建设"五位一体"总体布局，促进了中国环境政策的快速发展，使中国环境政策目标更加清晰、体系更加健全、内容更加细密。整体上看，党的十八大以来中国环境政策更加注重改善环境质量，更加重视最严格的制度建设，积极促进环境共治，强化环境保护问责机制，持续加大环境保护投入，并以环境保护为契机推动发展战略转型，迈向绿色发展新目标（何劭玥，2017）。

党的十八大以来，生态文明建设被推向了新的高度，我国环境政策也进入快速发展阶段，目标更加清晰、体系更加健全、内容更加细密。伴随着政策的完善与落实，通过环境保护所推动的绿色发展将引领中国生态文明建设的新实践，实现在经济发展的同时也能留下蓝天常在、青山常在、绿水常在的美丽中国。

3.2.2　企业环境保护政策体系

环境政策的范畴十分宽泛，环境政策可以区分为宏观、中观和微观三个层次，一段时期内稳定的指导环境工作的总纲领是宏观环境政策；而中观环境政策是围绕宏观环境政策制定的，用以指导环保工作某一方面的基本政策；而微观环境政策是旨在解决特定环境问题的具体政策措施，具体包括利用产业政策、税收优惠等手段推进企业环境保护的环境经济政策，鼓励企业生产工艺技术环保革新的环境技术政策，以及与上述政策相配套的环境社会政策、环境行政政策和国际环境政策。

从广义的角度看，环境政策不仅包括有关环境与资源保护的法律法规，还涵盖了党制定的有关环境和资源保护的政策文件（如党的十九大报告中涉及环境保护、生态文明建设的部分)、党和国家机关联合发布的有关环境资源保护的文件、国家机关制定的有关环境和资源保护的政策、有关环境和资源保护的国际法律和政策文件以及党和国家领导人在重大会议上的讲话、报告、指示等。此外，部门地区和部门出台的地方性、行业性的有关环境资源保护的文件也同样属于环境政策的范畴。而一般所说的环境政策，则是指狭义的环境政策，即有关环境与资源保护的法律法规、部门规章和地方性法规等规范性文件。

3.2.2.1 宏观环保政策

党的十九大提出，要坚持新发展理念、坚持人与自然和谐共生，坚定不移贯彻创新、协调、绿色、开放、共享的发展理念，树立和践行绿水青山就是金山银山的理念，坚持节约资源和保护环境的基本国策，实行最严格的生态环境保护制度，形成绿色发展方式和生活方式，坚定走生产发展、生活富裕、生态良好的文明发展道路，建设美丽中国。十九大报告还指出，要从推进绿色发展、解决突出环境问题、加大生态系统保护力度和改革生态环境监管体制四个方面出发树立社会主义生态文明观，推动形成人与自然和谐发展现代化建设新格局。

自党的十八大开始，党和政府就已经将生态文明建设提升至国家战略层面。新修订的《中华人民共和国环境保护法》(以下简称《环保法》)，加大了对环境违法行为的处罚力度，被评论为"史上最严环保法"。作为环保领域的基础性、综合性法律，它使新时期的环境保护工作更具指导性和可操作性。2015年8月29日，第十二届全国人民代表大会常务委员会第十六次会议又修订通过了"史上最严"的大气污染防治法，对超总量和未完成达标任务的地区实行区域限批，将排放总量控制和排污许可的范围扩展到全国，明确分配总量指标。

2015年5月，中共中央、国务院出台《关于加快推进生态文明建设的意见》(以下简称《意见》)，作为指导我国全面开展生态文明建设的顶层设计文件。《意见》对我国推进生态文明建设作了总体部署。首次提出"绿色化"概念，并与新型工业化、城镇化、信息化、农业现代化并列，赋予了生态文明建设新内涵。同年9月，中共中央、国务院印发的《生态文明体制改革总体方案》，作为统领生态文明体制各领域改革的纲领性文件，系统全面地阐述了我国生态文明体制改革总体要求、理念和原则，并通过56条细则，明确了8个方面制度建设具体的改革内容和2020年的建设目标，为未来5年我国生态文明建设工作指引了明确方向。

3.2.2.2 中观环保政策

针对环境污染领域日益突出的大气、水和土壤污染问题,党的十八大以来,一组新的环境政策相继出台。2013年9月,国务院颁布了《大气污染防治行动计划》(以下简称《大气十条》),要求经过5年努力,实现全国空气质量总体改善;2015年4月,国务院颁布的《水污染防治行动计划》(以下简称《水十条》)明确规定了到2020年、2030年和21世纪中叶全国水环境质量和生态系统的改善目标。与较早展开的空气和水污染治理相比,我国的土壤治污还处于起步阶段。2014年3月,环保部审议并通过了《土壤污染防治行动计划》(以下简称《土十条》),提出依法推进土壤环境保护,坚决切断各类土壤污染源,实施农用地分级管理和建设用地分类管控以及土壤修复工程。

2015年7月1日,中央深化改革小组审议通过《环境保护督察方案(试行)》,明确建立环保督察机制(见表3-5)。根据方案,中央环保督察组组长由现职或近期退出领导岗位的省部级干部担任,副组长由环保部现职副部级干部担任,因此中央环保督察组也被称为"环保钦差"。与之相对应,任内的生态环境损害评估也成为官员政绩考核的重要指标之一。2015年8月,中共中央、国务院印发《党政领导干部生态环境损害责任追究办法(试行)》,首次针对党政领导干部开展生态环境损害追责的制度性安排,它标志着我国生态文明建设正式进入实质问责阶段。中央环保督察运用中央权威打破原有组织结构与常规权力运行逻辑,将环保部和中纪委、中组部的权力重组嵌入环境监管权力运行框架,通过科层运动化治理来调动资源,集中力量和注意力来解决生态政绩考评失灵和常规式治理失灵,消除生态治理与保护中的执行梗阻和"共谋行为"。

表3-5 第一次中央环保督察各批次概况

批次	时间	地点
试点期	2016年1月4日至2月4日	河北
第一批	2016年7月12日至8月19日	内蒙古、黑龙江、江苏、江西、河南、广西、云南、宁夏
第二批	2016年11月24日至12月30日	北京、上海、武汉、广东、重庆、陕西、甘肃
第三批	2017年4月26日至5月28日	天津、山西、辽宁、安徽、福建、湖南、贵州
第四批	2017年8月7日至9月15日	吉林、浙江、山东、海南、四川、西藏、青海、新疆
回头看	2018年5月30日至7月7日	河北、内蒙古、黑龙江、江苏、江西、河南、广东、广西、云南、宁夏

资料来源:中华人民共和国生态环境部官网(http://www.zhb.gov.cn/)。

3.2.2.3 微观环保政策

上述法律、方案、规定颁布后，更多与之相配套的办法和实施细则也陆续出台。为了将新《环境保护法》赋予环保部门的新监督权力和手段落到实处，环境保护部发布了《环境保护主管部门实施按日连续处罚办法》《环境保护主管部门实施查封、扣押办法》《环境保护主管部门限制生产、停产整治办法》《企业事业单位环境信息公开办法》4个配套办法，分别对连续处罚的违法行为类型、处罚程序、责令改正的内容形式、拒不改正的评判标准、按日连续处罚的计罚方式、查封扣押的规范依据，以及"超标超总量"排污的违法行为的具体处理方式、手段、流程加以明确，并对环境信息公开的范围、内容、方式、监督等几个方面的问题进行了可操作性的解读与规定。

而自党的十八大确立了生态文明建设和建设"美丽中国"的战略目标之后，除了以上刚性的环保法律规章制度，生态环境部（原环境保护部）等各部门还密集出台了近200项环境经济政策，涉及财政、税务、技术支持、生态补偿、排污权交易等多个方面，覆盖了社会经济活动全链条，不同的政策单独或者共同调整着开采、生产、流通或消费环节的社会经济行为，成为环境政策体系的重要组成部分。2017年，环保部对排污许可管理制度进行改革，基本构建排污许可制度体系，印发《排污许可管理办法（试行）》《固定污染源排污许可分类管理名录（2017年版）》，规范排污许可证申请、核发、监督管理等工作；健全排污许可相关技术规范，发布15个重点行业排污许可证申请与核发技术规范，建立重点行业排污许可证核发工作机制；建成全国统一的排污许可证管理信息平台，实现排污许可信息化管理；基本完成15个行业排污许可证核发，开展火电、造纸等行业排污许可证专项执法行动，督促企事业单位持证排污和依证排污。通过排污许可制实施，推动从污染物排放粗放式管控转向排放口精细化管控，从管控四项主要污染物转向多污染物协同管控，从以污染物排放浓度管控为主转向排放浓度与排污总量双管控，从管控一般排污情形转向日常管理和重污染天气等特殊时段相结合的综合管控，促进各项环境管理制度有效衔接，减轻企业负担，加快改善生态环境质量（袁潇，2018；唐啸和陈维维，2017；余伟、陈强和陈华，2016）。

4 发达国家环境政策与环境治理

美国、日本等发达国家是传统的制造业强国。这些国家与中国类似，都经历了"先污染、后治理"的过程，这些国家在有效利用资源、治理环境污染、促进经济可持续发展方面都形成了较为有效的政策体系，因此，总结并学习这些国家的环境政策，对我国的环境保护有重要的意义，鉴于此，本章对美国、欧盟[①]、日本的环境政策进行了分析。

4.1 美国环境政策与环境治理

从19世纪初开始，美国的工业生产迅速发展，随着大规模工业生产的发展，美国的工业污染日益严重，1940~1960年，发生在美国洛杉矶的有毒烟雾污染大气事件就是世界十大污染事件之一。大规模的工业生产造成了自然资源的破坏，美国也为环境污染付出了惨痛的代价。严重的环境污染使美国政府不得不出台一系列措施，不断加大环境污染的治理力度。美国环境政策呈现出以下特征：

4.1.1 美国环境政策的初始阶段

20世纪70年代，随着污染的加剧，美国将环境保护提上了法制化日程，一系列的环境保护法律在这一时期诞生。1970年开始实施的《国家环境政策法》在美国历史上首次将环境保护作为国家基本环境政策确立下来，为美国现代环境法

---

① 为了避免引起歧义，本书将欧洲共同体也称作欧盟。本书所称欧盟在1993年11月1日之前指欧洲共同体，在1993年11月1日之后指欧盟。

制建设奠定了基础，在世界环境保护立法史上也有重要的地位。根据《国家环境政策法》，联邦政府和地方政府应当肩负起保护环境的责任，为保护人与自然和平共处的自然环境制定并执行切实可行的措施，《国家环境政策法》还规定联邦政府应当针对将来实施的重大举措提供详细的环境影响评价报告书，对于环境质量报告书的陈述是否适当公众可以通过法律提出诉讼，此外，在《国家环境政策法》的基础上，美国专门成立环境质量委员会以便为总统、国会提供环境问题咨询（唐李伟，2015）。

1970年，美国环保局成立，集中行使原来分散于联邦各部门的环境保护权力，旨在保护自然环境和保护人类健康不受到环境污染的危害。美国政府对环境污染的管制越来越严格，陆续出台了一系列的环境保护政策。在环境污染非常严重的情况下，美国政府承担起了环境保护的责任，并支付了大量的财政资金用于环境保护基础设施建设。以水污染控制为例，美国的水污染情况自1972年开始日趋严重，美国的《水污染控制法案》于1972年颁布。《水污染控制法案》规定，在1973年、1974年、1975年应分别拨款50亿美元、60亿美元、70亿美元，用于建设城镇污水处理厂。经计算，在1973~1975年的3年间，美国联邦政府拨款180亿美元用于城镇污水处理厂建设，该金额占1972~2003年美国各级政府实际用于建造城镇污水处理厂资金总额（770亿美元）的23.4%。由此可见，在20世纪70年代，美国政府花费了大量的财政资金用于城镇污水处理厂建设。之后，随着水污染情况的逐步改善、"谁污染谁付费"机制的完善，以及1974~1982年美国联邦政府大规模污染治理时期的结束，美国联邦政府在城镇污水处理项目建设方面的支出呈现下降趋势并趋于稳定（陈鹏等，2018）。

经过十年多的努力，到70年代末期，美国已经初步建成了环境保护政策体系，并在环境治理方面取得了非常大的进展，70年代是美国环保史上的黄金时代。这10年的环境保护初始化建设使美国严重的环境污染情况得到了改善，大气中的一氧化碳含量显著下降，水源质量得到了明显改善。这一时期，美国还通过了《农药控制法》(1972)、《濒危物种保护法》(1973)、《安全饮用水法》(1974)、《资源保护和恢复法》(1976)、《有毒物质控制法》(1976)等环境保护法案。塞拉俱乐部等民间环境保护组织在这一时期也发展迅速，会员人数急剧增长，环保组织的蓬勃发展进一步促进了这一时期环保立法、执法的发展。

4.1.2 美国环境政策的停滞与复兴阶段

美国的反环保运动贯穿于环境保护政策立法、执法的全过程，并在20世纪八九十年代达到了顶峰。20世纪70年代末期，经济增长的放缓和通货膨胀使人们对环保政策的实施产生了怀疑，同时，污染企业为了达到环保目标必须调整经营战略，同时也面临更高的环境保护成本支出，这些被管制的企业试图阻止一些环保政策的实施，环境治理所需的资金支出以及高污染企业面临的环境管制引起了部分公众的不满，反对环保的呼声和群众的不满情绪将美国环境治理推向了停滞阶段。

20世纪80年代，公开反对环境保护的里根总统在竞选时就声称放松《清洁空气法》。里根总统的上台成为美国环保政策的一个转折点，里根上台以后在环境政策方面进行了改革，针对环境治理的高成本支出，提出了对环境保护进行成本—收益分析的方法，要求任何重大的环境管理决策都要进行成本—收益分析，并保证决策所带来的收益要大于所产生的成本支出。将成本—收益分析方法应用于环境政策的制定表明美国的环境政策效率的提高，标志着美国环境政策的制定从追求环境质量提升的单一目标阶段过渡到效率更高、方式更加灵活多样的新阶段。然而，成本—收益分析法在实施过程中遇到了一系列问题，如环境成本与收益的量化问题，要进行成本—收益分析，需要首先将成本收益都通过货币来量化，但是更清洁的空气、更清洁的水源通常很难通过货币来量化，不同的人群对环境的敏感程度不同，对环境价值的量化也不同，因此，这一方法的实施面临公平性、客观性的挑战。尽管面临诸多问题，成本—收益分析方法仍然被广泛推行，并成为某些环保反对者减轻工业部门环保负担、完成工业复兴的重要工具，因此，20世纪80年代通过的环保法案很少，环境治理处于停滞状态。

老布什在竞选总统时宣称要做一名"环保总统"，要远离里根时期的环境政策，表现出积极支持环境保护的态度，他上台以后也积极推动多个环保法案的出台。但是，老布什并没能从根本上打破环境保护面临的僵局，20世纪90年代初期，美国的反环保运动形成了一股非常强劲的势力，发起了"财产权力""明智的利用"等运动，为下一任总统环保政策的实施带来了重重困难。

由于反环保势力日益增长的政治影响，克林顿政府提出的将环保局升级为部级机构等环境保护的提议都没有得到批准。为了推动环境保护事业的发展，克林顿总统任命了一批有名的环境保护组织负责人出任政府要职，并挑选著名的环保主义者戈尔作为副总统，组建了强大的"绿色保护"阵容。克林顿总统致力于打破环保僵局，他用反对权阻止了一系列旨在反对环境保护的议案的通过，并于1993年签署了曾经遭到老布什拒绝签署的《生物多样性条约》。众议院于1996年通过了新版的农药控制政策和《安全饮用水法修正案》(1996)。环保局在这一时期拿到了很多环保项目，这些项目为新一代环保政策的诞生打下了较好的基础。在克林顿总统的努力下，20世纪末期美国的环境政策着眼于可持续发展，努力兼顾环境保护与经济增长，这一时期又被称为美国环境保护的复兴时期。

4.1.3　21世纪的美国环境政策

2001年小布什上台以后，不对二氧化碳排放量进行强行控制，拒绝降低饮用水中的砷含量，支持在北极国家野生动物保护区内进行石油开采活动，拒绝在《京都议定书》上签字，同时，由于他在竞选总统期间受到了能源企业的赞助，为了回馈这些企业，他颁布了有助于部分企业规避环境保护政策的新规，美国的环境保护政策再度呈现出倒退的趋势。

奥巴马总统在竞选时就提出了他关于"清洁大气、动植物保护和发展、绿色农业、绿色清洁能源和绿色生活"的环保五大设想，他上台后，面对环保问题，表现出了与小布什截然相反的态度，将气候变化问题作为国家优先考虑的问题之一，致力于发展绿色经济。奥巴马总统选取热衷于环保工作的诺贝尔物理学奖得主朱棣文等组成了"绿色梦之队"来推动环保事业的发展。

2009年2月，奥巴马政府发布总金额为7870亿美元的经济刺激法案，将其中的1120亿美元用于绿色经济发展、清洁能源开发、能效提高以及其他与气候变化相关的减排工作；2009年4月，奥巴马政府正式宣布二氧化碳为大气污染物，美国环保总署无须等候国会授权便可以加强减排监管；同年，政府出台了"绿色新政"计划，宣言2009年之后的10年内，将每年为发展清洁能源产业投入150亿美元，力争到2035年，80%的美国电力都来自清洁能源，到2050年，美国投资1900亿美元用于清洁能源产业的发展，其中200亿美元用来开发节能环保低碳车辆技术（王坤，2015）。

近年来，美国出台了多项改善交通污染的新规定。2010年，美国环保署和交通运输部的国家公路交通安全管理局联合制定了一项新的计划，该计划包括

2012~2016 年轻型车辆的气体排放新标准，旨在减少温室气体排放并提高燃油经济性。这些是美国环保署根据《清洁空气法》颁布的第一个国家温室气体排放标准。同年，美国环保署与国际合作伙伴和国际海事组织合作，将美国、加拿大和法国水域的特定部分指定为排放控制区。该规则有助于船用发动机和燃料标准中的 NOx、SOx 和 PM 的减少。2011 年，美国环保署和美国国家公路交通安全管理局宣布了首个减少温室气体排放、提高重型卡车和公共汽车燃油效率的法规。该法规适用于组合拖拉机（半卡车）、重型皮卡车和货车，以及职业车辆（包括公共汽车和垃圾车或公用卡车）。2012 年，美国环保署和美国国家公路交通安全管理局将轻型汽车的统一温室气体和燃料经济性标准的国家计划扩展到 2017~2025 年的乘用车。2015 年，美国环保署和美国国家公路交通安全管理局建议将轻型汽车的统一温室气体和燃料经济性标准的国家计划扩展到 2018~2027 年的中型和重型车辆。2016 年，联合国国际民用航空组织通过了国际二氧化碳排放标准。[①]

美国 2018 年联邦政府预算报告显示，2018 年预算总额为 1.15 万亿美元。特朗普大幅增加了国防开支，国防支出增加所需资金是通过大幅削减其他部门预算取得。其中，环保署削减 31%，由 82 亿美元降至 57 亿美元，约占预算总额的 0.5%，为 40 年来的最低预算额。环保署不但被削减 31% 预算，还将裁员 3200 人，约占目前总人数的 20%，逾 50 项环保计划搁置，包括奥巴马《洁净能源计划》、对联合国气候变化项目的保证金等（张琪，2017）。

4.1.4 美国环境政策特色——45 年的空气质量改善伴随美国的发展

2018 年 7 月 31 日，美国环境保护署发布了题为"我们国家的空气"的《空气质量年度报告（2017）》，跟踪了自《清洁空气法》通过以来美国在改善空气质量方面的进展，记录了超过 45 年来美国空气质量的显著改善。

40 多年来，随着美国经济的发展，《清洁空气法》为美国减少污染做出了重要贡献。美国环保署的最新报告显示，1970~2017 年，六种主要污染物的总排放量下降了 73%，而美国经济增长了三倍以上。仔细研究最近的进展表明，1990~2017 年，美国有害空气污染物的平均浓度显著下降：二氧化硫（1 小时）下降 88%，铅（3 个月平均值）下降 80%，一氧化碳（8 小时）下降 77%，二氧化氮

---

① United States Environmental Protection Agency，https://www.epa.gov/.

(年)下降56%，精细颗粒物（24小时）下降40%，粗颗粒物质（24小时）下降34%，地面臭氧（8小时）下降22%。

从《空气质量年度报告（2017）》可以看出，40多年来，美国空气质量持续改善的同时，环境技术也给美国带来了经济收益。其中，2008年，美国环境技术和服务业支持了170万个就业岗位，该行业产生了约3000亿美元的收入和价值440亿美元的出口商品和服务，这一收益大于塑料和橡胶制品等行业的出口带来的收益。即使取得了这样的成功，一些美国人仍然生活在不完全符合国家标准的地区。[①]

经过数十年的曲折发展，美国环保政策的出台受到特定时期的政治、经济、社会等因素的影响，经历了由初兴到停滞到复兴，再到21世纪的日渐成熟。美国政府努力探索出了一条兼顾环境保护与经济发展的可持续发展之路，为其他国家环保事业的发展留下了丰富的经验和深刻的教训。

4.2 欧盟环境政策与环境治理

随着工业化进程的不断加快，环境污染问题日益加剧，欧盟各国利用经济手段来治理环境污染，经过多年的探索，欧盟形成了比较完善的环境政策体系。欧盟环境政策的理论与实践主要呈现出以下特征：

4.2.1 欧盟环境政策的初始阶段

1951年4月18日，法国、联邦德国、意大利、荷兰、比利时和卢森堡六国根据"舒曼计划"在巴黎签订《欧洲煤钢联营条约》，针对欧盟所面临的环境污染问题，此条约提出时的政策目标是"确保、维护相关的条件，鼓励企业扩大和提高生产能力，建立合理开发自然资源的政策，从而避免资源因缺乏考虑而耗竭"，该条约标志着这些国家的环保意识开始苏醒。1957年3月25日，六国又在罗马签订了建立欧洲经济共同体条约和建立欧洲原子能共同体条约（又称《罗

---

① United States Environmental Protection Agency，https：//www.epa.gov/.

马条约》），《罗马条约》的目标是建立共同市场和货币联盟，虽然未提及"环境"问题，但是提到了"生活质量"，为欧盟后续环境保护政策的颁布埋下伏笔。到了 20 世纪 60 年代，频频发生的公害事件使人们的环保意识不断增强，欧洲各国环境保护的意识进一步觉醒，欧盟成员国政府开始加强国内的环境管理，并设定各自的环境标准。

1972 年 6 月，瑞典斯德哥尔摩召开联合国人类环境会议，会议签署《人类环境宣言》，宣言指出"保护和改善人类环境是关系到全世界各国人民的幸福和经济发展的重要问题，也是全世界各国人民的迫切希望和各国政府的责任"，意味着人类环境保护意识的全面苏醒，该宣言拉开了全人类环境保护的序幕。欧盟也在《人类环境宣言》签署以后颁布了一系列环境法案。

1973 年，欧盟出台了《第一个环境行动规划（1973–1976）》，要求各成员国的环境政策应当在欧盟范围内进行协调实施。《第一个环境行动规划（1973–1976）》提出了禁止过度利用资源原则、污染者付费原则、污染事前防止原则等一系列改善生态环境的原则，并提出了污染物排放标准、废弃物管理办法，奠定了欧盟环境保护政策发展的坚实基础。

1977 年，欧盟决议通过了《第二个环境行动规划（1977–1981）》，该规划是第一个行动规划的延续，重申了第一个规划确定的环境政策原则和目标，强调了欧盟未来 4 年环境政策的主要内容，要求欧盟国家应当减少污染和有害物，加强对土地、环境和自然资源的合理利用和管理，细化噪声污染的具体对策。

该阶段是欧盟环境政策的起步阶段，根据《第一个环境行动规划（1973–1976）》中提出的"污染者付费原则"，部分欧盟成员国开始通过征收环境税费的手段来要求污染者支付环境污染治理成本，从而达到控制污染的目的。此时，欧盟成员国的环境税费政策大致可以分为两类：第一类是对开发、利用自然资源的行为进行补偿，从而达到环境保护的目的，例如，欧盟分别在 1967 年和 1970 年相继颁布的《有关危险制品的分类、包装和标签的 67/548 指令》和《有关机动车允许噪声声级和排气系统的 70/157 指令》就属于这种类型。第二类是依据排污量征收排污费，从而减少企业对环境的污染行为，例如，1976 年联邦德国的《污水收费法》是世界上第一部污水收费的法规，德国据此征收污水处理费，提升水质。荷兰也针对污水和生活垃圾开征了污染费（杨志宇，2016）。

4.2.2 欧盟环境政策的快速发展阶段

20 世纪 80 年代，面对严重的环境污染，欧盟于 1983 年 2 月决议通过《第三个环境行动规划（1982-1986）》。该规划明确指出了欧盟环境政策的目标是"不但要保护人类健康、自然和环境，而且要在规划与组织经济和社会发展问题时充分考虑如何合理利用自然资源"。该规划提出了"综合污染控制"的概念，其内容包括了在不同的环境领域减少污染和有害物、合理保护和管理土地资源和水资源、废弃物管理、发展清洁技术以及环境保护的国际合作等内容。1987 年，欧盟出台《第四个环境行动规划（1987-1992）》，该规划列出了处理各种环境污染的方法，提出了新的发展理念，进一步推动了欧盟成员国环境立法的进步。1993 年，在《统一欧洲法》的基础上，欧盟出台了《第五个环境行动计划（1993-2000）》，该计划又称《走向可持续性的行动计划》，全面规划了迈向可持续发展的欧盟环境政策，强调应该将环境政策作为欧盟其他政策的组成部分，即将环境政策纳入工业制造业、能源、交通、农业和旅游等政策领域。1997 年 6 月，在新修订的《阿姆斯特丹条约》中，欧盟各国达成了共识，正式将可持续发展作为欧盟环境保护的指导思想，为欧盟的各项可持续发展决策奠定了法律基础。

1987 年 7 月 1 日生效的《单一欧洲法令》为欧盟的环境立法提供了明确的依据。该法令实际上是《罗马条约》的更新，首次将环境保护纳入欧盟基本法，并规定了欧盟环境保护的原则、目标、决策程序等内容。新增的第 100A 条明确提到了环境保护，该条的目的是使直接影响内部市场建立和运行的法令趋于一致。在第 100A 条第 3 款，指出委员会可以基于"高水平的保护"提出环境提案，强调了对环境保护的重视。在第 100A 条第 4 款，允许欧盟成员国以保护环境为由，有条件地制定高于欧盟协调措施的国内环境标准。新增的第七编（包含第 130R-130T 条）的名称就是环境保护，其中，第 130S 条授权理事会能够在环境保护方面采取行动，这成为环境保护措施的重要依据。第 130R 条第 1 款首次明确了欧盟环境保护行动的目标：维持、保护和改善环境质量，保护人类健康，审慎和合理地利用自然资源。第 130R 条第 2 款首次在基础法中提出了环境保护的原则：防备原则、预防原则、就近原则和污染者付费原则（肖主安，2002）。1992 年 2 月，比利时、丹麦、联邦德国、希腊、西班牙、法国、爱尔兰、意大利、卢森堡、荷兰、葡萄牙等国家签订了《欧洲联盟条约》，并在条文中明确提出了"环境"一词，1993 年，该条约生效，正式将环境保护纳入欧盟的政策与活动。

在这一阶段，《单一欧洲法令》的通过将环境政策纳入欧盟的基本法范畴，使欧盟环境立法有了明确的法律依据。欧盟该时期的三个环境行动计划确立了环境政策立法的"可持续发展"目标，并将环境保护政策纳入了欧盟其他政策领域，环境保护政策的法律地位得到了全面的提升。欧盟各成员国的环境政策迅速发展，涉及大气污染防治、废物处置、噪声防护、自然资源保护等多个领域，环境政策主动防护性大大增强，不再局限于被动治理污染，而是更多着眼于积极的环境保护和污染预防。这一时期欧盟各国环境税费的种类增多，包括排污税、产品税、能源税、垃圾税、二氧化碳税、水污染税、燃油税、化肥农药税、电力税、包装税等。

4.2.3 欧盟环境政策的成熟阶段

从 20 世纪 90 年代中期到现在的 20 多年时间，是欧盟环境政策的完善与成熟阶段。2001 年，欧盟颁布了题为"环境 2010：我们的未来、我们的选择"的《第六个环境行动规划（2002-2012）》。该行动规划包含八章内容，确立了未来十年欧盟环境政策的基本目标和优先发展领域。环境政策的基本目标是要在考虑地区差异的基础上，实现高水平的环境保护，避免让经济发展承受环境压力。明确提出在气候变化、自然和物种的多样化、环境与健康、自然资源和废弃物领域内优先执行环境决策，并出台了环境政策执行的具体措施。

2006 年 3 月，欧盟委员会出台了以"获得可持续发展，有竞争力和安全能源的欧洲战略"为目标的《欧盟能源政策绿皮书》。该绿皮书从欧洲能源投资需求迫切、进口依存度上升、资源分布集中、全球能源需求持续增长、油气价格攀升、气候变暖等方面进行分析，呼吁欧盟各国政府和国民重视能源，共同快速行动实现可持续、有竞争力和供应安全的目标。为了实现上述目标，该绿皮书提出了以下建议：欧盟应该建立内部天然气和电力市场，欧盟应该保证内部市场供应安全以及成员国之间的团结，欧盟应该在全欧盟范围内对不同能源进行讨论，欧盟要以符合其里斯本目标的方式应对气候变暖所带来的挑战，欧盟应该制定能源技术战略计划，欧盟应该统一对外能源政策（佚名，2006）。

2011 年，欧盟发布《2010-2020 年欧盟交通政策白皮书》，指出欧盟将大力发展公共交通，推广新能源汽车，以实现 2050 年交通领域的低碳排放目标。为了减少汽车碳排放量，欧洲汽车生产协会签订了相关自愿协议并承诺降低欧盟销售的机动车 CO_2 排放率，但是，事实证明自愿减排存在的不确定性较大，随后，汽车碳排放标准相关法案通过欧盟理事会审议，针对汽车碳排放推行限制性标准（石峰，2016）。

欧盟非常注重可再生能源的有效利用。尽管出现了金融危机，但在 2009~2010 年，可再生能源所占份额仍实现了稳步增长。所有可再生能源的消费总量的年增长率在 2010 年达到 1990 年以来的最高水平。生物燃料（液体和气体）以及风力发电的电力生产在 2005~2010 年翻了一番多。2010 年，欧盟成员国可再生能源在能源消费中所占的份额达到 12.5%，并且在实现欧洲 2020 年目标（20%）方面取得了稳步进展。[①]

2012 年 12 月，欧盟以决定的方式出台了题为"在星球的极限之内生活得更好"的欧盟《第七个环境行动规划草案（2012-2020 年）》。该草案提出了欧盟在 2020 年前的九个环境政策具体目标：保护、保持和强化欧盟的自然资本；使欧盟转变为资源节约、绿色且具备竞争力的低碳经济；保护欧盟公民的健康和幸福免于与环境有关的压力和风险；使欧盟环境立法的效益最大化；改善环境政策的实证基础；保障环境和气候政策的投资；提高环境政策的一体化和融合性；强化欧盟城市的可持续性；提升欧盟在应对地区和全球环境挑战方面的效率（欧盟委员会，2012）。

根据 2018 年发布的欧洲《能源、运输和环境指标体系》，欧洲委员会主席让·克劳德·容克先生表示，欧洲应该领导应对气候变化的斗争。2018 年欧洲委员会工作计划草案讨论了一系列关于气候变化和联合国可持续发展目标的后续文件，例如，关于 2030 年迈向可持续欧洲的文件，以及关于气候变化的《巴黎协定》。欧盟循环经济行动计划的实施仍然是欧盟委员会议程的重点。循环经济计划建议修改欧盟的废物立法，还提出了有助于降低二氧化碳排放水平、节约能源、减少污染的具体措施。2017 年 5 月底，欧洲委员会提出了一系列广泛的倡议，旨在减少二氧化碳排放、改善空气质量和公共卫生并提高运输安全性。[②]

这一阶段，欧盟通过两个环境规划及一系列指令逐步建立并完善了环境政策

---

①② http://ec.europa.eu/eurostat/web/main/home。

体系，在欧洲范围内，欧盟推动了环境保护的发展，在世界范围内，欧盟同样扮演了环境保护推动者的角色，发挥了积极的作用。自2000年以来，欧盟先后发布了《关于环境财政基金（LIFE）的1655、2000号条例》《关于修订共同体生态标签奖励方案的1980、2000号条例》《允许以组织形式自愿参加共同体的生态管理和审计方案（EMAS）761、2001号条例》《关于同意共同体财政援助为改善货物运输系统的环境行为（第1382、2003条例）》《环境协议条例》《在欧洲构建空间信息基础指令》《环境协议通讯》《综合工业产品政策战略白皮书》《将环境纳入标准化通讯》《关于预防和补救环境损害的环境责任2004/35/EC指令》《欧洲环境与健康行动计划2004-2010通讯》《公民与环境保护战略》等，在此背景下，欧盟各成员国再根据自身的特点制定并实施了相应的环保政策与措施（蒋尉，2011）。

4.2.4 欧盟的环境政策特色——完善的环境税收体系与卓有成效的环境治理

近年来，欧盟各成员国的环境税收体系不断完善，征收的环境税费总额也不断上升，欧盟成员国根据各国国情，征收的环境税已达100多种。欧盟环境税收逐年上升，并为欧盟各国环境的改善做出了贡献。

4.2.4.1 欧盟环境税收与环境投入

（1）欧盟环境税收情况。欧盟成员国拥有比较完善的环境税收体系，开征的环境税收种类也较多。例如，瑞典、挪威、荷兰、丹麦等成员国从20世纪70年代就开始征收污水排放税；法国、意大利、瑞典等国家均针对氮排放征税；1990年，芬兰征收碳税以后，丹麦、瑞典、挪威也陆续开征碳税；1970年，挪威开始征收二氧化硫税以后，意大利、法国等国家也开始征收；德国、荷兰均针对噪声污染征税；德国、意大利等国家均征收电力税；荷兰、丹麦、德国、芬兰、奥地利、希腊等国均针对汽油征收燃油税；法国、丹麦、挪威、德国等国家为保护森林资源征收地籍税、所得税等税种；芬兰、丹麦、瑞典、罗马尼亚针对渔业和打猎进行征税；斯洛文尼亚、德国、匈牙利、捷克、拉脱维亚、荷兰、马其顿、西班牙、克罗地亚、罗马尼亚等国家均针对水资源保护征税；丹麦要求对垃圾按照电子产品、生活垃圾、废旧家具、电池、纸张类、塑料制品、玻璃制品等9种条目进行分类，鼓励循环利用资源，并征收垃圾处理税；德国、丹麦、挪威、波兰、匈牙利等国家均针对危险物或者工业废弃物设置了不同的税种（杨志宇，

2016)。环境税收占国内生产总值(GDP)的比重表明了欧盟各成员国在环境、劳动力、资本等各个因素之间存在的不同的税收分割。图 4-1 展示了欧盟成员国环境税收入在 GDP 中的比例。近十年来,欧盟环境税收占 GDP 的比重均高于 2%,基本上处于上升趋势,从侧面反映了欧盟环境税收体系的不断完善。

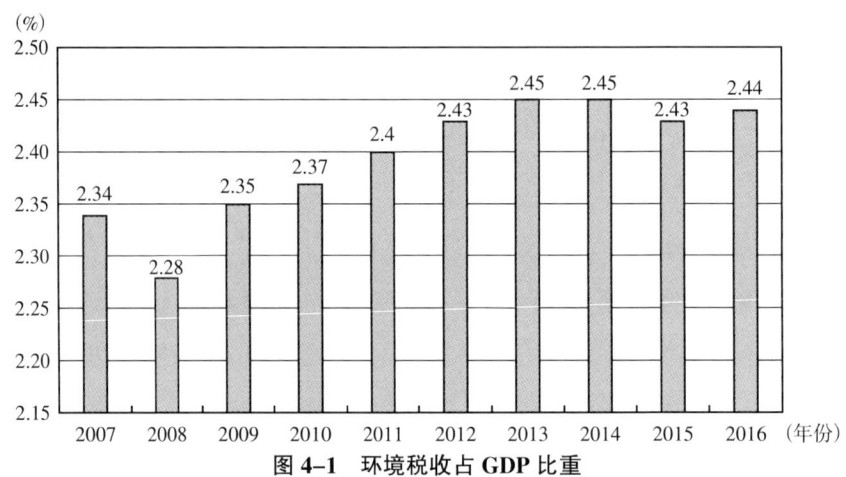

图 4-1 环境税收占 GDP 比重

资料来源:欧盟统计局(Eurostat)。

表 4-1 列示了欧盟各国环境税收占 GDP 的比重,通过对成员国之间的环境税收占 GDP 的比重进行比较可以发现,欧盟各成员国的环境税收差异不是很大,基本上在 2%~3%,该比重较高的是保加利亚、丹麦、意大利、荷兰、斯洛文尼亚,说明这些国家的环境税负较高;该比重较低的是西班牙、立陶宛、斯洛伐克,说明这些国家的环境税负较低。

表 4-1 欧盟各国环境税收占 GDP 比重

单位:%

年份 国家	2007	2008	2009	2010	2011	2012	2013	2014	2015	2016
比利时	2.22	2.14	2.18	2.21	2.25	2.15	2.07	2.08	2.11	2.22
保加利亚	3.19	3.28	2.85	2.75	2.68	2.67	2.8	2.73	2.91	2.77
捷克共和国	2.31	2.26	2.31	2.28	2.34	2.23	2.13	2.09	2.07	2.11
丹麦	4.74	4.17	3.99	4.02	4.02	3.97	4.14	4	3.99	3.99
德国	2.17	2.14	2.26	2.13	2.17	2.11	2.05	1.99	1.91	1.86

续表

年份 国家	2007	2008	2009	2010	2011	2012	2013	2014	2015	2016
爱沙尼亚	2.19	2.32	2.94	2.93	2.73	2.73	2.56	2.7	2.77	3.06
爱尔兰	2.45	2.3	2.26	2.45	2.45	2.37	2.46	2.38	1.88	1.84
希腊	2.08	2.05	2.08	2.64	2.91	3.28	3.65	3.71	3.83	3.82
西班牙	1.77	1.63	1.61	1.63	1.58	1.57	1.91	1.87	1.93	1.85
法国	1.87	1.84	1.87	1.89	1.92	1.96	2.03	2.03	2.15	2.23
克罗地亚	3.14	2.85	2.8	3.03	2.68	2.56	2.86	3.18	3.38	3.51
意大利	2.72	2.56	2.79	2.79	3.05	3.49	3.45	3.59	3.39	3.5
塞浦路斯	3.14	3.02	2.78	2.77	2.76	2.58	2.72	3.05	2.96	2.96
拉脱维亚	2.05	2.08	2.66	2.98	2.99	2.99	3.36	3.6	3.66	3.65
立陶宛	1.75	1.63	2.02	1.83	1.69	1.64	1.68	1.73	1.85	1.93
卢森堡	2.57	2.59	2.52	2.39	2.36	2.35	2.16	1.95	1.82	1.75
匈牙利	2.76	2.66	2.61	2.74	2.62	2.61	2.66	2.61	2.67	2.76
马耳他	3.53	3.26	3.16	2.89	3.09	2.87	2.69	2.83	2.9	2.79
荷兰	3.4	3.48	3.51	3.53	3.46	3.28	3.3	3.36	3.36	3.37
奥地利	2.37	2.35	2.35	2.34	2.42	2.4	2.38	2.39	2.38	2.37
波兰	2.74	2.64	2.51	2.72	2.63	2.59	2.41	2.57	2.66	2.72
葡萄牙	2.74	2.48	2.44	2.42	2.31	2.16	2.21	2.27	2.41	2.59
罗马尼亚	1.99	1.7	1.81	2.11	1.94	1.97	2	2.32	2.43	2.33
斯洛文尼亚	2.95	2.95	3.49	3.62	3.46	3.85	3.94	3.86	3.89	3.87
斯洛伐克	2.07	2	1.91	1.82	1.81	1.72	1.72	1.77	1.76	1.81
芬兰	2.66	2.6	2.53	2.68	3.02	2.98	2.93	2.9	2.92	3.11
瑞典	2.52	2.57	2.68	2.59	2.41	2.4	2.36	2.2	2.21	2.22
英国	2.27	2.27	2.42	2.49	2.47	2.45	2.46	2.44	2.45	2.43

资料来源：欧盟统计局（Eurostat）。

（2）欧盟环境保护支出。环境保护支出是直接用于旨在预防、减少和消除污染或任何其他环境退化的所有目的活动的资金。从图4-2可以看出，在2002~2008年，欧盟环境保护支出占GDP的比重逐年下降，这表明，欧盟成员国的治污高峰期基本结束，环境保护支出占GDP的比重稳定在0.28%~0.3%的水平。

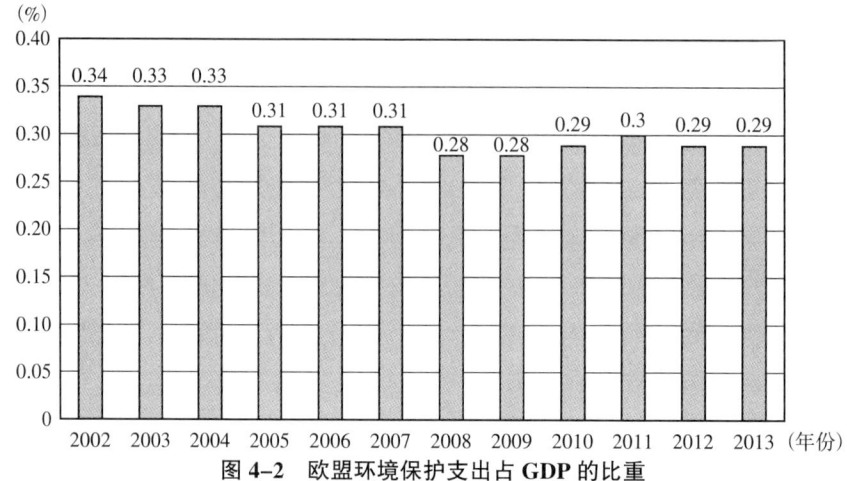

图 4-2 欧盟环境保护支出占 GDP 的比重

资料来源：欧盟统计局（Eurostat）。

表 4-2 列示了欧盟各国环境保护支出占 GDP 的比重，通过对成员国之间的环境保护支出占 GDP 的比重进行比较可以发现，欧盟各成员国的环境保护支出差异较大，环境保护支出规模较大的国家该指标超过了 0.7%，而环境保护支出规模较小的国家该指标只有 0.1% 左右，该比重较大的是保加利亚、捷克共和国、意大利、匈牙利、波兰、罗马尼亚、斯洛文尼亚，说明这些欧盟成员国家的环境保护支出水平较高；该比重较小的是西班牙、塞浦路斯、拉脱维亚、葡萄牙、英国，说明这些国家的环境保护支出水平较低。

表 4-2 欧盟成员国环境保护支出占 GDP 的比重

单位：%

年份 国家	2004	2005	2006	2007	2008	2009	2010	2011	2012	2013
比利时	:	:	0.31	0.31	0.32	0.16	0.19	0.22	0.2	:
保加利亚	0.54	0.36	0.48	0.45	0.55	0.38	0.33	0.36	0.36	0.42
捷克共和国	0.59	0.57	0.52	0.49	0.5	0.49	0.56	0.58	0.59	0.59
德国	0.42	0.39	0.37	0.35	0.34	0.37	0.37	:	:	:
爱沙尼亚	0.24	0.24	0.39	:	0.23	0.22	0.23	0.23	:	:
西班牙	0.15	0.15	0.14	0.14	0.15	0.15	0.15	0.16	0.17	:
克罗地亚	0.27	0.27	0.31	0.32	0.26	0.31	0.28	0.31	0.28	0.28
意大利	0.74	0.67	0.72	0.71	0.59	0.57	0.61	0.64	:	:

续表

年份 国家	2004	2005	2006	2007	2008	2009	2010	2011	2012	2013
塞浦路斯	0.13	0.13	0.13	0.14	0.14	0.14	0.12	0.16	0.15	:
拉脱维亚	0.11	0.1	0.11	0.1	0.19	0.11	0.13	0.11	0.11	0.11
立陶宛	0.26	0.27	0.27	0.24	0.16	0.2	0.18	0.15	0.13	0.14
匈牙利	0.43	0.46	0.36	0.35	0.33	0.55	0.53	0.55	0.59	:
奥地利	0.23	0.26	0.24	0.22	0.23	0.22	0.22	0.19	0.21	:
波兰	0.53	0.5	0.47	0.53	0.52	0.5	0.45	0.56	0.63	0.59
葡萄牙	0.12	0.09	0.11	0.12	0.11	0.15	0.14	0.14	0.14	0.14
罗马尼亚	0.56	0.34	0.36	0.31	0.51	0.36	0.48	0.56	0.78	0.77
斯洛文尼亚	0.41	0.4	0.38	0.34	0.47	0.46	0.53	0.54	0.55	:
斯洛伐克	0.66	0.63	0.55	0.44	0.33	0.3	0.31	0.3	0.32	0.34
芬兰	0.29	0.28	0.3	0.28	0.26	0.29	0.27	0.3	0.28	:
瑞典	0.23	0.22	0.21	0.24	0.22	0.23	0.21	0.22	0.22	0.2
英国	0.22	0.19	0.22	0.24	0.15	0.17	0.16	0.18	0.17	:

注：":"表示数据缺失。
资料来源：欧盟统计局（Eurostat）。

4.2.4.2 欧盟环境治理效果

经过若干年的治理，欧盟环境质量在温室气体减排、固体废弃物回收利用、森林覆盖率提高等方面均取得了显著成效。

（1）温室气体排放。按照"京都议定书"的约定，欧盟统计局统计的温室气体排放指标以1990年为基准（1990年为100%），包括二氧化碳（CO_2）、甲烷（CH_4）、一氧化二氮（N_2O），以及F气体［氢氟烃、全氟化碳、三氟化氮（NF_3）和六氟化硫（SF_6）］。汇总的温室气体排放量以二氧化碳当量为单位表示。按照约定，欧盟到2020年的温室气体排放量与1990年相比至少需要减少20%。图4-3展示了欧盟近十年温室气体排放的情况。从图中可以看出，欧盟温室气体排放基本上保持下降趋势，在2007年，欧盟温室气体相对于1990年的比重是92.68%，到2016年，已经下降至77.64%，从总体上看，已经提前完成了至2020年温室气体排放减少20%的目标。

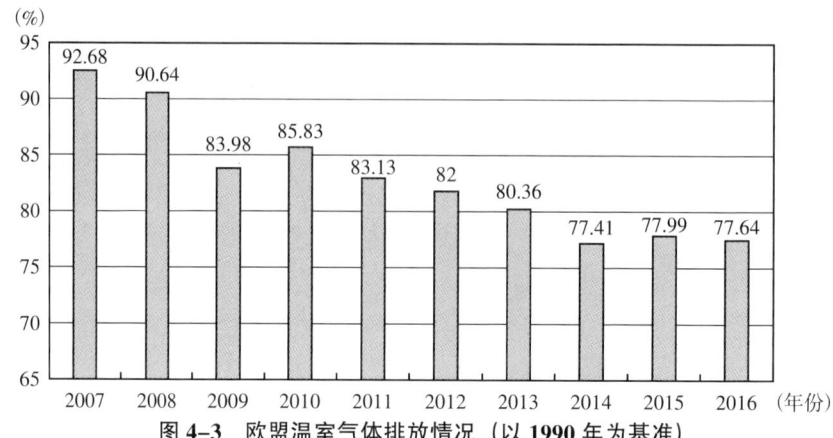

图4-3　欧盟温室气体排放情况（以1990年为基准）

资料来源：欧盟统计局（Eurostat）。

运输产生的污染物排放是造成空气污染的主要原因。该指标分析了氮氧化物（NOx）、非甲烷挥发性有机化合物（NMVOCs）和颗粒物（PM10）的运输排放，该指标以2000年的指标为基准（2000年为100%）。从图4-4欧盟运输污染物排放情况可以看出，欧盟近十年来运输污染物排放下降趋势非常明显，其中，2007年为81.4%，到2016年降为54.3%，下降了30%多。

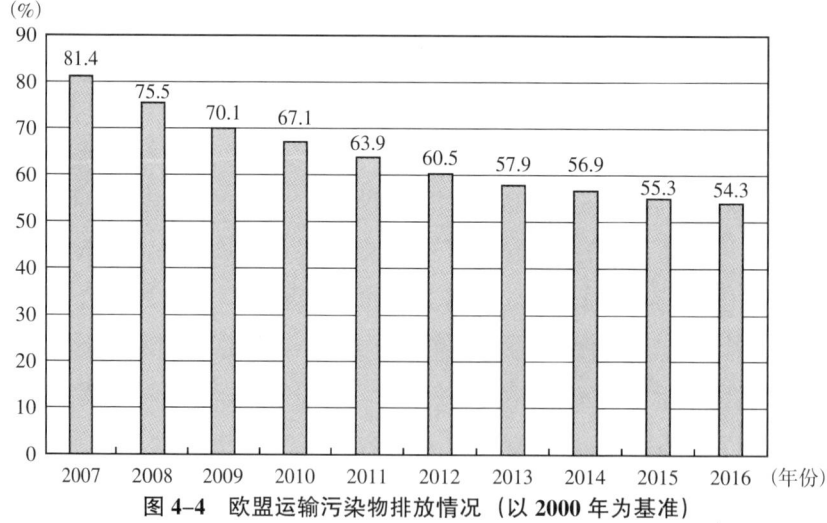

图4-4　欧盟运输污染物排放情况（以2000年为基准）

资料来源：欧盟统计局（Eurostat）。

（2）固体废弃物情况。图 4-5 列示了 2004~2014 年欧盟成员国的家庭和企业产生的废弃物总量。从图中可以看出，欧盟的废弃物总量在 2004 年为 254759 万公吨，在 2006 年上升为 256727 万公吨，此后，在 2008 年急剧下降为 242700 万公吨，在 2008~2014 年虽然一直呈上升趋势，但都未超过十年期间的最高值（2006 年的 256727 万公吨），说明欧盟的废弃物治理还是取得了较好的成效的。

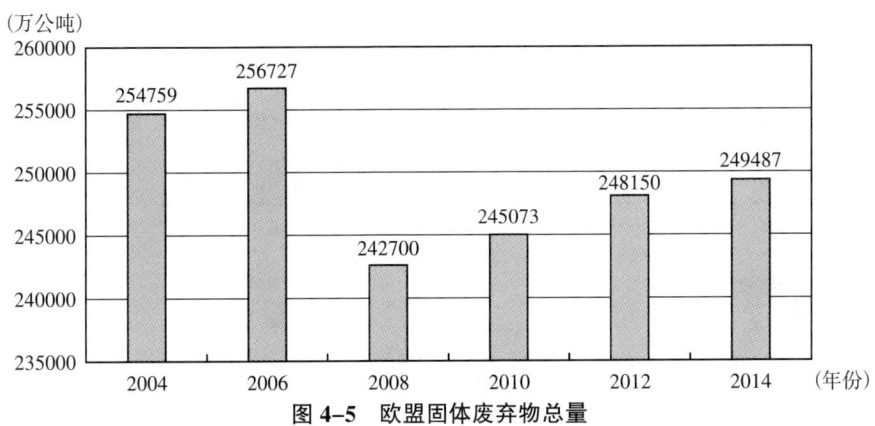

图 4-5 欧盟固体废弃物总量

资料来源：欧盟统计局（Eurostat）。

除了降低废弃物总量以外，废弃物的回收利用也非常重要。图 4-6 列示了欧盟的城市垃圾回收率，该指标衡量回收的城市垃圾在城市垃圾产生总量中的份额。回收包括材料回收、堆肥和厌氧消化。通过图 4-6 可以看出，欧盟近十年城市垃圾回收率不断上升，从 2007 年的 35% 上升到 2016 年的 45.3%，上升了近 30%，表明了欧盟成员国资源利用效率的提升。

（3）森林覆盖率。图 4-7 列示了欧盟成员国 2009~2015 年森林覆盖率的变化情况。该指标衡量森林生态系统与土地总面积的比例。用于该指标的数据来自土地利用和覆盖区框架调查（LUCAS）。LUCAS 土地利用和土地覆盖分类已根据粮农组织的森林定义进行了调整，区分了"森林"和"其他林地"。通过图 4-7 可以看出，在 2009~2015 年，欧盟成员国森林覆盖率总体处于上升状态，从 2009 年的 39.3% 上升到 2015 年的 41.9%，证明了欧盟的森林保护措施起到了较好的效果。

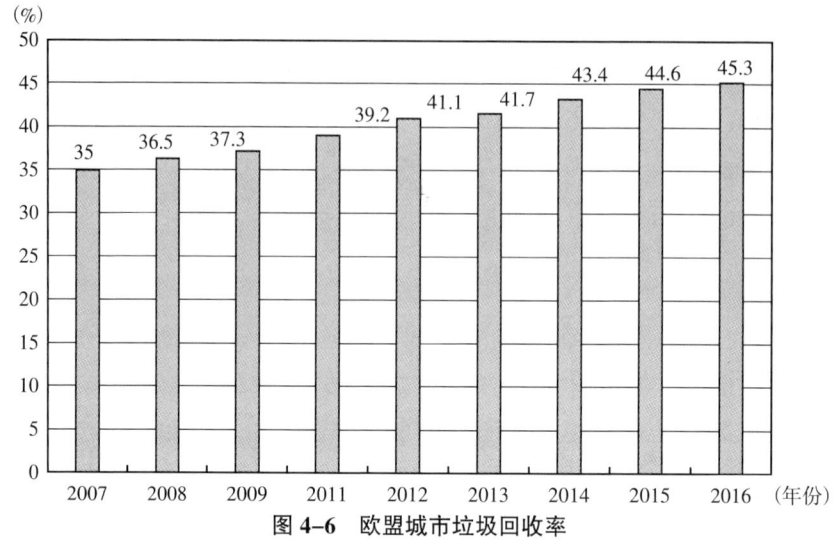

图 4-6　欧盟城市垃圾回收率

资料来源：欧盟统计局（Eurostat）。

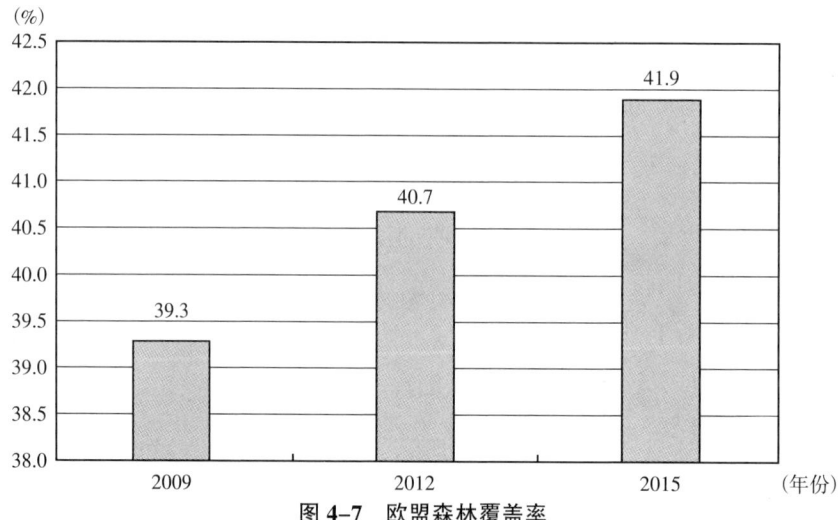

图 4-7　欧盟森林覆盖率

资料来源：欧盟统计局（Eurostat）。

欧盟于20世纪70年代正式提出环境税，随着环境税收体系的不断完善，欧盟环境税收的环境保护与治理效果也越来越明显，纵观欧盟成员国近十年的环境治理成效，无论是空气污染治理、森林保护，还是废弃物管理，均取得了较好的成效，值得学习和借鉴。

4.3 日本环境政策与环境治理

明治维新后,日本经过 100 年的迅速发展,1967 年,国民生产总值超过英国、法国,1968 年又超过德国,成为仅次于美国的经济大国。日本制造业的快速增长带来了严重的污染,同时,日本国土狭小,人口众多,对环境污染的承受能力小。日本同样经历了"先污染,后治理"的过程,主要呈现出以下特征:

4.3.1 日本环境污染的末端污染治理时期

20 世纪 50 年代到 1975 年是日本环境污染的末端污染治理时期。这一时期,日本的环境问题日益突出,环境污染事件频发,成为世界上污染最严重的国家之一。当时的"世界八大公害事件"有 4 件发生在日本,即水俣病、痛痛病、新潟水俣病、四日市哮喘病。水俣病是由于氮素中的含有机水银的排水引发水俣湾的污染造成的,由于人们大量食用当地含有有机水银的鱼虾类食品,发生水银中毒,出现各种神经障碍、胎儿性水俣病等,水俣病的正式发现是在 1956 年,但直到 1968 年才被正式认定,从 1969 年开始起诉到 1996 年 5 月最终达成和解,花费了很长的时间,先后认定的患者超过 2200 人;痛痛病是指神冈矿山排出的含有镉的污水排入神通川流域,因长期饮用当地河水以及食用农作物造成镉中毒,发生肾脏疾病、软骨症,这种病 1955 年正式发现,但起诉是在 1968 年;新潟水俣病是指昭和电工排出的含有有机水银的污水使阿贺野川受到污染,人们吃了河里的鱼同样发生了水银中毒,新潟水俣病正式发现是在 1965 年,起诉是在 1967 年,最终和解则是在 1996 年;四日市哮喘病是指当地石油化学联合企业的排烟(主要是氧化硫)导致大气污染,使附近居民发生呼吸器官疾病,起诉是 1967 年,认定患者超过 1700 人(张宏武和时临云,2008)。为了应对愈演愈烈的公害问题,日本在 1967 年出台了《公害对策基本法》,将大气、水体、土地、噪声等污染以及震动、地基下沉、恶臭 7 个项目界定为公害的基本内容。

大规模污染的爆发使日本该阶段的污染治理陷入了"头痛医头、脚痛医脚"的局面,除了《公害对策基本法》以外,这一时期日本政府颁布的其他环境立法基本上也是建立在环境污染事件的基础上的。例如，由于本州制纸江户川工厂发生的废水污染事件，日本于 1958 年制定了《公共水域水质保全法》《工厂排污规制法》。由于四日市石油化工厂引发周边居民患哮喘病，日本于 1962 年制定了《烟尘排放规制法》。《公共水域水质保全法》《工厂排污规制法》针对水质保护区的范围和工厂排水的水质标准做出了相关规定。但是，该阶段的立法仅仅是基于公害的产生提出应对措施，很少提出防止公害的措施，因此，没有从根本上改变水质污染的情况。由于存在法律漏洞，执法的效果并不理想，例如，《公共水域水质保全法》重点强调了排水的浓度，而对将工业废水先进行稀释再排放的行为起不到约束作用，这一时期其他法案如 1967 年制定的《公害对策基本法》、1968 年制定的《大气污染防止法》和《噪音规制法》，也都存在相同的问题（任赟，2012）。

在末端污染治理时期，"依法治污"是日本环境政策的重要特点，日本的环境政策虽然仍存在一些政策漏洞，但都有较强的针对性，设立了公害控制、损害补偿、污染总量控制等制度，并取得了一定的污染治理成效，奠定了日本重要的环境法规的基础。

4.3.2 日本环境政策的发展阶段

20 世纪 70 年代，经过多年的不懈努力，日本的环境有了较大的改善。1973 年的石油危机的爆发，使日本产业结构调整的目标定位于"节约资源、环境保护"。据统计，1973 年后，约十年间，日本的实际 GNP 增长 47%，但一次能源的消耗量只增长了 17%，单位 GNP 的石油消耗量下降了一半，同时，日本的能源使用效率较高，1991 年，日本吨标准煤能源实现的 GDP 为 2538 美元，远高于法国的 1818 美元、英国的 1605 美元和中国的 421 美元，此外，日本还通过重点发展太阳能、风能、生物质能等可再生能源，实现能源结构的低碳化，可替代性能源和核能占能源消耗比重从 1973 年的 2.65% 提高到 1990 年的 14.37%（徐常萍，2016）。

20 世纪 80 年代，日本的环境政策也进入到突出解决全球环境问题的阶段。尤其是 1987 年，世界环境与发展委员会发表了影响全球的题为"我们共同的未来"的报告以后，气候变化、臭氧层破坏等环境问题引起了全球各国的高度重视。作为世界上排放二氧化碳最多、使用氯氟烃最多的国家之一，日本迫于国际社会和国内公众的压力，制定了削减氯氟烃的相关法律和计划。到1989年，在1974年制定的"阳光计划"和1978年制定的"月光计划"取得突出成就的基础上，日本又提出了"地球环境开发技术"的研究计划，后来又将这三者一体化为以解决能源问题为重点的环境政策体系（汤天滋，2007）。

20世纪90年代，日本已经开始重视资源的循环利用，投入了资金支持循环利用资源，并出台了一系列相关政策，陆续颁布了《再生资源循环利用法》(1991)、《容器包装循环利用法》(1996)、《家电资源再生利用法》(1998)、《推进循环型社会形成基本法》(2000)、《建筑材料再生利用法》(2000)、《食品资源利用再生法》(2000)、《绿色采购法》(2000)等政策。这些政策的推行为日本循环经济的发展打下了良好的基础。

1993年，日本通过了《环境基本法》，该法具有如下五个特点：①确立了环境恩惠的享受和继承、减少对环境负荷的可持续发展的社会构筑、依靠国际协作积极推进地球环境保全三个基本理念，为日本创造可持续的环境保护型社会奠定了基础；②在环境法的基本制度方面，规定政府必须为推进环境保全对策而制定关于环境保全的基本计划，并确立为国家的法定计划；③确立了国家在制定和实施被认为是涉及环境影响的对策之际，负有考虑和关心环境的义务；④明确规定了国家为减低对环境负荷有影响的活动时，必须努力采取必要的经济措施防止环境保全上的妨害；⑤明确规定了积极推进全球环境保护的国际合作（汪劲，2006）。《环境基本法》全面取代了《公害对策基本法》，使日本环境保护政策从防治公害为主转向减少对环境的破坏为主，改变了针对污染事件制定环保政策的模式，基本摆脱了"头痛医头、脚痛医脚"的局面。

1997年6月9日，日本通过了《环境影响评价法》。该法的目的是确保实施的项目将环境保护列入考虑范围。要求经营者在从事大规模开发项目时，需要评价对环境的影响，需要听取项目所在地区公共机关和公民的意见，并根据评价结果取得许可证。该法所针对的项目包括道路、大坝、铁路、机场、电站等的建设，这些项目往往规模较大，而且可能对环境产生影响（沈惠平，2003）。

4.3.3 日本环境政策的成熟阶段

进入21世纪，循环经济得到了更全面的发展。2000年6月，日本出台了《推进循环型社会形成基本法》，该法从以下六个方面系统地阐述了循环经济的相关要素：①明确了循环型社会的基本形态，即遏制自然资源消费、尽可能减少对环境负荷的社会；②该法对传统废弃物的概念作了无价值和有价值的区分，明确提出了"循环资源"的概念；③初步将处理的优先顺序予以制度化，即按照产生、抑制、再利用、再生利用、热回收、适当处分的顺序，要求在技术和经济可行的范围内尽可能地按顺序作上位处理；④明确区分了国家、地方政府、企业与公民的责任及其作用，例如工厂承担排放责任、生产者对其产品承担使用后废弃的回收责任（扩大生产者责任）、公民承担协同责任等；⑤确立了地位高于其他国家计划（包括环境基本计划）的循环型社会形成推进基本计划制度，促使日本各界有效地推进循环型社会的形成；⑥明确了推进循环型社会形成的国家措施（汪劲，2006）。为了有效推进循环社会建设，日本建立了一系列配套法律和法规。例如，2003年3月，日本制定了循环型社会形成推进基本计划，进一步推动日本与其他国家合作构建循环型社会。

日本自2007年才开始正式征收环境税，相比欧美国家起步较晚，但涉及能源、汽车、废弃物、污染物等多个领域，形成了较为系统的环境保护税收体系。日本环境税的出台经历了颇多周折。2004年12月，日本自民党在《平成17年度税制改革大纲》中明确指出，解决环境与经济两立问题刻不容缓，作为能源与环境政策中的一部分，环境税方案应尽早以其所应当的形式被讨论研究，并决定于2006年1月开始征收环境税。但同时，日本的主要产业（包括汽车和能源部门）及经济产业省都强烈反对这一方案，认为税率、征收方法等具体问题的讨论尚无进展，且环境税将对日本经济景气复苏带来负面影响。2004年11月9日经产省向综合资源能源调查会省能源部会提交了《非增税前提下的减排约定》。此外，日本经团连在《关于平成17年度税制改革的建议》中表示了强烈的反对，认为环境税制约了国民和企业经济活动的健全发展，极大地扼杀了日本的经济活力，绝对不能容忍。在经过进一步的研究之后，对反对者做出了一定妥协，日本环境省2005年10月推出了环境税方案的修订版本。主要修订为：汽油、轻柴油和喷射燃料将保持当前的高价，暂免于该税。这样一来，汽油、轻柴油和喷射燃料免除该税，而在普通大众中实行节能措施的收效亦不显著，环境税在日本仍面临着相当多的争议（易阿丹，2007）。修订后的环境税最终在2007年才得以实施，并在遏制环境污染、保护自然资源等方面发挥了重要作用。

2008年，日本了制定《环境、循环型社会白皮书》，明确提出"循环型社会基本计划的重点之一，是构筑区域循环圈"，确定了以区域循环圈为基本框架的循环型社会构建方案，充分发挥地方优势，构筑适应于资源循环性质以及区域特点的社区、地区乃至全国规模的多层次区域循环圈，从而形成区域循环经济发展的新动力（任赟，2012）。为了减少汽车尾气排放，日本于2008年发布"低碳社会行动计划"，按照规定将于2020年大幅度普及新型节能环保汽车，并完善相关快速充能配套设施，同时，还推出包括电动汽车"低碳革命"在内的总金额1540亿美元的环保项目激励计划（石峰，2016）。

为了应对全球气候变暖，日本于2009年颁布了《能源供应商非化石能源利用及化石能源原料有效利用促进法》，于2010年颁布《气候变暖对策基本法案》。旨在应对全球气候变化的《巴黎协定》于2016年11月4日生效。日本在获得国会议员批准后于同年11月8日正式接受该协议。根据《巴黎协定》的目标，为了将累积排放量保持在一定水平以下，为了避免气候变化的潜在危险影响并保护环境，日本根据最新的科学发现，采取了一系列旨在防止对环境造成破坏的措施。此外，作为气候变化领域的一种国际合作形式，日本环境省还提出了日本应对气候变化的援助倡议。[①]

为了促进可持续发展目标的实现，日本于2016年5月成立了可持续发展目标促进总部，这是一个由总理领导的内阁机构，所有部长都是其成员。总部随后组织了可持续发展目标促进圆桌会议，包括地方和国家政府机构、非政府组织、非营利组织、学术界、国际组织和其他各种组织在内的利益相关方参与了会议并交换意见。2016年12月，根据圆桌会议上提出的意见，可持续发展目标促进总部制定了可持续发展目标实施指导原则。这些原则阐明了日本的愿景："成为未来的领导者，以一体化、可持续和有弹性的方式实现经济、社会和环境的改善，同时不让任何人掉队。"这些原则确定了八个重点领域并制定了具体措施，政府计划在2019年开展首次跟进审查工作，关注这些重点领域并利用所制定的指标来评估进展情况。

近年来，日本继续大力发展循环经济，2016年，富山环境部长会议通过《富山物质循环框架》（*Toyama Framework on Material Cycles*），根据该框架，日本

[①] 日本环境省网站，Ministry of Environment, Government of Japan, http://www.env.go.jp/en/wpaper/2017/index.html.

需要不断提高资源生产率，推动经济增长，通过创造不需要自然资源的服务来减少自然资源消耗，并用国内再生资源替代进口的化石和金属资源。该物质循环框架有助于推动资源匮乏的日本能源自给自足，从而减少对进口化石燃料的依赖。特别是在可再生能源丰富的农村地区，循环利用资源可以改善自然环境，自力更生的能源系统也有助于提高自然环境对灾害的抵御能力。日本的目标是在2030财年实现22%~24%的可再生能源容量。自2012年引入上网电价（FiT）系统以来，可再生能源特别是太阳能发电的规模迅速扩大，约占到2014年日本能源总量的13%。为了推动循环经济的发展，日本设置了许多智能社区，可以最大限度地利用当地产生的可再生能源和热量，并通过利用连接家庭、建筑物和运输系统的IT网络来最大限度地降低能耗。例如，位于神奈川县藤泽市的藤泽可持续智慧城是一个公私合营项目，旨在开发一个拥有600个独立式住宅和400个公寓单元的1000户家庭智能社区。所有独立式住宅均配备太阳能发电、蓄电池和家庭能源管理系统等标准设施。该项目的设置标准是将二氧化碳排放量减少70%，生活污水减少30%，将可再生能源的使用率提高到30%，并确保紧急情况下能够继续提供三天的能源服务。①

4.3.4 日本环境政策特色——环境、经济与社会问题的综合解决方案

日本对全球气候变化的敏感度较高，同时，日本的人口正在以前所未有的速度下降和老龄化。因此，日本采取了一系列举措，旨在促进创新发展，以解决经济、社会和环境问题，同时通过环境政策解决环境问题。②

4.3.4.1 旨在解决环境、经济和社会问题的综合方法

（1）努力实现绿色增长。要实现《巴黎协定》的目标，日本需要在减少全球温室气体排放方面进行持续的、长期的投资。应对气候变化的一系列对策有助于解决日本投资机会短缺的问题，因此，将气候变化对策与日本经济进一步增长联系起来将变得越来越重要。为了确保《巴黎协定》下的经济持续增长，日本正在推动经济结构转型，努力保证温室气体排放不随经济增长而增加，努力通过利用

---

①② 日本环境省网站，Ministry of Environment, Government of Japan, http://www.env.go.jp/en/wpaper/2017/index.html。

品牌和其他无形资产等创新手段创造高附加值，从而实现绿色增长。

（2）促进循环经济发展。日本不断推动循环经济发展，提高资源生产率，同时通过创造不需要自然资源的服务来减少自然资源消耗，并减少进口化石和金属资源的消耗。同时，日本的可再生能源计划有助于推动资源匮乏的日本能源自给自足，从而减少对进口化石燃料的依赖。

（3）注重气候安全。作为温室气体的主要排放国，日本的目标是通过大幅减少温室气体排放，并借助先进的技术，与其他国家合作，通过推广日本技术、专业知识、生活方式，帮助减少全球温室气体排放，加强气候安全。

（4）优化城市结构。日本致力于通过集中服务以创造更紧凑的城市，以及通过人口下降来减少化石燃料消耗，从而减少温室气体排放。集中服务和较高的人口密度可以提高劳动生产率，振兴内城，减少政府支出，降低医疗、护理费用。

4.3.4.2 旨在解决环境、经济和社会问题的具体举措

（1）智能型灾害—生态城镇建设。受日本大地震影响，被海啸淹没的东松岛市自2016年6月以来一直通过微电网向85个灾后恢复的公共住房单元以及周边医院和公共设施提供可再生能源。在发生灾难时，应急发电机、太阳能发电和大型蓄电池的组合将能够在正常水平上提供至少三天的电力供应。Higashi-Matsushima进步与经济、教育、能源组织（HOPE）经营微电网，在当地社区创造新的就业机会，并将投资所得利润用于回馈社区。

（2）木材生物质资源的利用。日本的Maniwa市有80%的森林，当地锯木厂、木材工业协会等组织设立了一家运营生物质发电厂的生物质发电公司，该公司在2015年利用从当地购买的树木废料和锯木厂废木材生产了10兆瓦的电量。Maniwa市通过购买其他废木材为当地的土地所有者和林业经营者带来了约13亿日元的收入，并创造了约50个就业岗位。Maniwa市还以其他方式促进生物质资源的有效利用。例如，使用生物质能源为市政厅和其他公共设施提供热能，并建立了一个交叉层压木材生产厂和一家正在研究纤维素纳米纤维制造技术开发和应用的公司。

（3）促进紧凑城市建设。为了促进紧凑城市建设，日本政府组建了一个紧凑型城市发展支持小组，由相关部委和代理机构的代表组成，负责支持日本各市制定的许多紧凑型城市倡议。在人口下降的情况下，紧凑城市建设可以巩固特定地区的各种职能，并通过网络连接这些区域，以确保具有日常生活所需的功能并带

来环境效益。

（4）聚焦于公共交通的紧凑城市建设。富山市将紧凑城市建设的重点放在轻轨（LRT）和其他公共交通上。2006年，它通过改造前重轨线路推出了一个内城轻轨，由于增加了车站和运行更频繁的列车，轻轨乘客数量在工作日增加了1倍，在假期增加了3.5倍，与城市的有轨电车系统一样，减少了由乘坐公共汽车和私家车出行带来的二氧化碳排放量。虽然周边地区的人口正在减少，但自2008年以来，市中心居民一直在增加，老年居民更频繁地利用改善的公共交通系统往返。

（5）利用国家公园促进入境旅游。近年来，访问日本的外国游客数量急剧增加，2016年超过2400万人。日本政府的目标是到2020年将这一数字增加到4000万人，到2030年增加到6000万人。为了实现这一目标，政府部门通过与私营部门合作将公园变为休闲区，提供丰富的活动和体验。日本的34个国家公园面积合计超过日本土地的5%，部分国家公园甚至可以与世界顶级国家公园相提并论。2016年，环境部选择了8个国家公园，集中精力建设，吸引更多的外国游客，为每个国家公园制定"2020年升级计划"。这个将"自然"定位为公园最大吸引力的项目，正在努力通过改善公园自身及周围环境的景观资产来提供高质量、高附加值的旅游。

（6）大力发展环境金融。创造良好的长期投资环境对于推进环境、经济和社会的可持续发展至关重要。日本绿色债券市场仍处于起步阶段，但绿色债券发行和投资的增长不仅可以带来各种环境效益，还可以促进环境相关产业的发展、创造就业、促进区域发展和增加灾害对策。2017年3月，环境部发布了2017年绿色债券指引，以促进绿色债券的发行符合绿色债券原则（GBP）。

4.4 发达国家环境治理对我国的启示

近年来，我国针对环境保护出台了一系列法律法规，但相比于美国、欧盟和日本等发达国家和地区仍有较大差距，这些国家和地区在治理环境方面有很多成功经验值得我国学习借鉴。

4.4.1 全民树立环境保护观念

美国、欧盟、日本的环境在历史上都曾遭受过严重的破坏,在经历了数十年的治理之后,这些国家的环境均得到了较大程度的改善。这些国家环境治理的成功离不开公众的广泛参与。以日本为例,日本在20世纪60年代成为污染大国,人们深受其害的同时也认识到了环境保护的重要性,认识到了只顾工业发展、不顾保护环境的做法会给国家带来巨大的灾难,日本政府顺应民意,不惜花费巨大的经济代价,利用政府的强制手段,有针对性地整治环境污染,并成功转型,从"公害大国"转变为"公害治理大国",日本环境治理的成功离不开公民的积极参与,日本循环经济的发展也离不开民众在日常生活中注意循环利用资源。

环境治理的成功需要全民树立起环保意识,人人积极参与环保,人人重视环保。相反地,如果人们意识不到环保的重要性甚至反对环保,环境治理就很难达到预期的效果。例如,美国的克林顿强烈支持环保,并组建了他的环保团队,但是由于美国反环保运动势力的发展,克林顿总统的一些环保理念并没有得到实施。在我国,垃圾分类已经呼吁了若干年,但是很多地方并没有设置分类垃圾箱。即使有些地方设置了分类垃圾箱,仍然会有一些群众不按照垃圾分类的要求来处理垃圾。秋冬季节,禁止燃烧秸秆的标语贴得到处都是,但是到了夜晚,仍有人会无视环境污染,点燃田地里的农作物秸秆。环保部门上班时间,很多企业不敢排放废气、废水,但是到了夜晚,一些不法企业就开始偷偷地排放废气、废水。这些罔顾环保的现象的发生,都源于环保意识的薄弱,因此在我国,当前最重要的是全民树立起环境保护意识,结合教育、法律和道德三个方面的力量,通过广泛的宣传,引导公众关注环保、参与环保。

4.4.2 不断完善环境政策体系

不顾环保的发展可以给部分企业带来较高的利润,环保政策如果有漏洞,就会被这些企业最大化地利用,因此,环境问题的治理必须以基本法律的保障为基础,并建立起一套完整的环境保护法规体系。例如,日本在公害治理时期,针对不同的公害事件,出台了一系列法律,由于环境立法经验不足,这些法律存在诸多缺陷,部分企业甚至可以通过稀释工业废水达到排放浓度标准,多数公害治理法律只是单方面地强调了环境治理而没有提出防止公害的措施,尚不成体系,虽然起到了一定的环境治理作用,但并未从根本上改变环境严重污染的局面。后来随着《环境基本法》《推进循环型社会形成基本法》等法案的实施,日本才逐渐建立起了科学合理的环保法规体系,改善了环境严重污染的局面。欧盟成员国通过较为完善的环境税费政策体系保护环境也取得了非常好的效果。

我国环境政策体系日趋完善,但是在实施过程中,仍然有一些漏洞,给了一些不法分子可乘之机。例如,发生在我国连云港的江苏和利瑞科技发展有限公司偷埋固体废料事件,该公司从2011年建厂初期起,陆续在即将完工的车间混凝土下方私埋数百吨固体废料,直到2014年,该企业的偷埋行为才在钱长生的多次举报下被发现。2013年3月,河南新乡市发生造纸厂废水灌溉麦田事件,河南新乡一家造纸厂违规将部分未经处理的废水直接用于灌溉麦田,造纸污水流过,土地表面结成一层纸壳,当地村民声称种植的小麦他们都不敢食用,环保厅环境执法人员开展排污企业地下水污染专项检查时才发现,当地政府声称对受污的麦田进行丈量,确保受污染小麦不流入市场。类似的环境污染事件不胜枚举,这些事件的发生反映了我国环境政策体系的不完善,也从侧面反映了我国环境立法的震慑效力不足。因此,政府部门应该借鉴发达国家的成功经验,加快完善我国的环境政策体系,进一步精细化环境政策体系的内容。

4.4.3 加大环境财政支出

要治理环境污染,改善环境状况,必须加大环境保护资金的投入。分析美国、日本等发达国家的环境财政支出可以发现,这些国家早在20世纪就在环境保护上投入了大量的资金。例如,20世纪70年代,美国环境保护投资占GDP比重约为2%,德国为2.1%,英国是2.4%,日本在20世纪80年代末期超过3%(毛晖等,2018)。高额的环保财政资金支出反映了政府部门治理环境污染的决心,也为这些国家的环境治理提供了保障。

虽然我国节能环保支出规模基本实现了逐年递增,但远低于发达国家的投入规模。在2007~2017年,我国节能环保支出从绝对规模来看基本上是逐年增加的,从2007年的995.82亿元,增加到2015年的4802.89亿元。2016年略有下降,但2017年回升到5672亿元。节能环保支出占GDP的比重总体来看也在逐年上升,2011年和2016年有小幅度下降。2007年该比重为0.37%,到2017年增长至0.69%,远远低于美国、德国等发达国家20世纪70年代的水平(毛晖等，2018)。因此，我们国家需要建立起政府环保财政支出的稳定增长机制，参考发达国家的做法，确定合理的政府环保财政支出占 GDP 的比例，或者确定合理的政府环保财政支出占财政支出总额的比例。当然除了在环保财政支出总额上有所提升以外，还应当建立起完善的环保财政支出资金绩效评价体系，至少每年对环保财政支出资金进行科学合理的绩效评价，以推动环保资金的高效使用。

5 指数理论研究

指数作为传统的经济分析方法之一,是国家制定宏观经济政策、完善相应法律法规、抑制通货膨胀和物价上涨等的重要依据。本书最终也将构建一个指数,因此本章将重点介绍指数概念的界定、指数研究的理论基础、指数研究的应用回顾和常用的指数研究方法,当下国内外学者对指数的研究从不同的角度(如经济学、管理学和社会学)展开,有的理论结合实践,有的定性与定量结合,有的从实证或规范研究的角度出发。

5.1 指数的概念

国内外学者对指数的研究不断深入,然而对指数的定义却尚未统一,翻阅国内外相关著作,对指数的定义做了如下归纳。

(1)《统计学入门》(1983)。指数的最简单的形式仅仅是若干组相互关联数值的加权平均数。

(2)《统计学理论与方法》(1983)。指数是一种反映不能直接相加、不能直接对比的现象综合变动的相对数。

(3)《关于指数概念的科学定义》(1986)。指数包括两层含义:一是指数的一般概念,即综合反映由多种因素组成的经济现象在不同时间或空间条件下平均变动的相对数;二是指数分析法,即通过计算各种指数来反映某一经济现象的数量总变动及其组成要素对总变动影响程度的统计分析方法。

(4)《辞海》(1989)。指数是统计中反映不同时期某一社会现象变动情况的指标,指某一社会现象的报告期数值和基期数值之比,分个体指数和总指数。前者如个别产品的产量指数等；后者如全部商品的价格指数等。

（5）《统计学教程》（1995）。指数的含义有广义和狭义两种。广义的指数是指一切说明社会经济现象数量变动或差异程度的相对数。狭义的指数是一种特殊的相对数，也即专指说明不能直接相加的复杂社会经济现象综合变动的相对数。

（6）《统计学原理》（2000）。统计指数是一种对比性的指标，它具有相对数的表现形式。从对比性质来看，指数通常是不同时间的现象水平的对比，除此之外，也可以是不同方面、不同主体（如不同国家、地区、部门、企业等）的现象水平的对比，或者是现象的实际水平与计划（规划）目标的对比。

（7）《现代经济辞典》（2005）。指数为测定一种变量在时间上或空间上变动程度的相对数。测定一种经济指标在时间上或空间上变动程度的相对数，称为经济指数。按照测定对象的范围，可分为个体指数和总指数；按照经济指标的性质，可分为数量指数和质量指数；按照基期的不同，可分为定基指数和环比指数；按照计算时选择的同度量加权因素的不同，可分为拉式指数和帕氏指数。

在不同的领域中，指数也有着不一样的定义。比如在数学中，指数代表着次方，有理数乘方的一种运算形式，它表示的是几个相同因数相乘的关系。从哲学角度，指数代表相同数字的乘法量变导致的质变产物。在经济学领域，指数广义上可以定义为任意两个数值的相对数；狭义上又可以定义为用于测定若干项目在非特定场合下综合变动情况的一种特殊相对数。相较而言，最常用的还是统计学上的概念，指数是反映实际存在的社会经济现象总体某一综合数量特征的社会经济范畴，是指反映实际存在的一定社会总体现象的数量概念和具体数值。

5.2 指数研究的理论基础

5.2.1 指数的分类与内涵

指数按所反映的内容不同可以有多种分类方式，如表 5-1 所示。

表 5-1 指数分类

分类依据	分类		例子
所反映现象的特征	质量指标指数		劳动生产率指数、价格指数
	数量指标指数		销售量指数、产量指数
所反映现象的范围	个体指数		某一种商品的成本指数 某一种商品的产量指数
	总指数		物价指数 多种商品销售量综合变动指数
所反映对象的对比性质	动态指数	环比指数	零售物价指数 股票价格指数
		定基指数	
	静态指数	空间指数	计划完成情况指数
		静态计划指数	
对比场合	时间指数		季节指数
	区域指数		景观格局指数
按数理经济理论	拉式指数		
	帕氏指数		

按所反映现象的特征分类，可以分为质量指标指数和数量指标指数。质量指数反映了一组项目的质量变动，如劳动生产率指数、价格指数等。数量指数反映了一组项目的数量变动，如销售量指数、产量指数等。

按所反映现象的范围分类，可以分为个体指数和总指数。个体指数反映了单一项目的变量变动情况，如某一种商品的成本指数、产量指数等。总指数反映了多个项目变量的综合变动，如物价指数、多种商品销售量综合变动指数等。

按所反映对象的对比性质分类，可以分为动态指数和静态指数。其中，动态指数又能细分为环比指数和定基指数，代表指数有零售物价指数、股票价格指数等。静态指数可以细分为空间指数和静态计划指数，代表指数有区域指数和计划完成情况指数等。

按对比场合分类，可以分为时间指数和区域指数。

5.2.2 指数的评价标准

（1）科学性。科学性是指概念、原理、定义和论证等内容的叙述清楚、确切，历史事实、任务以及图表、数据、公式、符号、单位、专业术语和参考文献写得准确，或者前后一致等（郭红建，2004）。在指数研究中，科学性是指以科学思想为指导，使所研究的指数具有理论基础，不能和已经经过实践检验的科学原理相违背，同时指数的设计要以法律法规为基础，与实际情况相结合，只有这样才能保证其科学性。

（2）综合性。综合性是指指数最终可以变形为两个或多个有独立意义的综合数量之比，可以是同一时期也可以是不同时期之间的比较，比如加权算术平均数指数和加权调和平均数指数都具有综合性的特征，而简单算术平均数指数和简单调和平均数指数则不具备该特征，这是由于简单综合指数用来对比的两个总和并无独立的实际意义，因而不符合综合性。

（3）无偏性。无偏性指的是指数作为某一总体中个体变动的代表，理论上不应存在系统偏差，即总指数应将个体的变动方向和变动幅度准确表达出来。可见，不具备平均性和综合性的指数肯定不具备无偏性，而具备平均性和综合性的指数，均可以表示成在某一权数之下的个体的平均值。当权数的选择不同时，个体的平均值便会出现差异，从而可能出现系统偏差，使指数与所反映的总体指标性质相背离，脱离指数真正的目的。从而，我们可以发现，在指数研究中，指数的权数选择是十分关键的环节。

（4）可行性。可行性是指在指数研究中，从经济、技术、社会、科学等理论的角度判断我们所进行的研究创造是可以完成的。一旦指数研究不能通过可行性分析，则该研究就没有进行下去的意义，该指数的提出对社会进步将没有任何帮助。

（5）可操作性。可操作性是指在指数研究中，不仅要具备可行性，还应当在此基础上，结合实际的经济状况、社会条件去进一步分析是否能够完成后续操作。可见，指数仅具备可行性是不够的，一旦缺乏可操作性，则该指数只能停留在理论层面，无法真正惠及实际生活，缺少了实际应用的功能，只能是纸上谈兵。

综上所述，一个良好的指数应当至少同时具备科学性、综合性、无偏性、可行性和可操作性，一旦缺少一项，对该指数的研究将出现重大问题。

5.3 指数研究的应用回顾

5.3.1 经济学角度

指数在经济学领域的应用可以大致分为宏观经济指数、物价变动指数和证券市场价格指数三类。

5.3.1.1 宏观经济指数

（1）国内生产总值（GDP）。国内生产总值（Gross Domestic Product，GDP）是指一个国家（或地区）所有常住单位在一定时期内生产的全部最终产品和服务价值的总和，常被认为是衡量国家（或地区）经济状况的指标。国内生产总值核算有三种方法，即生产法、收入法、支出法，三种方法从不同的角度反映国民经济生产活动成果。生产法是从生产的角度衡量常住单位在核算期内新创造价值的一种方法，核算公式为：增加值＝总产出－中间投入。收入法是从生产过程创造收入的角度，根据生产要素在生产过程中应得的收入份额反映最终成果的一种核算方法，核算公式为：增加值＝劳动者报酬＋生产税净额＋固定资产折旧＋营业盈余。支出法是从最终使用的角度衡量核算期内产品和服务的最终去向，核算公式为：国内生产总值＝最终消费＋资本形成总额＋净出口。

（2）国民总收入（GNI）。国民总收入（Gross National Income，GNI）指一个国家所有有该国国籍的公民（在国内或国外）在一定时期内生产的商品和劳务的价值总和。在经济学中，常用 GDP 和 GNI 共同来衡量该国或地区的经济发展综合水平，这也是各个国家和地区常采用的衡量手段，两者之间存在以下关系：GDP＝GNI－本国公民在国外生产的最终产品的价值总和＋外国公民在本国生产的最终产品的价值总和。同时两者之间也有区别，GDP 是一个生产概念，而 GNI 是收入概念，不可将两者混为一谈。

（3）宏观经济景气指数。宏观经济景气指数是利用一系列相互关联的经济变量指标来描述整个经济景气的状态和程度、反映经济整体发展水平和趋势的指标体系，它是宏观经济的晴雨表，指示着经济的繁荣与萧条，为各国政府制定经济政策提供了重要依据。宏观经济景气指数包括预警指数、一致指数、先行指数、滞后指数。其中，预警指数把经济运行的状态分为5个级别，"红灯"表示经济过热，"黄灯"表示经济偏热，"绿灯"表示经济运行正常，"浅蓝灯"表示经济偏冷，"蓝灯"表示经济过冷。一致指数反映的是当前经济的基本走势，由工业生产、就业、社会需求（投资、消费、外贸）、社会收入（国家税收、企业利润、居民收入）4个方面合成。先行指数是由一组领先于一致指数的先行指标合成，用于对经济未来的走势进行预测。滞后指数是由落后于一致指数的滞后指标合成得到，它主要用于对经济循环的峰与谷的确认。

（4）企业景气指数。企业景气指数是根据企业家对本企业综合生产经营情况的判断与预期（主要是通过对"好""一般""不佳"的选择）而编制的指数，用以综合反映企业的生产经营状况。景气指数的表示范围为0~200。100为景气指数的临界值，表明景气状况变化不大；100~200为景气区间，表明经济状况趋于上升或改善，越接近200越景气；0~100为不景气区间，表明经济状况趋于下降或恶化，越接近0越不景气。

（5）企业家信心指数。企业家信心指数是根据企业家对企业外部市场经济环境与宏观政策的认识看法、判断与预期（主要是通过对"乐观""一般""不乐观"的选择）而编制的指数，用以综合反映企业家对宏观经济环境的感觉与信心。此类指数采用重点调查和抽样调查相结合的方法，选取不同行业、不同规模、不同注册类型的样本企业。调查范围覆盖八大行业，包括工业、建筑业、交通运输仓储和邮政业、批发和零售业、房地产业、社会服务业、信息传输计算机服务和软件业、住宿和餐饮业。

（6）采购经理人指数（PMI）。采购经理人指数（Purchase Managers' Index, PMI）是衡量美国制造业的体检表，通过对采购经理的月度调查统计汇总编制而成，体系涵盖了企业生产、新订单、商品价格、存货、雇员、订单交货、新出口订单和进口八个方面。作为国际通行的宏观经济监测指标体系之一，PMI已成为经济运行活动的重要评价指标和反映经济变化的重要手段，对国家和地区经济活动的监测和预测具有重要作用。近年来，任何一个重要经济体发布的月度PMI，都会引起政府、商界、经济界和社会公众的广泛关注和高度重视。2005年4月底，我国在北京和香港两地发布了"中国采购经理人指数"，该指数体系由国家统计局和中国物流与采购联合会共同合作完成，共包括新订单、生产、就业、供应商配送、存货、新出口订单、采购、产成品库存、购进价格、进口、积压订单 11 个指数。

（7）社会进步指数（ISP）。社会进步指数（Index of Social Progress，ISP）是由美国宾夕法尼亚大学理查德·J.埃斯蒂斯（R. J. Estes）教授在国际社会福利理事会的要求和支持下于 1984 年提出的，它涉及教育、健康状况、妇女地位、国防、经济、人口、地理、政治参与、文化、福利成就 10 个有关的社会经济领域，共选择了相应的 36 项指标。ISP 是评价社会发展状况的一个有效工具，它不仅可以用于不同国家、不同地区间社会发展状况的比较，也可用于一国内部不同地区间社会发展水平的横向比较，还可用于一国不同时期发展水平的动态比较。1988 年埃斯蒂斯在《世界社会发展的趋势》一书中又提出了加权社会进步指数（Weighted Index of Social Progress，WISP），该指数将众多的社会经济指标浓缩成一个综合指数，以此作为评价社会发展的尺度。

（8）中国金融中心指数（CDI CFCI）。综合开发研究院（中国·深圳）于 2009 年 6 月 16 日推出首期中国金融中心指数（China Financial Center Index），对中国内地 24 个城市综合金融竞争力评价比较。首期中国金融中心指数选择中国内地 24 个 2007 年 GDP 在 1400 亿元人民币以上的省会城市和计划单列市为样本，以金融产业绩效、金融机构实力、金融市场规模、金融生态环境等指标体系为考量进行排名。该指数是在前人研究的结论基础上，综合运用产业发展、金融发展和城市发展等方面的理论，充分考虑中国城市统计数据特征，听取、借鉴大量来自政府部门和金融机构专业人士意见后，形成的一个目前适用于国内金融中心竞争力评价的动态评估指标体系。综合开发研究院院长、央行货币政策委员会委员樊纲认为，中国金融中心指数的意义不在于排名，而是希望通过指数的比较，促进各城市金融业的发展。在金融危机仍未过去之时，金融中心花落谁家的争论并不重要，重要的是找出目前中国金融业发展不足的地方。中国内地金融业在许多基础性的地方仍然需要加强，然后才是发展衍生品等金融领域高精尖的项目，才能逐渐实现与国际的接轨。

（9）养老基金发展指数。养老基金发展指数是由中国社会科学院郑秉文教授所构建的，该指数由政策公平性、制度效率性和基金持续性三个一级指标构成。发达国家经验证明，进入老龄社会必须完善养老金制度，给老年人以安全感；深度老龄社会必须调整结构，和谐两代人的关系；超级老龄社会只能强化管理服务,夯实基础养老金、改善个人养老积累。

5.3.1.2 物价变动指数

(1)居民消费价格指数(CPI)。居民消费价格指数(Consumer Price Index,CPI)是反映居民家庭一般所购买的消费商品和服务价格水平变动情况的宏观经济指标。它是度量一组代表性消费商品及服务项目的价格水平随时间而变动的相对数,用来反映居民家庭购买消费商品及服务的价格水平的变动情况。计算公式为:CPI =(一组固定商品按当期价格计算的价值)/(一组固定商品按基期价格计算的价值)×100%。居民消费价格统计调查的是社会产品和服务项目的最终价格,同人民群众的生活密切相关,同时在整个国民经济价格体系中也具有重要的地位。它是进行经济分析和决策、价格总水平监测和调控及国民经济核算的重要指标。其变动率在一定程度上反映了通货膨胀或紧缩的程度,因此,该指数过高的升幅往往不被市场欢迎。

(2)生产者物价指数(PPI)。生产者物价指数(Producer Price Index,PPI)是衡量工业企业产品出厂价格变动趋势和变动程度的指数,是反映某一时期生产领域价格变动情况的重要经济指标,也是制定有关经济政策和国民经济核算的重要依据。PPI与CPI不同,其主要的目的是衡量企业购买的一篮子物品和劳务的总费用,即PPI反映的是企业所购买的"生产原料"价格总水平的变化,而CPI是反映居民所购买"消费品与服务"价格总水平的变化。通常如果PPI升高了,说明企业生产成本增加;如果CPI升高了,说明居民购买同样东西所支付的货币增加。

(3)商品零售价格指数(RPI)。商品零售价格指数(Retail Price Index,RPI)是反映一定时期内商品零售价格变动趋势和变动程度的相对数。商品零售价格指数分为食品、饮料烟酒、服装鞋帽、纺织品、中西药品、化妆品、书报杂志、文化体育用品、日用品、家用电器、首饰、燃料、建筑装潢材料、机电产品14个大类,国家规定304种必报商品。零售物价的调整变动直接影响到城乡居民的生活支出和国家的财政收入,影响居民购买力和市场供需平衡,影响消费与积累的比例,因此,计算RPI可以从侧面对上述经济活动进行观察和分析。

(4)农产品收购价格指数。农产品收购价格指数(Purchasing Price Index of Farm Products)是反映国有商业、集体商业、个体商业、外贸部门、国家机关、社会团体等各种经济类型的商业企业和有关部门收购农产品价格的变动趋势和程度的相对数。农产品收购价格指数可以观察和研究农产品收购价格总水平的变化情况，以及对农民货币收入的影响，作为制定和检查农产品价格政策的依据。

（5）工业品价格指数。工业品价格指数（Industrial Product Price Index，IPPI）是反映工业发展状况的指标之一，也是衡量通货膨胀的标准之一，还是制定有关政策和国民经济核算的科学依据。中国工业品价格指数的调查产品有2700多种，已覆盖全部39个工业行业大类，涉及调查中类186个，覆盖率已超过95%。现行的工业品价格指数包括两方面内容：其一为工业品出厂价格指数（也称生产者物价指数PPI），其二为工业中间投入价格指数。一般而言，企业计算中间投入的难度相对较大。IPPI是中国价格体系的重要组成部分，对观测与分析产品差比价关系、管理并预测国民经济计划、测量一定时空工业品货币购买力有重要意义。

（6）固定资产投资价格指数。固定资产投资价格指数是反映固定资产投资额价格变动趋势和程度的相对数，由建筑安装工程投资完成额、设备工器具购置投资完成额和其他费用投资完成额三部分组成。因此，编制固定资产投资价格指数应首先分别编制上述三部分投资的价格指数，然后采用加权算术平均法求出固定资产投资价格总指数。编制固定资产投资价格指数可以准确地反映固定资产投资中涉及的各类商品和取费项目价格变动趋势及变动幅度，消除按现价计算的固定资产投资指标中的价格变动因素，真实地反映固定资产投资的规模、速度、结构和效益，为国家科学地制定、检查固定资产投资计划并提高宏观调控水平，完善国民经济核算体系提供科学、可靠的依据。

（7）房地产价格指数。房地产价格指数（Real Estate Price Index，REPI）主要是面对各级政府房地产行政主管部门、房地产企业、房地产经营机构、物业管理企业、有关企事业单位、机关团体及部分居民，采用重点调查与典型调查相结合的方法，所编制出的反映房地产价格变动趋势和变动程度的相对数，以百分数的形式反映房价在不同时期的涨跌幅度，包括商品房、公有房屋和私有房屋各大类房屋的销售价格的变动情况。该指数体系包含房屋销售价格指数、房屋租赁价格指数和土地交易价格指数三部分。其中，房屋销售价格指数是反映一定时期房屋销售价格变动程度和趋势的相对数，它是通过百分数的形式来反映房价在不同时期的涨跌幅度；房屋租赁价格指数是反映一定时期内房屋租赁价格总水平变动趋势和变动程度的相对数；土地交易价格指数指房地产开发商或其他建设单位在进行商品房开发之前，为取得土地使用权而实际支付的价格的变动趋势和程度的相对数。

5.3.1.3 证券市场价格指数

（1）股票价格指数（SI）。股票价格指数（Stock Index，SI）是描述股票市场总的价格水平变化的指标。它是选取有代表性的一组股票，把它们的价格进行加权平均，通过一定的计算得到。各种指数具体的股票选取和计算方法有所不同。当前国外证券市场股价指数主要有道琼斯股价指数系列（Dow Jones Indices）、普尔股价指数系列（Poor's Composite Index）、MSCI 资本国际股价指数（MSCI Capital International Stock Index）、富时股价指数系列（FTSE Global Equity Index Series）、纽约证券交易所综合指数（NYSE Indexes）、价值线综合指数（Value Line Composite Index，VLCI）、日经指数（Nikkei Stock Average）、东京证券交易所股价指数（Tokyo Stock Exchange Index）、德国 DAX30 指数（GDAXI）、法国 CAC40 指数（Cotation Assistée en Continu 40）。在我国，证券市场股价指数主要有上证综合指数、上证成份股指数、深证综合指数、深证成份股指数、香港恒生指数系列等。

（2）债券价格指数（BI）。债券价格指数（Bond Index，BI）反映的是债券市场价格总体走势的指标体系。和股票价格指数一样，债券价格指数是一个比值，其数值反映了当前市场的平均价格相对于基期市场平均价格的位置。当前国际上最常用的综合债券指数主要有雷曼兄弟综合债券指数（Lehman Brothers Aggregate Index）、美林国内市场指数（Merrill Lynch Domestic Market Index）、萨洛蒙美邦广义投资级债券指数（Salomon Smith Barney Broad Investment-Grade Bond Index）、瑞安国债综合指数（Ryan Treasury Composite Index）、摩根全球政府债券指数（J. P. Morgan Global Government Bond Index）和汇丰亚洲本地债券指数（HSBC Asian Local Bond Index）。而在中国市场上应用较广泛的则有如下几个指数：中国债券指数、上海交易指数、中信债券指数、中国银行银债指数、同业拆借银债指数等。中国市场的债券指数分类大致可用表 5-2 表示。

表 5-2 中国市场债券指数分类

国债	中国交易所国债总指数	中国银行间国债总指数	中国国债总指数
上证国债指数	中国银行银行间国债指数		
中信国债指数	同业中心国债指数		

续表

金融债		中国金融债总指数	
	中银金融债指数		
企业债	中信企业债指数		中国企业债指数
综合		中信银行间债券指数 （含企债）	中国债券指数 （不含企债）
	中银银行间综合指数 （不含企债）	中信全债指数 （含企债）	
	同业中心债券综合指数 （含企债）		

（3）证券投资基金价格指数。徐国祥（2004）提出的证券投资基金价格指数编制方法如下：首先采用 Paasche 加权综合指数公式，即报告期基金指数=报告期基金总市值÷基期基金总市值×基期指数；其次以发行量作为权数；再次将指数的基期定为 100 点或 1000 点；最后以目前沪深两地证券交易所挂牌上市的共计 54 只基金为编制对象。研究表明，该指数能较好地反映基金价格的总体走势。

5.3.2 管理学角度

5.3.2.1 企业社会责任发展指数

陈佳贵等（2009）在《中国企业社会责任研究报告》一书中构建了中国 100 强企业社会责任发展指数，该指数是对中国企业联合会、中国企业家协会发布的"2008 年中国企业 500 强"中位于前 100 位的企业社会责任管理体系建设现状和责任信息披露水平进行评价的综合指数。该综合指数以三重底线理论和利益相关方理论为基础，与国际倡议和责任指数、国内企业社会责任倡议、世界 500 强企业社会责任报告等进行对标分析，构建了分行业的社会责任指标体系，再以企业社会责任报告、企业年报和企业官方网站为信息来源，获得企业社会责任发展指数的初始得分，最后通过指标体系调整项，获得最终企业社会责任发展指数得分。该书中提出的中国 100 强企业社会责任指标体系由三个层级构成，一级指标包含责任管理、市场责任、社会责任和环境责任四项，以一级指标为基础构建了责任治理、责任推进等 13 个二级指标，13 个二级指标进一步分解为关心世界性问题、明确社会责任理念等 100 多个三级指标。

5.3.2.2 迪博内部控制指数

该指数由迪博公司基于时任财政部副部长王军批准的全国重点会计科研课题——中国上市公司内部控制指数研究，设计出"迪博·中国上市公司内部控制指数"，并于 2011 年 8 月在北京召开首次发布会，公布上市公司内部控制水平的排名。迪博内部控制指数是结合国内上市公司实施内部控制体系的现状，基于内部控制合规、报告、资产安全、经营、战略五大目标的实现程度设计内部控制基本指数，同时将内部控制缺陷作为修正变量对内部控制基本指数进行修正，最终形成以 5 个一级指标和 63 个二级指标为主体的综合反映上市公司内控水平和风险管控能力的内部控制指数。迪博内部控制指数及其成果的推广研究将为上市公司投资者、债权人、管理层、监管部门、中介等做出投资决策、信贷决策、微观管理决策、宏观管理决策等提供难能可贵的直观参考，为推动上市公司和中央企业的稳健经营和可持续发展做出了积极的贡献。

5.3.2.3 综合内部控制指数

王宏等（2011）在总结和借鉴国内外有关内部控制指数研究的基础上，结合国内外内部控制的框架体系、我国的国情与上市公司的特质，以目标导向、不重不漏、通用性和实用性为原则选取指标变量，建立了适合我国上市公司的综合内部控制指数。该综合指数不同于以往以内部控制五要素为基础设计的内部控制指数，不仅包含以内部控制目标实现程度为基础的内部控制基本指数，还将以内部控制重大缺陷为基础的内部控制修正指数创新性地融入其中，使上市公司内部控制情况得以从内、外部两方面进行综合评价。研究表明，该内部控制综合指数与迪博内部控制披露指数存在正相关关系，可见王宏等提出的内部控制指数既能衡量上市公司内部控制体系的运行有效性，也能衡量内部控制体系的设计合理性。

5.3.2.4 综合财务指数

王保平（2015）所构建的综合财务指数，是一种着眼于不同时期财务指标间的动态演变的测算和度量工具，与以往具有封闭性并且局限于企业个体层面的财会数据不同，综合财务指数使财会数据从微观到宏观、从个体到群体、从封闭到开放完成了质的飞跃，受众群体将更广。综合财务指数以"大数法则依然故我"为原则，以盈利能力（Profitability）、回报效力（Return Effect）、偿债实力（Solvency）、运营活力（Operation Ability）和发展潜力（Development Potential），即

"PRSOD"五力框架为基础,创建了"个体性指数—区域性指数—行业类指数"三维一体的综合财务指数,该综合财务指数框架以综合财务指数为一级指数,以盈利能力指数、回报效力指数、偿债实力指数、运营活力指数、发展潜力指数5项指数为二级指数,以销售利润率指数、成本费用利润率指数等20项指数为三级指数。

5.3.2.5 公司治理指数

2003年,南开大学首次发布被誉为上市公司治理状况"晴雨表"的公司治理指数,至2017年,南开大学已累计对27391家样本公司开展了治理评价。该指数体系包含的股东治理指数、董事会治理指数、监事会治理指数、经理层治理指数、信息披露指数和利益相关者治理指数六大维度,不仅对治理指数与公司绩效关系进行了实证研究,还分板块、分行业、分地区地对上市公司治理情况进行了全方位的分析。

5.3.2.6 中国市场化进程相对指数

樊纲等(2011)从不同方面对各省、自治区、直辖市的市场化进程进行全面比较;使用基本相同的指标体系对各地区的市场化进程进行持续的测度,从而提供了一个反映市场化变革的稳定的观测框架。作者采用客观指标衡量各省、自治区、直辖市市场化改革的深度和广度,基本避免了主观评价。需要企业做出评价的指标是基于大样本的企业调查,力求最大限度地避免随机误差的影响。该指数基本概括了市场化的各个主要方面,同时又避免了把反映发展程度的变量与衡量市场体制的变量相混淆。

5.3.2.7 中国企业健康指数

吴晓波(2012)在《中国企业健康指数报告》一书中提出描述中国企业健康力量现状的"三九理论"和指标体系。该指标体系包含四个层级,其中一级指标包含企业家精神、企业行为和商业环境三个维度,二级指标包含创新力、创业力、领导力、竞争力、合规力、责任力、市场力、服务力与包容力9项中国企业健康发展核心元素,三级指标是9个健康力所对应的维度,四级指标是三级指标维度下的具体测量问项。该指数全面、清晰地分析了中国不同所有制形式下的企业主体及四大经济区域内企业的健康状况,提出了健康可持续发展的积极方向和我国从市场经济中崛起的企业力量。

5.3.3 社会学角度

5.3.3.1 幸福指数

20世纪70年代，不丹国王提出并实施"幸福计划"，在这种执政理念的指导下，创造性地提出了由政府善治、经济增长、文化发展和环境保护四级组成的"国民幸福总值"指标。我国最为接近国民幸福指数的相关调查当属中国社科院定期发布的《社会蓝皮书》和《中国居民生活质量调查报告》，采用统计抽样的方法，对我国不同行业、性别、年龄、地区、收入的从业人员的满意度和幸福感进行调查。2009年5月浙江省有关部门公布《国民幸福指数核算体系的指标构成和计算方法》，该核算体系的指标构成包含社会健康指数、社会福利指数、社会文明指数、生态环境指数四大类，各类又分列出若干项目。2017年3月20日，联合国发布了《世界幸福报告2017》，该报告中公布了各国的幸福指数，探究了国与国之间存在差别的原因。作者认为幸福指数不仅与人均国内生产总值、人均健康寿命期望、社会支持（遇到麻烦能找到依靠的机会）、信任（感觉政府和企业中无腐败）、做出不同生活选择的自由程度和慷慨（由慈善、捐赠来度量）六个经济和社会因素有关，还跟文化因素有关，比如拉美国家比预测值平均高了0.6分，大概与国民整体天性乐观、热衷于各种节日有关，而东亚人的主观幸福指数则比预测值要低，或者与东亚文化比较压抑有关。

5.3.3.2 深圳市关爱指数

李晓凤（2013）在广泛调查研究，掌握第一手资料的基础上，借鉴国内外社会思想和理论中的关爱指标体系的研究经验，对深圳市的关爱状况和水平进行了全面的评估和系统的研究，在指数研究方法上采用了量主质辅的混合研究方法。如课题组采用专家咨询和问卷调查的方式，先后对北京大学、南开大学、复旦大学、武汉大学、南京大学、中山大学等20所大学26名教授和700名市民进行了问卷调查，通过限量选择、差额筛选以及具体评分的方式，得到筛选指标的数据并确定关爱指标体系的权重，最终形成由政策关爱指数、项目关爱指数和个人关爱指数三方面组成的关爱指数体系。

5.3.3.3 人文发展指数（HDI）

人文发展指数由联合国开发计划署（UNDP）于《1990年人文发展报告》中首次提出，是以预期寿命、教育水平和生活质量三项基础变量按照一定的计算方法得出的综合指标。该指数将经济指标与社会指标相结合,揭示了经济增长与社会发展的不平衡,指出人的健康长寿、受教育机会、生活水平、生存环境和自由程度等指标的综合发展状况。该指数从动态上对人文发展状况进行了反映,是衡量一个国家综合国力的重要指标,揭示了一个国家的优先发展项,为世界各国尤其是发展中国家制定发展政策提供了一定依据,有助于挖掘一国经济发展的潜力。同时,通过分解人文发展指数可以发现社会发展中的薄弱环节,为经济与社会发展提供预警。

5.3.3.4 全球食品安全指数 (GFSI)

全球食品安全指数 (The Global Food Security Index,GFSI) 源于《经济学人智库》发布的《全球食品安全指数报告》。2012年首次发布时,该指数包括食品价格承受力 (Affordability)、食品供应能力 (Availability)、质量安全保障能力 (Quality and Safety) 三个指标,2017年发布时,考虑到气候变化和自然资源枯竭的影响,学者在 GFSI 中引入第四个指标——自然资源及复原力 (Natural Resources & Resilience)。考虑到气候变化导致的海平面上升、土壤退化、粮食减产、旱涝灾害等直接影响农业产量,2017年的指数也将国家在气候变化面前的应对情况纳入,并将排名进行了调整。

5.3.3.5 环境综合指数 (ECI)

环境综合指数 (Environmental Comprehensive Index,ECI) 是综合了空气质量指数 (AQI)、地表水质量指数 (WQI)、污染源监控指数 (PMI) 这些对环境有重要影响的可测量指标,以环境黄金率为理论依托,通过金三角模型拟合归一计算形成的评价环境质量状况与趋势的综合性指标。通过环境综合指数在公众与城市、县、乡镇之间建立起环境质量体验关系,并将其数字化,警示环境质量的变化、变迁及滑落,激发社会公众的环保热情,呼唤为环境改善付出每个人的努力。

5.3.3.6 中国环境质量综合评价指数

袁晓灵等 (2015) 在《中国环境质量综合评价报告》一书中提出的中国环境质量综合评价指数以环境污染排放指数和环境吸收因子指数为基础,综合考虑了污染排放、污染治理和环境自净能力三项指标。其中,环境污染评价指数从大气、水体、土壤三个维度出发,选取废水排放总量、工业废气排放量、烟尘排放总量、二氧化硫排放总量、工业粉尘排放量、工业固体废弃物产生量、二氧化碳排放量、生活垃圾清运量、化肥施用量和农药使用量 10 个指标衡量大气、水体和土壤的受污染情况。环境吸收因子指数选取城市绿地面积、主要城市平均相对湿度、年降水量、水资源总量、林地面积、森林覆盖率和湿地面积 7 个指标衡量环境要素自净能力。最后通过简单的数学计算得出环境质量综合评价指数。

5.3.3.7 全球清廉指数（CPI）

全球清廉指数（Corruption Perceptions Index，CPI）是由世界著名非营利性反腐败组织——透明国际（Transparency International，TI）建立的，反映的是全球各国商人、学者及风险分析人员对世界各国腐败状况的观察和感受。该指数以企业家、风险分析家、一般民众为调查对象，根据他们的经验和感觉对各国进行评分，得分越高，表示腐败程度越低。2012 年之前的全球清廉指数是 10 分制，2012 年之后改为 100 分制。其中，100 分表示最廉洁；80~100 分表示比较廉洁；50~80 分为轻微腐败；25~50 分表示腐败比较严重；0~25 分则为极端腐败；0 分表示最腐败。

5.3.3.8 发展和民生指数（DLI）

发展和民生指数（Development and Life Index，DLI）测度的是中国的发展和民生状况，包括经济发展、民生改善、社会进步、生态文明、科技创新、公众评价 6 项一级指标，45 项二级指标。其中，民生改善模块设置了收入分配、生活质量、劳动就业 3 项二级指标；社会进步模块设置了公共服务支出、区域协调、文化教育、卫生健康、社会保障、社会安全 6 项二级指标（中国统计学会，2013）。王威海和陆康强（2011）将民生指数分解为富民、智民、健民、便民、助民、安民、怡民、惠民 8 个维度，61 个指标。北京师范大学"中国民生发展报告"课题组（2011）则将"中国福利发展指数"分解成民生质量、公共服务、社会管理 3 个维度，62 个指标。

5.3.3.9 中国社会福利发展指数（SWDI）

杨立雄和李超（2014）以科学性、系统性、可操作性、可量化性和可比性为原则，选取我国内地 31 个省（市、区），以省份为单位进行测算与比较，构建了中国社会福利发展指数，用来衡量地区社会福利发展水平。社会福利发展指数值越高，表明社会福利发展水平越高；反之，则越低。编制中国社会福利发展指数的目的在于衡量各省份居民基本福祉的现状和发展变化，同时引导各级政府围绕改进居民福祉开展工作。该指数体系由 8 个一级指标和 36 个二级指标构成，其中一级指标分别为社会救助发展指数（SADI）、养老保障发展指数（OSDI）、卫生保健发展指数（HCDI）、工作关联福利发展指数（EWDI）、妇女儿童福利发展指数（WCWDI）、残疾人福利发展指数（DWDI）、社会服务发展指数（SSDI）和社会福利财政支出指数（WFEI）。

5.4 指数研究的方法简介

5.4.1 统计指数编制的基本方法

5.4.1.1 简单指数法

（1）简单综合法。简单综合法就是将指数基期和报告期的所有因素分别简单加总再进行比较，其计算公式为：

$$Y = \sum X_1 / \sum X_0$$

该方法的优点就是计算简单、数据获取方便，不需要花太多人力、物力就能计算出来。然而缺点也十分明显，首先是计算结果受计量单位的影响很大，当不同计量单位的商品以数量或价值相加时，计量单位的不统一会对指数数值的确定带来很大波动，比如将元/克改为元/千克，将元/个改为元/箱，数值大小均会相差千位级，对指数计算带来不确定性因素。其次是各个基础数值没有考虑加权的影响，比如在物价指数的计算中，高价值的商品其物价的变动往往会掩盖低价值商品物价变动对指数的影响，举例来说，如果大米、白菜的价格都下降，可是汽车价格上升，对物价指数总体的影响很可能仍为上升。

（2）简单算术平均法。简单算术平均法是将个体指数加总之后，再按总数据量等分，其计算公式为：

$$Y = \frac{1}{N} \sum (X_1/X_0)$$

这种计算方法由意大利经济学家卡利在1764年对谷物、酒类和油三种物价综合变动的计算中首次使用。这种方法已经能克服简单综合法的基本缺点，如单个基础指标的单位变动对总指数大小产生的影响，再比如高价格商品的物价变动掩盖低价格商品物价变动对物价指数的影响。然而简单算术平均法仍未解决权重问题，采取的方法仍是默认各基础指标的权数为1，这与实际生活仍有相违背之处。

（3）简单调和平均法。简单调和平均法是将指数的基本指标进行调和平均数的计算，其计算公式为：

$$Y = N / \sum (X_0/X_1)$$

这种方法的缺点较明显，通过该方法得出的结论往往和上述简单综合法与简单算术平均法得出的结论截然相反，虽然目前在理论上仍然保留该方法，但实际生活中很少使用简单调和平均法进行指数的运算。

（4）简单几何平均法。简单几何平均法就是将指数的基本指标进行几何平均数的计算，其计算公式为：

$$Y = \sqrt[N]{\prod \frac{X_1}{X_0}}$$

简单几何平均法的提出可以追溯到1863年，当时英国著名经济学家杰文斯在相同资料下，运用简单几何平均法计算的指数数值位于简单算术平均法和简单调和平均法之间，因此该方法深受学者的喜爱。在当时，该方法的主要缺点是计算复杂，但是随着科技的发展，该计算方法已经不成问题。

（5）简单中数法。简单中数法即将个体指数中的中位数作为总指数的方法，其计算公式为：

$$Y = (\frac{X_1}{X_0})_{\frac{N+1}{2}}$$

该指数计算方法的优点是十分简单、计算方便。缺点是采用该方法得出的指数往往误差较大，当个体指标数量较少时，得出的指数缺乏代表性；当个体指标数量较多时，得出的指数又缺乏稳定性；当个体指数极端值较多时，仅采用中位数会直接忽视极端值对指数的影响，使得出的指数说服力降低。

（6）简单众数法。简单众数法即将个体指数中的众数作为总指数的方法，其计算公式为：

$$Y = (\frac{X_1}{X_0})_{M_0}$$

该指数计算方法与简单中数法的优缺点十分相似，优点均是便于计算。缺点是计算过于粗糙，不能准确表达指数内涵，当指标过少时，使用该方法可能出现无众数的情况；指标过多时，使用简单众数法忽略了极端值的影响，使指数计算缺乏平均性、灵敏性。因而很多专家认为该方法不适宜指数的编制。

5.4.1.2 加权指数法

（1）加权综合指数。综合指数法就是将若干不具备同度量条件的经济变量通过共同有关的同度量因素转换为可直接相加的指标，该指标再以总量形式相对比得到相对数，该相对数即最终的指数，这种方法的主要特点是先综合再对比，能对复杂现象的综合量变进行详细说明。目前在指数编制的研究中应用最广泛的加权综合指数当属拉斯贝尔指数和帕氏指数。

拉斯贝尔指数是由德国著名经济学家 Etienne Laspeyres 于1864年首次提出的计算公式，该公式因此被命名为拉斯贝尔公式，用该公式编制的指数也简称为拉式指数，其主要特点是将同度量因素共同固定在基期，从而反映指数化因素的综合变动情况。例如，拉式物量指数的计算公式为 $K_q = \sum q_1 p_0 / \sum q_0 p_0$，其中 K_q 表示拉式物量指数，q_1 表示报告期销售量，q_0 表示基期销售量，p_0 表示基期销售价。同样，拉式物价指数是将物量指标固定在基期进行物价指标基期和报告期的对比，其计算公式为 $K_p = \sum p_1 q_0 / \sum p_0 q_0$，其中 K_p 表示拉式物价指数，p_1 表示报告期销售价，p_0 表示基期销售价，q_0 表示基期销售量。

帕氏指数是由德国著名经济学家 Hermann Paasche 于1874年首次提出的，该公式因此被命名为帕氏指数公式，用该公式编制的指数也简称为帕氏指数，其主要特点是将同度量因素共同固定在报告期，从而反映指数化因素的综合变动情况。例如，帕氏物量指数的计算公式为 $K_q = \sum q_1 p_1 / \sum q_0 p_1$，其中 K_q 表示帕氏物量指数，q_1 表示报告期销售量，q_0 表示基期销售量，p_1 表示报告期销售价。帕式物价指数的计算公式为 $K_p = \sum p_1 q_1 / \sum p_0 q_1$，其中 K_p 表示帕氏物价指数，p_1 表示报告期销售价，p_0 表示基期销售价，q_1 表示报告期销售量。

拉斯贝尔指数和帕氏指数都只用了两个因素，当总量指标里包含三个及三个以上的因素时，应当只保留所考察变量的变动，将其他所有变量都固定，计算总指数。

（2）加权算术平均数指数。加权算术平均数指数就是用加权算术平均的方法来计算个体指数的总指数的计算方式。以拉式物量指数的计算公式为例，物量指数的计算公式可以变形为：

$$K_q = \sum q_1 p_0 / \sum q_0 p_0 = \sum \frac{q_1}{q_0} q_0 p_0 / \sum q_0 p_0 = \sum k_q q_0 p_0 / \sum q_0 p_0$$

其中，K_q 表示个体物量指数，q_0 表示基期销售量，p_0 表示基期销售价。虽然拉式物量指数和用加权算术平均数法计算出的物量指数可以通过公式互相变换，但是实际应用中两者计算出的指数却不完全相同，拉式物量指数属于加权综合指数，在资料使用时往往具有全面性，而加权算术平均数指数的计算则使用的是抽样资料，两者在使用资料范围上的差异会直接导致最终指数数值的差异性。

（3）加权调和平均数指数。加权调和平均数指数就是用加权调和平均的方法来计算个体指数的总指数的计算方式。以帕氏物价指数的计算公式为例，物价指数的计算公式可以变形为：

$$K_p = \sum p_1 q_1 / \sum p_0 q_1 = \sum p_1 q_1 / \sum \frac{q_0}{q_1} p_1 q_1 = \sum p_1 q_1 / \sum \frac{1}{k_p} p_1 q_1$$

其中，K_p 表示个体物量指数，p_1 表示报告期销售价，q_1 表示报告期销售量。加权调和平均数法和加权算术平均数法十分相近，在统计学中，通常将加权调和平均数法应用于权数为报告期的数据，将加权算术平均数法应用于权数为基期的数据。而在实际操作中，往往两者可相互调整，如报告期数据获取困难、资料整理速度无法满足时间限制等，通常会将权数从报告期调整为基期。

（4）固定权数指数。使用加权算术平均数法和加权调和平均数法计算指数的首要缺点便是权数确定的困难度较高，一旦遇到权数数据资料无法获得的情况，便会直接影响指数的确定，基于此，采用固定权数法来计算指数便能很好地解决这一问题，其计算公式一般为：

$$Y = \sum k_x X / \sum X$$

在实际应用中选择固定权数时要至少同时满足处于经济发展稳定时期、时间跨度较长、数据来源可靠三个条件，这样确定的权数具有稳定性、可比性和权威性。

5.4.2 经济管理领域指数研究主要步骤

5.4.2.1 选取合适的指标变量

以评价目的为前提，引导和鼓励评价对象向正确的方向和目标发展，为企业下一步战略提供信息，引导企业向目标靠近，起到目标导向作用。如顾客满意度指数的指标体系，学者通常从顾客角度，以顾客对产品、服务、价值感知为出发点,以不重不漏、通用性、实用性为原则。

5.4.2.2 变量的无量纲化处理

指数建立的基础指标往往因为经济意义、表现形式、量纲设定的差异性而导致可比性的缺失,为了合理解决这一问题,我们需要对基础指标进行无量纲化处理,消除量纲对总指数建立的不利影响。统计学中也将无量纲化称为数据规格化、数据标准化,即通过系列变换将数据实际值转换为指标评价值。无量纲化方法多样,应用最广的分类是将其分为三大类,分别为直线型无量纲化法、折线型无量纲化法和曲线型无量纲化法,以下是对其的详细介绍。

(1) 直线型无量纲化法。直线型无量纲化法的关键在于假设数据实际值与指标评价值之间呈线性关系,通常分为标准化法、阈值法和比重法三种。

1) 标准化法。指数的计算是对多组不同的数据进行综合评价,那么对不同类型数据进行比较的前提就是将数据标准化,以消除量纲对综合评价结果产生的影响。统计学上,标准化的公式为:

$$Y_i = \frac{X_i - \bar{X}}{s}$$

其中,$\bar{X} = \frac{1}{n} \sum_{i=1}^{n} X_i$,$s = \sqrt{\frac{1}{n-1} \sum_{i=1}^{n} (X_i - \bar{X})^2}$

可见,当实际值大于平均值时,指数为正;当实际值小于平均值时,指数为负。实际值与平均值相差越大,指数的绝对值也越大。

2) 阈值法。阈值也称临界值,如极大值、极小值、不允许值、满意值等都称为阈值,其计算公式主要有以下几种:

(a) $Y_i = \dfrac{x_i}{\max\limits_{1 \leq i \leq n} X_i}$

(b) $Y_i = \dfrac{\max\limits_{1 \leq i \leq n} X_i + \min\limits_{1 \leq i \leq n} X_i - x_i}{\max\limits_{1 \leq i \leq n} X_i}$

(c) $Y_i = \dfrac{\max\limits_{1 \leq i \leq n} X_i - x_i}{\max\limits_{1 \leq i \leq n} X_i - \min\limits_{1 \leq i \leq n} X_i}$

(d) $Y_i = \dfrac{X_i - \min\limits_{1 \leq i \leq n} X_i}{\max\limits_{1 \leq i \leq n} X_i - \min\limits_{1 \leq i \leq n} X_i}$

在使用该方法进行无量纲化时,如何确定阈值会对指数建立产生较大影响,即阈值差过大或过小均不可。过大的阈值差会降低指数的灵敏度,从而降低评价结果的区分效力;过小的阈值差又会使指数的基础指标分布超常,不切实际。可见,在确定阈值时,一方面我们要具体情况具体分析,以实际资料为基础;另一方面要紧跟经济现象的变化趋势,具备一定的调节性。总之,在确定阈值时我们应该以满足综合评价的基本要求为目的,同时增加评价结果的关注度,不断摸索,不断优化,直到调整至最佳情况。

和第一种标准化法相比,阈值法相对而言有些弱势,比如无法利用所有的原始数据,评价结果可能仅位于0~1。而标准化法不仅可以利用初始数据的全部信息,还可以得到或正或负的评价值。当然阈值法也有优势,比如不需要较多的样本数据即可对基础指标进行标准化处理。

3)比重法。比重法的计算相较于上面两种方法简单许多,只要看实际值在指标值综合中所占比重的大小即可,其计算公式为:

(a) $Y_i = \dfrac{X_i}{\sum\limits_{i=1}^{n} X_i}$

(b) $Y_i = \dfrac{X_i}{\sqrt{\sum\limits_{i=1}^{n} X_i^2}}$

上述三种直线型无量纲化法均具有直观性,大大降低了计算难度,也正因为如此,该三种方法往往无法满足实际情况,可能与事物发展背道而驰,为了解决这一问题,学者们研究出了新的无量纲化法,即折线型无量纲化法和曲线型无量纲化法。

(2)折线型无量纲化法。折线型无量纲化法根据其图形所显示的趋势和拐点的不同,可以细分为以下三类:凸折线型、凹折线型和三折线型。其计算公式通常为:

$$Y_i = \begin{cases} \dfrac{X_i}{X_m} Y_m, & 0 \leq X_i \leq X_m \\ Y_m + \dfrac{X_i - X_m}{\max X_i}(1 - Y_m), & X_i > X_m \end{cases}$$

其中,X_m表示拐点指标,Y_m表示X_m的评价值。

三种折线型无量纲化法的具体区别在于，凸折线型的图形往往在前期变化较陡，在拐点处出现上升或下降坡度降低的情况；凹折线型的图形往往在前期变化较缓慢，在拐点处出现上升或下降坡度突增的情况；三折线型的图形往往在某一区间里出现坡度，若超出这个区间则指标的变化不会对指数大小产生影响。

（3）曲线型无量纲化法。折线型无量纲化法简单易懂易操作，但如果事物发展不具备明显的拐点、临界点，使用折线型无量纲化法将和实际情况相背离，此刻我们可以用曲线型无量纲化法合理描述事物逐渐变化的发展特征，其主要公式有如下几种：

(a) $Y = \begin{cases} 0, & 0 \leqslant X \leqslant A \\ 1 - e^{-k(X-A)}, & X > A \end{cases}$

(b) $Y = \begin{cases} 0, & 0 \leqslant X \leqslant A \\ 1 - e^{-k(X-A)^2}, & X > A \end{cases}$

(c) $Y = \begin{cases} 0, & 0 \leqslant X \leqslant A \\ \dfrac{k(X-A)^2}{Hk(Y-A)^2}, & X > A \end{cases}$

(d) $Y = \begin{cases} 0, & 0 \leqslant X \leqslant A \\ A(X-A)k, & A < X \leqslant A + \dfrac{1}{\sqrt[k]{A}} \\ 1, & X > A + \dfrac{1}{\sqrt[k]{A}} \end{cases}$

(e) $Y = \begin{cases} 0, & 0 \leqslant X \leqslant A \\ \dfrac{1}{2} - \dfrac{1}{2}\sin\dfrac{X}{B-A}\left(X - \dfrac{A+B}{2}\right), & A < X \leqslant B \\ 1, & X > B \end{cases}$

使用这些公式所绘制出的图形和折线型无量纲化公式绘制出的图形明显差异在于事物前、中、后期发展情况虽然不同但无明显分界点，这一点可以理解为使用曲线型无量纲化法的基础指标对总指数的影响是逐步形成的，而非突变的。

（4）模糊无量纲化法。当综合指数的评价指标较多时，往往会出现指标间的界限清晰度降低的情况，比如评价标准为某一点为最佳，指标或大或小均不好，如何将与最佳标准的距离定义为次优、次劣、劣就具有很大的模糊性，针对这一问题，在对基础指标无量纲化时使用模糊无量纲化法会较为合适。该方法的提出是基于美国著名院士、模糊数学创始人扎德（L. A. Zadeh）提出的模糊隶属度函数，其分类也分为直线型模糊无量纲化法、折线型模糊无量纲化法和曲线型模糊无量纲化法三种，具体步骤不再赘述。

总之，我们在选择具体的无量纲化方法时，首要标准是符合客观性，即在符合事物发展的实际情况下选择具体公式，以正确反映基础指标的实际数值与总指数之间的对应关系，摒弃复杂即优的思想，追求最恰当的方法。

5.4.2.3 确定各变量的权重

（1）主观赋权评价法。

1）层次分析法。层次分析法（Analytic Hierarchy Process，AHP）由美国匹兹堡大学著名运筹学家萨蒂（T.L.Saaty）教授于20世纪70年代中期首次提出，是一种将复杂问题中的各个基础指标分解从而形成若干有序的层次，如目标层、准则层、方案层等。该方法将定性和定量方法相结合，按照对事物的客观判断，量化每个层次的重要性水平，并建立矩阵来进行判断。该方法主要分为以下四个步骤：第一，建立层次结构模型，通常第一层为目标层，只包含一个因素，往下依次为准则层、方案层等，当每层指标过多时要进一步分解。第二，构建判断矩阵，通常使用1-9比较尺度法和成对比较法进行矩阵的建立。第三，权向量计算和一致性检验，通过对上一步建立的比较矩阵计算最大特征根和特征向量，并确定是否能通过一致性检验来确认判断矩阵构建得合适与否。第四，组合权向量计算和一致性检验，一旦通过检验，则可以组合权向量的结果进行决策，否则应当重新考虑。该方法最重要的优点便是简单，不仅可以在不确定性和主观性均存在的情况下使用，而且能结合学者的经验判断、直觉感、观察力等进行权重的赋予。

2）德尔菲法。德尔菲法（Delphi Method）又称专家调查法，于20世纪40年代由赫尔姆和达尔克共同创造，并于1946年由美国兰德公司首次实行，本质上是一种匿名反馈法，具体而言就是匿名征求专家意见再统计归纳再匿名反馈直到意见一致为止，具有匿名性、反馈性和统计性三个特点。其中，匿名性保证了专家不受权威意见左右自己的想法，可充分表达意见；反馈性保证了多轮反馈之后信息所反映结果的客观性和可靠性；统计性保证了所预测结果是综合多人观点而非一家之言。使用该方法时需要重复多次调研，比如首轮的开放式调研、次轮的评价式调研、三轮的重审式调研、四轮的复核式调研等。该方法保证了多数人的观点能被收集到，成功避免了专家会议的许多缺点，如碍于情面不愿发表分歧意见。同时，由于收集过程轮次较多，过程相对复杂，花费时间较长。

3) 模糊综合评价法。模糊综合评价法 (Fuzzy Comprehensive Evaluation Method) 是一种基于模糊集合理论 (Fuzzy Sets) 的综合评价方法，模糊集合理论是由美国专家查德 (L. A. Zadeh) 教授于 1965 年首次提出的，属于模糊数学的范畴。该方法主要术语有评价因素 (F)、评价因素值 (Fv)、评价值 (E)、平均评价值 (Ep)、权重 (W)、加权平均评价值 (Epw)、综合评价值 (Ez) 等。其基本原理为，首先构建模糊综合评价指标，其次通过层次分析法或德尔菲法设定权重向量，再次通过构建适宜的隶属函数来建立评价矩阵，最后评价矩阵与权重的合成情况。模糊综合评价法的显著特点是以最优的评价因素值 (Fv) 为基础，其余的评价因素根据各自次优的程度获得相应的评价值。该方法不仅将定性和定量方法相结合，还解决了层次分析法和德尔菲法无法解决的判断不确定性和模糊性问题，不过在计算上较为复杂。

以上三种主观赋权评价法均具有一定的主观随意性，人为干扰程度较大，客观性有所缺乏，我们在选择具体方法时可以同时考虑客观赋权评价法。

(2) 客观赋权评价法。

1) 熵值法。熵值法 (The Entropy Method) 是一种判断指标离散程度的方法，通常越大的离散程度代表对总指数的影响越大。"熵"这个概念在信息论中是对不确定性的一种度量方式，往往不确定性会随着信息量的增大而降低，同时熵的大小会随着不确定性的降低而减小。其计算步骤如下：第一，选取 n 个项目，各 m 项指标 ($i = 1, 2, \cdots, n; j = 1, 2, \cdots, m$)；第二，指标的标准化处理；第三，计算第 j 个指标的第 i 个项目占该指标的比重；第四，计算第 j 个指标的熵值；第五，计算第 j 个指标的差异系数；第六，计算指标的权值；第七，计算综合得分。可见，我们能够在指标具有变异性的情况下利用熵这个工具合理确定各个指标的权重，为多指标的综合评价提供可靠依据。

2) 主成分分析法。主成分分析法 (Principal Component Analysis，PCA) 也称主分量分析，本质是一种数据降维的方法，把给定的一组相关变量通过线性变换转成另一组不相关的变量，这些新的变量按照方差依次递减的顺序排列。通常，在系列变换中总方差保持不变，具有最大方差的变量即为第一主成分，具有第二大方差并且与第一主成分不相关的变量即为第二主成分，以此类推，若有 n

个变量即可得到 n 个主成分。该方法的主要目的是使用较少的变量来解释初始资料中绝大部分变量,具体而言,即在原始变量中选出几个能解释大部分资料的全新变量,通常具备综合性、降维性和客观性。

3) 灰色关联度分析法。灰色关联度分析法(Grey Relational Analysis,GRA)是基于灰色系统理论(Grey Theory)的一种对系统发展变化定量描述与比较的方法。其基本思想是通过对动态发展过程的量化分析,观察参考数据列和比较数据列的几何形状的相似程度来确定两者之间是否紧密,通常关联度越大,参考数据列曲线与比较数据列曲线的发展方向和速率越相近。其计算步骤包括确定分析数列、变量的无量纲化、计算关联系数、计算关联度和关联度排序五步。目前,灰色关联度的应用已经涉及自然科学和社会科学的各个领域,如区域经济优势分析、国民经济各部门投资收益、产业结构调整等方面。

相较于主观赋权评价方法,客观赋权评价方法不仅能综合考虑各指标间的相互关系,还能通过各指标的初始信息确定权数,避免了人为判断的主观因素导致的结果不确定性,有利于增强评价结果的准确性。但是当指标较多时,客观赋权评价法过大的计算量使计算成本较高。

5.4.2.4 建立综合评价模型并构建总指数

当我们得到最终的基础指标时,还需要通过一定的计算构建总指数。一般而言,合成的方法有加权线性求和法和连乘法等,此处我们简单介绍加权线性求和法,其他的不再详述。

加权线性求和法(Linear Weighted Sum Method)是按各目标的重要性赋予它相应的权系数,然后对其线性组合进行寻优的求解多目标规划问题的方法,即求下面函数的最优解,其中 $w_k \geq 0$ ($k = 1, 2, 3, \cdots, m$) 是权数,且权数和为 1,$\sum_{k=1}^{m} w_k = 1$:

$$\min_{x \in X} \sum w_k f_k(x)$$

加权线性求和法在计算时将所有原始数据指标都涵盖在内,提高了其含义的准确性,使人便于理解。然而该方法采用主观权重,使客观性较弱,同时无法反映某些评价指标的特有影响,可能导致评价结果失真。

6 重污染企业环境财务指数体系构建
——环境财务融合的测度

环境财务指数是上市公司在环境保护和财务绩效两方面整体协调程度的数量化反映，该指数的提出是鞭策上市公司加强环境保护或提高财务水平的动力，是国家在生态环境保护方面对上市公司综合评价体系的完善，是人类文明和生态文明共生的需要，也是人类可持续发展必不可少的一环。本章就环境财务指数的理论背景、指数内涵与意义、指数构建的方法及对环境财务指数的评价进行了重点论述。

6.1 环境财务融合的提出

6.1.1 环境财务融合的理论依据

6.1.1.1 环境外部性理论

外部性（Externalities）是指市场交易对市场参与者之外的个人或团体的影响，也被经济学家称为第三方效应（Third-party Effects），有正外部性（Positive Externalities）与负外部性（Negative Externalities）之分。正外部性通常指市场交易产生的市场外部收益，比如无磷洗衣粉，不仅洗涤效果一样，还不会污染水源。负外部性通常指市场交易产生的市场外部损失，比如上市公司在不违规的情况下不考虑对生态环境的保护，消费者不考虑产品或服务是否会造成环境污染而直接购买等。外部性的产生实质上是社会与私人的边际收益和边际成本之间的差异性导致的，外部性的存在直接导致价格信号失真，即社会边际收益与边际成本的真实情况无法通过经济活动中的价格体现出来,从而依靠价格所做出的经济决策会进一步造成社会资源配置的非有效性,无法达到帕累托最优。

如今环境资源即使日益稀缺,环境资源的竞争性使用也并没有提高,同时环境质量还在不断下降,主要由于环境资源的无产权性和无偿性导致生产消费环节中社会与私人的边际收益、边际成本产生了差异,环境外部性问题由此出现,当存在这一现象时,厂商的利润最大化并不代表环境资源配置就能达到帕累托最优。环境的外部性可以分为外部经济性和外部不经济性。外部经济性主要是指私人或团体通过自己的经济活动等给其他群体所在的环境带来积极影响,比如植树造林,不仅可以提供赏心悦目的风景,还有防风固沙、降低水土流失、吸收二氧化碳等功能。外部不经济性是指某些上市公司或个人因其他上市公司和个人的经济活动而受到不利影响,又不能从造成这些影响的上市公司和个人那里得到补偿的经济现象,如江河上游造纸厂排放污水,造成下游农作物歉收、农业减产的情况。造成这种现象的根源在于环境资源的不可分割性,使其产权界定成本非常高或根本就难以界定,环境资源因此具有全部或部分公共性,这又使人们可以互不排斥地共同使用自然生态环境资源,而不考虑其公正性和整个社会的意愿。

关于环境负外部性的研究,经济学家提出了最优污染(Optimal Level of Pollution)的概念,最优污染的数值并非是零,因为零污染必然是零生产,这在现实生活中是不可能实现的,既然要生产就必然带来污染,我们可以通过科学技术等方法降低环境污染程度,直至达到综合考虑健康、生态、经济等多方因素之后的可被接受的最大值,而非仅仅通过经济分析。

6.1.1.2 生态经济学

"二战"后的环境资源问题和能源危机制约着经济的发展和社会的进步,科学家们在用生态学或经济学解释其原因无果之后开始将两门学科相结合,以期缓和自然生态与经济生产之间的矛盾,发现了社会经济发展与生态环境保护并存的解决之道。20世纪60年代,美国经济学家肯尼斯·鲍尔丁(Kenneth Boulding)在其发表的《一门学科——生态经济学》一文中首次提出"生态经济学"(Ecological Economics)的概念。此后国内外学者开始了生态经济学的理论研究,直到20世纪30年代,美国经济学家瓦西里·列昂惕夫(Wassily W.Leontief)首次定量分析环境保护与经济发展的关系,他提出的"投入—产出分析法"将环境污染对工业生产的影响进行了详尽的分析。传统的经济学理论未考虑外部不经济性,在生产成本的计算中没有考虑环境污染带来的损失，使这些隐蔽的污染治理费用转嫁给社会，用社会公共费用来换取生产商的高额利润，牺牲的是公众生活的环境质量。同样，通常用来反映国家经济发展程度的国民生产总值和国内生产总值也未曾设立环境指标或资源指标，导致在对经济发展的评估中忽视了环境资源状况的影响。

生态经济学强调综合性、层次性、地域性和战略性。综合性是指在研究经济问题时应当将自然与社会统一起来，从系统的角度综合运用自然科学与社会科学，更加全面地看待经济现象，挖掘背后的经济本质。层次性是指经济生态问题的研究可以横向或纵向划分：纵向主要包含各层次区域的生态经济问题；横向主要包含各专业类型的生态经济问题。地域性是指生态经济的研究要考虑国情或地区情况。战略性是指生态经济研究具有"以生态和经济整体优化为原则，以指出经济社会宏观发展方向为目的"的战略意义。世界可持续发展上市公司理事会（WBCSD）提出了生态经济效率理论，并且给出了生态经济效率指标的计算公式：生态效率=产品或价值服务/对环境的影响。

生态经济学中提出生态经济系统理论，该理论的核心理念为生态经济系统由生态系统和经济系统通过结构性关联与功能性关联结合而成，主要特征为经济系统与生态系统的二元依赖性和矛盾统一性，具体而言，生态系统与经济系统呈现出互相制约又有机结合的既矛盾又统一的状态。这一理论辩证地体现了人们追求人与自然和谐共处、良好生存发展的生态文明的态度，强调了生态经济的价值，确定了人类在处理人与自然关系时追求生态和谐过程中的位置，人类应当在生态系统的正常运行中合理地发展自身。

生态经济学还指出生态经济平衡理论，该理论的核心理念为生态平衡与经济平衡的有机结合是检验经济与生态协调发展的信号，并且是推动经济与生态协调发展的动力。该理论强调，人类的进步必须以经济发展、自然和谐为目标，人类文明的持续性必须以生态经济平衡为根基。在生态经济平衡理论中，经济平衡以生态平衡为前提，生态平衡以经济平衡为目标。

6.1.1.3 可持续发展理论

1962 年美国生物学家莱切尔·卡逊（Rachel Carson）发表了《寂静的春天》，由此在世界范围内引发人们对"经济增长就是发展"模式的争论。到 20 世纪 70 年代，国际著名学术团体罗马俱乐部在其研究报告《增长的极限》（*The Limits to*

Growth）中首次提出"持续增长"与"合理的持久的均衡发展"的概念。1987年，联合国世界与环境发展委员会发表的报告《我们共同的未来》中正式提出可持续发展概念，它不仅强调经济可持续发展、生态可持续发展与社会可持续发展三方面的协调统一，还指导人类在追求经济效率、生态和谐和社会公平的过程中最终达到人类的全面发展。同时，联合国环境与发展委员会还初步指出了经济、环境和社会发展的关系：环境质量＝经济规模×产出结构×排污强度。后来，CERES 原则在埃尔森·瓦尔迪兹（Exxon Valdez）被拒后被美国社会投资论坛下的环境责任经济联盟（CERES）发展起来，并在世界许多国家得以推广，旨在提高环境绩效和可持续发展。该原则对能源节约、废弃物的减少和循环利用等多项内容提出了具体要求。到 21 世纪，可持续发展理论（Sustainable Development Theory）已经从环境保护理论转变为环境与发展相结合的全面性战略理论，其中经济可持续发展是基础，生态可持续发展是条件，社会可持续发展是目的。

可持续发展理论的基本思想包括以下三个方面：第一，可持续发展不否定经济增长，但它既强调经济增长的重要性，又强调经济高质量增长的必要性。相较于发达国家，发展中国家（尤其是不发达的国家或地区）必须从经济扭曲发展的源头着手，降低经济活动所带来的环境压力以达到可持续的经济增长。第二，可持续发展承认自然环境的价值，并以之为基础同环境承载能力相协调。它要求人们在计算 GDP 时不局限于经济指标，应当将环境资源的投入也考虑其中，用"绿色 GDP"来衡量国民经济，同时强调资源的永续利用。这就体现了经济发展时考虑环境成本的重要性，实现可再生资源的消耗速率低于资源的再生速率，不可再生资源的利用能够得到替代资源的补充，避免出现环境退化成本抵消甚至超过经济增长的情况，保证人类的发展在自然资源的承载力之内。第三，可持续发展以提高生活质量为目标，最终谋求社会的全面进步。经济增长只是多元化发展中的一小部分，只追求经济增长而非追求经济发展，既无法变革社会经济结构，也无法实现社会发展目标，就只能将这种经济增长称为"没有发展的增长"。虽然目前发达国家与发展中国家的发展阶段大相径庭，但在 21 世纪，"自然—经济—社会"的和谐、统一、可持续发展是人类所追求的共同目标。

6.1.1.4 共生理论

共生是指多种不同生物之间一方为另一方提供有利于生存的帮助同时也获得对方帮助的彼此有利同时相互依赖的密切关系。共生理论（Symbiosis Theory）由美国生物学家马古利斯（Lynn Margulis）等首次提出，起初用在生物学，例如研究表明生命体主动改造环境而非消极适应，随后这个理论被推广至各类系统共生关系的研究当中，在当代，人们已经意识到人与自然之间也是一种相互依存的共生关系。研究表明，人类文明经历了原始文明、农业文明、传统工业文明、新工业文明、后工业文明等多个阶段，其中后工业文明也是生态文明阶段，是从仅考虑产业获利到产业和生态共生的转变。但是由于人类经济发展过快导致生态环境遭到破坏的程度难以估计，想要尽快实现生态正向受力或者抵消生态的负向受力，人类不仅要做到建立自然保护区、繁育濒危物种、恢复水资源系统、治理土地荒漠化等，还要在源头上直接降低对环境的污染强度，如颁布环保政策、应用环保设备、关闭污染严重的上市公司等，只有当生态系统是正向受力时，人类文明才能真正和生态文明达到共生的状态。

经济学家库兹涅茨在20世纪50年代提出库兹涅茨曲线（Environmental Kuznets Curve，EKC），该曲线呈倒U型，用人均收入变量来解释环境污染变量，即环境污染程度随着经济的发展、人均收入的增加先不断加剧，在经济发展到一定阶段后，会面临一个"拐点"，此后环境污染程度会随着人均收入的增加而减缓。库兹涅茨曲线的提出意义重大，但是仍有不足之处，即库兹涅茨曲线仅考虑了产业对生态的单向作用，而没有考虑生态对产业的反向作用。张智光（2013）提出了一种呈椭圆形的"产业—生态复合系统"的共生关系，同时还与产业与生态共生关系模式的谱系集成后得到四个象限，分别是互利共生区域、生态单利区域、产业与生态竞争区域和产业单利区域。张智光提出的共生关系不仅阐释了产业与生态的相互关系，还揭示了人类文明和生态安全变化的规律。共生理论要求我们赋予自然以相应的主体权利，不再局限于考虑人类的权利，而应当扩大到考虑动物乃至所有生命个体的权利上，使人类与生态的平衡、共生、可持续发展早日实现。

6.1.2 环境财务指数的内涵

本书的环境财务指数有如下内涵：环境财务指数中环境与财务两者在结合中相互制约，在制约中最终达到平衡。经济的发展必然带来环境成本，保护环境又必然会减弱利润的获取，因此如何合理地结合环境与财务，并且在两者之间寻求关键的平衡点是上市公司应当考虑的重点，这也是人类文明与生态文明达到共生状态的必经之路。具体而言，环境财务指数反映企业在环境保护和财务绩效两方面整体达到的协调程度,而非凸显企业某一方面的表现。

木桶定律中强调观察木桶装水的最大容量不是看木桶最长的木板而是木桶最短的木板,评价上市公司经济效益也是一样,评价过程中不再局限于财务指标,而要将往往最容易忽略的环境因素也考虑其中,环境或财务单方面表现好的上市公司不一定是环境财务指数最高的公司,而能平衡环境和财务两方面并使之相互融合、相互依赖的上市公司才是环境财务指数最优的公司。

环境财务指数的评价对象方面,本书以重污染行业为基础,最终应用到中国全行业的上市公司。环境财务指数的评价主体具有一定专业能力,并且能建立一套完整、全面、客观、公正的评价体系。为了便于深化对环境财务指数的理解,我们将环境财务指数分为五个方面:环境合法、环境沟通、环境管理、绿色经营和财务水平。

6.1.3 环境财务指数的意义

环境财务指数的提出是在充分回顾国内外相关文献的基础上,以"共生观"为价值导向,以社会的自然环境为切入口,同时以环境外部性理论、生态经济学、可持续发展理论、共生理论等为支撑,建立环境管理战略理论平台,综合分析上市公司与环境的相互作用机制,将财务理论与环境理论相互融合,构建上市公司环境财务绩效评价体系,并由此计算出环境财务指数。环境财务指数的提出旨在鞭策上市公司加强环境保护或提高财务水平的动力,促进国家在生态环境保护方面对上市公司综合评价体系的完善,推动人类文明和生态文明共生,是人类可持续发展必不可少的一环。

(1)环境财务指数是上市公司提高环保或绩效的动力。环境财务指数的提出让我们从多维的角度去看待上市公司的财务情况,以往有关环境战略与环境绩效评价的研究大多是分别进行的,例如,在环境绩效方面,ISO14031所规定的环境指标,依其评估对象与目的的范畴大小,分为环境状态指标(Environmental Condition Indicators,ECIs)和环境绩效指标(Environmental Performance Indicators,EPIs),而EPI又可以分为管理绩效指标(Management Performance Indicators,MPIs)和作业绩效指标(Operation Performance Indicators,OPIs),可分别针对组织外界之环境、组织本身之作业系统及管理系统进行评估。因此,上市公司需要根据自身的实际情况制定自身的环境管理战略,然而往往现实中的情况是不少上市公司在制定环境战略后无法有效地实现战略落地,致使其成为空中楼阁。而环境绩效评价缺乏战略的支撑,所制定出来的评价体系使上市公司的目标模糊,无法有效帮助上市公司实现环境战略目标。如何让环境战略和绩效评价有机地融为一体,使上市公司环境管理战略有效落地,是有待进一步研究的问题。为更加全面地反映我国上市公司的环境绩效水平,应建设上市公司环境财务指数数据库,并通过数据实证和案例实证全面解析上市公司环境管理战略的落地过程及其管理路径。本书借助数理和案例两个维度的勾画,使上市公司能够清楚了解环境对于上市公司可持续发展的重要作用以及环境绩效改善的方向,对上市公司加强环境管理具有重要的现实意义。

(2)环境财务指数是国家对上市公司综合评价体系的完善。目前,我国已有一些关于上市公司环境绩效评价的法规,国家环保总局2003年发布了三个重要文件,分别为《关于开展创建国家环境友好上市公司活动的通知》《关于对申请上市的上市公司进行环境保护核查的规定》《关于上市公司环境信息公开的规定》,随后的2005年又发布了《关于加快推进上市公司环境评价的意见》,2007年4月发布了《环境信息公开办法(试行)》,该办法是我国第一部关于信息公开的部门法规,自2008年5月1日起施行。其中的《关于开展创建国家环境友好上市公司活动的通知》中还把上市公司的环境行为结果分为五个等级,并以不同颜色表示。我国正在启动生态文明效率评价指标体系的科研攻关,一套完整的环境绩效评价指标将在不久后建立,这将对资源环境有效使用和环境保护产生重要深远的影响。同时,国内外对环境绩效评价虽然已有一些研究成果,但仍然没有一个标准或相对统一的体系,导致不同上市公司和不同行业间无法比较,从而使社会、政府无法准确和有效评估其环境绩效,更无法据此进行有效的监督和制定相应法律法规。本书考虑国内外学者构建上市公司环境财务指标体系的经验和做法,在现有国际标准的基础上,结合我国颁布的法律法规、环保政策等,针对我国上市公司的实际情况,建立一套规范的环境财务指数体系。因此,本书的理论成果也将有助于上市公司主管部门横向比较不同上市公司间的环境绩效以及相应的经济影响,为有关部门做出环境和经济决策提供理论依据和数据支持。

(3)环境财务指数是人类文明和生态文明共生的需要。环境系统是人类赖以生存的基础,而人类的生产发展却使环境系统、生态文明受到巨大伤害,中国环境质量的不断恶化、学者对环境问题的日益关注,让上市公司在追求利益最大化的过程中也不断提高对环境保护的认知水平。根据人类文明史和生态安全演化的过程，我们可以得知，人类文明与生态文明本质上具有共生的属性，通过建立环境财务指数，可以从微观上了解经济与环境之间的平衡程度，为宏观的人类文明和生态文明之间的共生关系解码打下基础，从"小"入手，提高每一个上市公司的环境保护意识，推动上市公司环境保护措施的实施，促进整个社会环境与经济的融合发展，最终真正达到人类文明与生态文明的共生状态。

（4）环境财务指数是人类可持续发展必不可少的一环。可持续发展要求既满足现代人的发展需要，又不以损害后代人发展需要的资源为代价，实现人、社会、自然三者之间的和谐发展。我国巨大的人口基数与逐渐匮乏的物质资源使可持续发展战略不仅具有重要性，更具紧迫性，它要求我们把节约资源、保护生态放到重要位置，因此环境财务指数的建立是人类可持续发展的必要一环。经济发展、资源保护和生态环境保护协调一致是可持续发展理论的核心思想，本书通过展示环境对上市公司的影响路径以及影响结果，使上市公司最终能够真正认识到上市公司及其所处自然环境共生共荣的关系，最终在共生共赢的价值观之上，以及上市公司环境管理战略的指导下，真正实现上市公司可持续发展的目标，让子孙后代能够享受丰富的资源和优美的环境，实现人、社会、自然的和谐共处，最终实现人类可持续发展的目标。

6.2 环境财务指数体系构建

6.2.1 环境财务指数体系构建原则

环境财务指标的作用在于评价环境与上市公司绩效的融合程度，一般用相对数指标来表示。上市公司环境财务指标是按照系统论方法构建的由一系列反映被评价上市公司环境合法、环境管理、环境沟通、绿色经营和财务水平等各个侧面的相关指标组成的系统结构，评价指标是上市公司环境财务指数评价内容的载体，也是上市公司环境财务指数评价内容的外在表现。环境财务指数体系不是大量指标的简单堆砌，其完善与否关键在于所选指标的质量，而非指标的数量，构建科

学、合理的指标体系是一项难度较大的工作,在此我们应当遵循如下三个原则:

(1) 全面性与重要性相结合原则。环境财务指数的基础指标的选取应该以环境外部性理论、生态经济学、可持续发展理论、共生理论等相关理论作为指导思想,将相关理论的思想内涵融入环境财务评价指标体系中去。同时,环境财务指标的设置应该满足环境信息使用者对环境信息的各种需求,在充分了解政府部门、行业主管部门、社会公众、投资人、媒体等上市公司利益相关者的环境信息需求的基础上,构建能够满足这些需求的环境财务指标。为了使环境财务指数能够综合、全面地反映一个上市公司在环境和财务融合程度上付出的努力和取得的成就,同时重点突出那些能更好体现环境财务融合程度现状的侧面,本书遵循全面性与重要性相结合的原则来选择基础指标并构建指数体系。首先,环境财务指数体系由环境合法指数、环境沟通指数、环境管理指数、绿色经营指数和财务水平指数五个部分组成,全面涵盖环境和财务的各个方面。其次,在这五个部分中,为了尽可能覆盖环境财务指数的各个侧面,我们分别选取具有代表性的指标,例如环境财务指数中有描述环境合法程度的是否有环境违规、排污费支出强度等指标,有描述外部环境沟通程度的是否有环保意识宣传、环境报告信息量等指标,有描述内部环境管理情况的上市公司是否有环保创新方案、供应商通过ISO(环境)管理体系认证比例等指标,有用于描述上市公司绿色经营情况的综合能耗得分、节能量等指标,还有描述财务水平的可持续增长率等指标。最后,不同的指标在无量纲化之后加权平均形成最终的环境财务指数,其中权重的大小表明该环境财务指数中各个方面重要性程度,从而达到全面性和重要性相结合的目的。

(2) 主观与客观互补原则。为了使环境财务指数能更好地反映现实情况,能够为政策决断提供支持性建议与意见,在构建环境财务指数的数据采集过程中主观性指标和客观性指标缺一不可,这样才能弥补主客观各自的不足之处。因此,在指标选取的过程中,一方面我们在环境报告书、可持续发展报告、社会责任报告和年报中对相关环境信息披露情况打分,通过主观判断来获得定性指标;另一方面我们采集如能源消耗量、废气排放量、废水排放量等客观指标,来弥补使用主观指标所带来的意识形态等方面非客观因素的影响,保证环境财务指数更加符合现实,数据更易于分析,对政策更具有指导意义。

(3) 财务与非财务平衡原则。经济发展与生态环境发展具有无法割断的发展历程,对国家的发展评价不可避免地涉及这个国家的经济和环境情况,环境财务指数也是如此，为了更好地测量环境财务融合程度，必须让财务数据与非财务数据（即环境数据）达到一种平衡状态，为了达到这个目标，在指数体系的设计中不仅包括用来反映上市公司对环境影响的指标与上市公司环境信息披露的指标，还包括了用来反映上市公司经营能力、盈利能力、偿债能力、发展能力、风险能力、现金流分析等指标，同时还将部分环境具体数据与财务报表中的数据相结合，把握通用指标，细化附加指标，例如废气、废水和废弃物等反映"三废"排放情况的环境质量指标，又如能源、水资源等反映环保效率的资源利用情况指标，还有反映环境管理努力程度的一些指标，如排污费支出强度等于排污费金额与销售收入的比值，环境治理投资率等于环境治理投资总额与经营性现金流量净额两者的比值，从而使环境财务指数能更好、更全面地反映一个上市公司的环境保护与经济发展的平衡程度。

6.2.2 环境财务指数体系结构

环境财务指数体系包含以下三个层次：

（1）目标层。上市公司环境财务指数体系的总目标是在上市公司经营模式下环境与财务达到最平衡的状态。也就是说，在一定的经营时期里，上市公司不以环境换金钱，而是协调经济效益和环境效益，使两者达到"双赢"的状态。

（2）准则层。将目标层按照基本方面往下细分即可得到准则层，在该层我们将得到上市公司在哪些方面能实现环境与财务的平衡，在哪些方面还需改进。

与环境有关的行为是否符合法律法规，外部对环境能否及时沟通，内部对环境是否能高效管理，在生产经营过程中对环境产生影响的主要因素的把控，同时在经营方面对公司各个能力指标的调节，都是衡量环境财务融合程度所必须考虑的方面，因此环境财务指数由5个二级指数构成，分别是环境合法指数、环境沟通指数、环境管理指数、绿色经营指数和财务水平指数。

（3）基础层。基础层指的是影响环境财务指数体系的最基本指标，将准则层数量化，一般该层的指标具有单一性，即每一基础指标所表达的内容都不应重复；可得性，即数据库中已有，或者人工收集时可获得的；全面性，即每个准则层的基础性指标能够较为全面地反映该准则的每一个方面。

6.2.2.1 环境合法指数

环境合法指数主要形容上市公司是否遵循环境法律法规、是否有环境违法等行为，目前环境违法分为作为之环境违法行为和不作为之环境违法行为两种，前者是指行为人故意或过失地违反法律法规，直接造成环境污染和环境破坏的行为，后者指行为人在应当进行环境保护时不自觉地遵守有关环境法律法规，而间接造成环境污染与环境破坏的行为。环境合法指数将作为与不作为之环境违法行为结合起来，共分成以下六个三级指标：第一，是否单独提供环境报告书、可持续发展报告，若提供则取 1，不提供则取 0。第二，是否与政府或第三方联合监测，若有则取 1，否则取 0。第三，是否有环境违规或收到投诉、惩罚情况，若出现这种情况则取值为 1，否则取 0。第四，排污费支出强度，具体计算公式为排污费支出强度=排污费金额/销售收入。第五，车间或公司层面是否履行 ISO14001、SA8000，若履行则取值为 1，否则取 0。第六，环境信息披露得分，总分 4 分，从以下 4 个方面体现，即是否参照我国相关披露准则指引或 GRI 指南、环境披露过程中是否有利益相关者的参与、产品是否具有环境体系认证、是否独立核算并披露专项的环保补贴，满足其中一个方面即得 1 分，取值分别为 0、1、2、3、4。

6.2.2.2 环境沟通指数

环境沟通指数主要形容上市公司是否能及时与个体、政府或社会进行环境的沟通，这主要体现在有关定期报告的环境信息公开程度上，通常环境信息公开程度越高的公司，与外部环境沟通越有效，而环境信息公开程度越低的公司，外部越难了解该公司的环境保护力度与环境破坏程度，同时该公司受到外部的监督程度越弱。因此，环境沟通指数从环境信息公开程度、外部监管力度等角度着手，主要分为以下五个三级指标：第一，环境报告信息量，收集重污染上市公司 2012~2017 年的环境报告书、可持续发展报告、社会责任报告和年度报告，人工统计这些定期报告中与环境信息披露有关的页书。第二，是否获得环保奖项，若是则赋值为 1，否则取 0。第三，是否有关于公司环境政策、价值和原则及环境行为准则的陈述，若有则赋值为 1，否则取 0。第四，是否有社会环保宣传或环境慈善，若有则取值为 1，否则取 0。第五，与供应链上下游环保沟通得分，若公司对供应商或客户具有相关环保要求得 1 分，若公司与供应商或客户有环境沟通得 1 分，若两者都有则得 2 分，否则为 0。

6.2.2.3 环境管理指数

环境管理指数主要指上市公司内部有关环境管理机制的建立与环境监测体系的完善，与环境沟通指数不同，环境沟通指数强调上市公司与外部个人、政府、社会的沟通交流，是由内而外的过程，而环境管理指数从上市公司内部入手，强调上市公司内部环境治理与监测，是由上至下的过程。因此，环境管理指数主要由以下六个三级指标组成：第一，上市公司是否有环保创新改革方案，若有则赋值为1，否则为0。第二，上市公司是否有环境事故应急预案，若有则赋值为1，否则为0。第三，供应商通过ISO环境管理体系认证比例。第四，上市公司绿色采购比例。第五，上市公司自愿参与第三方环保情况得分，总分3分，从以下3个方面体现，即是否参与我国环保部门支持的自愿环境措施、是否参与行业协会或与专业机构合作提高环保措施、是否参与其他环境组织协会提升环保措施，满足其中一个方面即得1分，取值分别为0、1、2、3。第六，上市公司内部环境管理及监测检查得分，总分4分，从以下4个方面体现，即是否设有环境风险管理及监测体系、公司对环境绩效是否有定期监测或评估、是否对未来环境绩效有可测量目标、是否有定期不定期监测检查，满足其中一个方面即得1分，取值分别为0、1、2、3、4。

6.2.2.4 绿色经营指数

绿色经营指数是指上市公司为了适应社会经济可持续发展的要求，把节约资源、保护生态、改善被破坏的环境等理念，贯穿于经营管理的各个方面，以实现可持续增长，达到经济效益、社会效益和环保效益的有机统一。因此，绿色经营指数主要由以下六个三级指标组成，分别是能耗指标、水资源利用指标、废气指标、废水指标、废弃物指标、环境治理指标。

能耗指标由综合能耗得分、综合能耗、节能量三项四级指标组成，由于有些公司只披露了万元产值综合能耗，此处我们为了避免指标的重复性，运用公式[综合能耗=万元产值综合能耗×(成本+存货变动)]，将万元产值综合能耗转变为综合能耗指标。水资源利用指标由水资源利用情况得分、水资源消耗量和节水量三项四级指标组成。废气指标由废气排放情况得分、废气排放量、减排量三项四级指标组成。废水指标由废水排放情况得分、废水排放量、回收利用量和回收利用率四项四级指标组成。废弃物指标由废弃物产生或管理得分、废弃物排放量、废弃物综合利用率和废弃物安全处置率四项四级指标组成。环境治理指标由环境投入总金额、环境整治费用、环境投入投资率和环境治理投资率四项四级指标组成，后两项四级指标的计算公式为：环境投入投资率=环境投入总金额/经营性现金流量净额；环境治理投资率=环境治理投资总额/经营性现金流量净额。

6.2.2.5 财务水平指数

财务水平指数由体现上市公司经营能力的资产周转率、体现上市公司盈利能力的销售净利率、体现上市公司偿债能力的资产负债率、体现上市公司发展能力的可持续增长率、体现上市公司风险能力的综合杠杆和体现现金流情况的营业收入现金净含量6个三级指标组成。

6.2.3 环境财务指数权重计算

本书采用的权重计算方法为层次分析法，该方法是由美国运筹学教授萨蒂（Santy）提出。层次分析法将复杂的问题作为一个系统，该系统将目标细化为多指标的若干层次，通过定性指标模糊量化方法和定量指标的结合计算出权重。具体到环境财务指数的构建上就是将总指数按目标层、准则层、基础层直至具体的数据分解为不同的层次结构，然后用求解判断矩阵特征向量的办法，获得各个层次上不同元素相对于高一层次的元素的权重，最后求加权平均数的方法递阶归并各二级指数对总指数的最终权重，然后求出各重污染行业上市公司环境财务指数大小。

6.2.3.1 建立层次结构模型

以上一小节的环境财务指数体系结构为基础设计了环境财务指数层次结构模型，如表6-1所示。

表6-1 环境财务指数层次结构模型

目标层	准则层	基础层		基础指标
环境财务指数 EFI	环境合法 C1	Y_{11}	是否单独提供环境报告书、可持续发展报告	
		Y_{12}	是否与政府或第三方联合监测	
		Y_{13}	是否有环境违规或收到投诉、惩罚情况	
		Y_{14}	排污费支出强度=排污费金额/销售收入	
		Y_{15}	车间或公司层面履行ISO14001、SA8000	
		Y_{16}	环境信息披露得分	是否参照我国相关披露准则指引或GRI指南；环境披露过程中有利益相关者的参与；产品是否具有环境体系认证；是否独立核算并披露专项的环保补贴、保证金、排污费等

续表

目标层	准则层	基础层		基础指标
环境财务指数 EFI	环境沟通 C2	Y_{21}	具体：环境报告信息量	
		Y_{22}	是否获得环保奖项	
		Y_{23}	是否有关于公司环境政策、价值和原则及环境行为准则的陈述	
		Y_{24}	是否有社会环保意识宣传或环境慈善	
		Y_{25}	对供应链上下游有环保沟通得分	是否对供应商或客户具有相关环保要求；公司与其供应商和客户的环境沟通
	环境管理 C3	Y_{31}	上市公司是否在环保方面有创新改革方案	
		Y_{32}	是否有环境事故应急预案	
		Y_{33}	供应商通过环境管理体系认证比例（%）	
		Y_{34}	绿色采购比例（%）	
		Y_{35}	自愿参与第三方环保情况得分	参与我国环保部门支持的自愿环境措施；参与行业协会或专业机构合作提高环保措施；参与其他环境组织协会提升环保措施
		Y_{36}	内部环境管理及监测检查得分	是否设有环境风险管理及监测体系；公司对环境绩效进行定期监测和评估的陈述；关于未来环境绩效可测量目标的陈述；具体的定期不定期的监测检查
	绿色经营 C4	Y_{41}	能耗指标	Z_{411} 综合能耗得分
				Z_{412} 综合能耗（万吨）或万元产值综合能耗×(成本+存货变动)
				Z_{413} 节能量（万吨标煤）
		Y_{42}	水资源利用指标	Z_{421} 水资源利用情况得分
				Z_{422} 水资源使用（万吨）或万元产值耗水量×(成本+存货变动)
				Z_{423} 节水量（万吨）
		Y_{43}	废气指标	Z_{431} 废气排放情况得分
				Z_{432} 废气综合排放量（万吨）或万元产值二氧化碳排放量×(成本+存货变动)
				Z_{433} 减排量（CO_2、SO_2、NO_x等）（万吨）

续表

目标层	准则层	基础层		基础指标
环境财务指数 EFI	绿色经营 C4	Y_{44}	废水指标	Z_{441} 废水排放情况得分
				Z_{442} 废水排放量（万吨）
				Z_{443} 回收利用量（万吨）
				Z_{444} 回收利用率（%）
		Y_{45}	废弃物指标	Z_{451} 废弃物产生或管理得分
				Z_{452} 废弃物排放量（万吨）或万元产值废弃物量×(成本+存货变动)
				Z_{453} 废弃物综合利用率（%）
				Z_{454} 废弃物安全处置率（%）
		Y_{46}	环境治理指标	Z_{461} 环境投入总额（万元）
				Z_{462} 环境整治费用（万元）
				Z_{463} 环境治理投资率 = 环境整治费用/经营性现金流量净额
				Z_{464} 环境投入投资率 = 环境投入总额/经营性现金流量净额
	财务水平 C5	Y_{51}	资产周转率	
		Y_{52}	销售净利率	
		Y_{53}	资产负债率	
		Y_{54}	可持续增长率	
		Y_{55}	综合杠杆	
		Y_{56}	营业收入现金净含量	

6.2.3.2 构造判断矩阵

萨蒂教授认为，若只是定性地赋予各层次各因素之间的权重往往不容易被人接受，因此萨蒂教授等提出了一致矩阵法，通过将因素两两比较来替代之前的所有因素一起比较，使用相对尺度来降低由于因素异质性所造成的因素之间相互比较的难度。比如对某一准则层下的各基础指标，可以两两对比，按重要性程度评定等级，假设这两个元素分别为 i、j，相对权重为 a_{ij}，元素的数量为 n，则判断矩阵为 C = $(a_{ij})_{n \times n}$，其中对 a_{ij} 的赋值一般采用 1-9 标度，如表 6-2 所示。

表 6-2　层次分析法 1-9 标度赋值

赋值	重要性
$a_{ij} = 1$	元素 i 与元素 j 对上一层次同样重要
$a_{ij} = 3$	元素 i 比元素 j 对上一层次稍微重要
$a_{ij} = 5$	元素 i 比元素 j 对上一层次较强重要
$a_{ij} = 7$	元素 i 比元素 j 对上一层次强烈重要
$a_{ij} = 9$	元素 i 比元素 j 对上一层次极其强烈重要
$a_{ij} = 2, 4, 6, 8$	元素 i 与元素 j 的重要性介于相邻判断之间

同时我们请来四位该领域的专家对环境财务指数各元素之间的重要性进行了两两比较，最后通过集体讨论来综合评定。以环境合法指数为例，专家团队对环境合法指数下的 6 个具体指标两两比较给出如下意见，如表 6-3 所示。

根据表 6-3 的专家意见，我们可构成如下的对比矩阵 X_1：

表 6-3　专家团队给出的环境合法指数 AHP 权重比较意见

	Y_{11}	Y_{12}	Y_{13}	Y_{14}	Y_{15}	Y_{16}
Y_{11}	1					
Y_{12}	5	1				
Y_{13}	4	1/2	1			
Y_{14}	3	2	2	1		
Y_{15}	2	1/3	1	2	1	
Y_{16}	3	2	3	3	2	1

$$X_1 = \begin{bmatrix} 1 & \frac{1}{5} & \frac{1}{4} & \frac{1}{3} & \frac{1}{2} & \frac{1}{3} \\ 5 & 1 & 2 & \frac{1}{2} & 3 & \frac{1}{2} \\ 4 & \frac{1}{2} & 1 & \frac{1}{2} & 1 & \frac{1}{3} \\ 3 & 2 & 2 & 1 & \frac{1}{2} & \frac{1}{3} \\ 2 & \frac{1}{3} & 1 & 2 & 1 & \frac{1}{2} \\ 3 & 2 & 3 & 3 & 2 & 1 \end{bmatrix}$$

6.2.3.3 指标的层次单排序和一致性检验

假设矩阵为 C，当 C 具有完全一致性时，$\lambda_{max} = n$，但是若要做到构建的矩阵具有完全一致性在实际中又不具可操作性，因此，当构建的矩阵能够做到具有相对一致性时即可接受，其计算一致性程度的公式为 $CR = \dfrac{CI}{RI}$，其中 $CI = \dfrac{\lambda_{max} - n}{n - 1}$，当 CR < 0.1 时，可以接受矩阵 C 的一致性程度，当 CR > 0.1 时，则无法接受矩阵 C 的一致性程度，此时需要不断调整元素 i 相对元素 j 的重要性程度，直至矩阵 C 通过一致性检验为止。

计算得出对比矩阵 X_1 的 $\lambda_{max} = 6.6114$，CI = 0.1223，查表得对应的 RI = 1.24，随机一致性指标 RI 数值见表 6-4，则 CR = CI/RI = 0.0986 < 0.1，矩阵 X_1 通过一致性检验，因此环境合法指数中 6 个具体指标的权重分别为 0.0544、0.2041、0.1209、0.1645、0.1363、0.3198。

表 6-4 随机一致性指标 RI 数值

N	1	2	3	4	5	6	7	8	9	10	11
RI	0	0	0.58	0.90	1.12	1.24	1.32	1.41	1.45	1.49	1.51

同样，表 6-5 为专家团队对环境沟通指数下的 5 个具体指标两两比较给出的意见，表 6-6 为专家团队对环境管理指数下的 6 个具体指标两两比较给出的意见，表 6-7 为专家团队对绿色经营指数下的 6 个具体指标两两比较给出的意见，表 6-8 为专家团队对财务水平指数下的 5 个具体指标两两比较给出的意见，表 6-9 为专家团队对环境财务指数下的 5 个具体指标两两比较给出的意见。

表 6-5 专家团队给出的环境沟通指数 AHP 权重比较意见

	Y_{21}	Y_{22}	Y_{23}	Y_{24}	Y_{25}
Y_{21}	1				
Y_{22}	3	1			
Y_{23}	2	1	1		
Y_{24}	4	2	4	1	
Y_{25}	5	2	5	2	1

表 6-6 专家团队给出的环境管理指数 AHP 权重比较意见

	Y_{31}	Y_{32}	Y_{33}	Y_{34}	Y_{35}	Y_{36}
Y_{31}	1					
Y_{32}	2	1				
Y_{33}	3	3	1			
Y_{34}	3	3	2	1		
Y_{35}	4	3	3	3	1	
Y_{36}	5	5	5	5	3	1

表 6-7 专家团队给出的绿色经营指数 AHP 权重比较意见

	Y_{41}	Y_{42}	Y_{43}	Y_{44}	Y_{45}	Y_{46}
Y_{41}	1					
Y_{42}	3	1				
Y_{43}	4	4	1			
Y_{44}	4	4	1	1		
Y_{45}	4	2	1	1/2	1	
Y_{46}	7	5	3	3	5	1

表 6-8 专家团队给出的财务水平指数 AHP 权重比较意见

	Y_{51}	Y_{52}	Y_{53}	Y_{54}	Y_{55}	Y_{56}
Y_{51}	1					
Y_{52}	5	1				
Y_{53}	4	1/2	1			
Y_{54}	6	3	3	1		
Y_{55}	4	1/2	2	2	1	
Y_{56}	2	1/6	1/3	1/6	1/3	1

表 6-9 专家团队给出的环境财务指数 AHP 权重比较意见

	C1	C2	C3	C4	C5
C1	1				
C2	2	1			
C3	3	3	1		
C4	4	5	3	1	
C5	2	3	1/2	1/2	1

根据表 6-5 的专家意见，我们可构成如下的对比矩阵 X_2，经计算得出对比矩阵 X_2 的 λ_{max} = 5.3207，CI = 0.0802，查表得对应的 RI = 1.12，CR = CI/RI = 0.0716 < 0.1，矩阵 X_2 通过一致性检验，因此环境沟通指数中 5 个具体指标的权重分别为 0.0604、0.1707、0.0993、0.2741、0.3954。

$$X_2 = \begin{bmatrix} 1 & \frac{1}{3} & \frac{1}{2} & \frac{1}{4} & \frac{1}{5} \\ 3 & 1 & 1 & 1 & \frac{1}{2} \\ 2 & 1 & 1 & \frac{1}{4} & \frac{1}{5} \\ 4 & 2 & 4 & 1 & \frac{1}{2} \\ 5 & 2 & 5 & 2 & 1 \end{bmatrix}$$

根据表 6-6 的专家意见，我们可构成如下的对比矩阵 X_3，经计算得出对比矩阵 X_3 的 λ_{max} = 6.3935，CI = 0.0787，查表得对应的 RI = 1.24，CR = CI/RI = 0.0635 < 0.1，矩阵 X_3 通过一致性检验，因此环境管理指数中 6 个具体指标的权重分别为 0.0466、0.0616、0.1017、0.1281、0.2258、0.4363。

$$X_3 = \begin{bmatrix} 1 & \frac{1}{2} & \frac{1}{3} & \frac{1}{3} & \frac{1}{4} & \frac{1}{5} \\ 2 & 1 & \frac{1}{3} & \frac{1}{3} & \frac{1}{3} & \frac{1}{5} \\ 3 & 3 & 1 & \frac{1}{2} & \frac{1}{3} & \frac{1}{5} \\ 3 & 3 & 2 & 1 & \frac{1}{3} & \frac{1}{5} \\ 4 & 3 & 3 & 3 & 1 & \frac{1}{3} \\ 5 & 5 & 5 & 5 & 3 & 1 \end{bmatrix}$$

根据表 6-7 的专家意见，我们可构成如下的对比矩阵 X_4，经计算得出对比矩阵 X_4 的 λ_{max} = 6.2421，CI = 0.0484，查表得对应的 RI = 1.24，CR = CI/RI = 0.0391 < 0.1，矩阵 X_4 通过一致性检验，因此绿色经营指数中 6 个具体指标的权重分别为 0.0376、0.0645、0.1653、0.1855、0.1205、0.4266。

$$X_4 = \begin{bmatrix} 1 & \frac{1}{3} & \frac{1}{4} & \frac{1}{4} & \frac{1}{4} & \frac{1}{7} \\ 3 & 1 & \frac{1}{4} & \frac{1}{4} & \frac{1}{2} & \frac{1}{5} \\ 4 & 4 & 1 & 1 & 1 & \frac{1}{3} \\ 4 & 4 & 1 & 1 & 2 & \frac{1}{3} \\ 4 & 2 & 1 & \frac{1}{2} & 1 & \frac{1}{5} \\ 7 & 5 & 3 & 3 & 5 & 1 \end{bmatrix}$$

根据表 6-8 的专家意见，我们可构成如下的对比矩阵 X_5，经计算得出对比矩阵 X_5 的 λ_{max} = 6.5225，CI = 0.1045，查表得对应的 RI = 1.24，CR = CI/RI = 0.0843 < 0.1，矩阵 X_5 通过一致性检验，因此财务水平指数中 6 个具体指标的权重分别为 0.0417、0.2422、0.1310、0.3058、0.2224、0.0569。

$$X_5 = \begin{bmatrix} 1 & \frac{1}{5} & \frac{1}{4} & \frac{1}{6} & \frac{1}{4} & \frac{1}{2} \\ 5 & 1 & 2 & \frac{1}{3} & 2 & 6 \\ 4 & \frac{1}{2} & 1 & \frac{1}{3} & \frac{1}{2} & 3 \\ 6 & 3 & 3 & 1 & \frac{1}{2} & 6 \\ 4 & \frac{1}{2} & 2 & 2 & 1 & 3 \\ 2 & \frac{1}{6} & \frac{1}{3} & \frac{1}{6} & \frac{1}{3} & 1 \end{bmatrix}$$

根据表 6-9 的专家意见，我们可构成如下的对比矩阵 C，经计算得出对比矩阵 C 的 λ_{max} = 5.2265，CI = 0.0566，查表得对应的 RI = 1.12，CR = CI/RI = 0.0506 < 0.1，矩阵 C 通过一致性检验，因此环境财务指数中 5 个具体指标的权重分别为 0.0753、0.0881、0.2338、0.4256、0.1772。

$$C = \begin{bmatrix} 1 & \frac{1}{2} & \frac{1}{3} & \frac{1}{4} & \frac{1}{2} \\ 2 & 1 & \frac{1}{3} & \frac{1}{5} & \frac{1}{3} \\ 3 & 3 & 1 & \frac{1}{3} & 2 \\ 4 & 5 & 3 & 1 & 2 \\ 2 & 3 & \frac{1}{2} & \frac{1}{2} & 1 \end{bmatrix}$$

综上，我们可以得出各级指标的权重，如表6-10所示。

表6-10 环境财务指数各指标权重

目标层	准则层	二级权重 α_i		基础层	三级权重 β_i
环境财务指数 EFI	环境合法 C1	0.0753	Y_{11}	是否单独提供环境报告书、可持续发展报告	0.0544
			Y_{12}	是否与政府或第三方联合监测	0.2041
			Y_{13}	是否有环境违规或收到投诉、惩罚情况	0.1209
			Y_{14}	排污费支出强度=排污费金额/销售收入	0.1645
			Y_{15}	车间或公司层面履行 ISO14001、SA8000	0.1363
			Y_{16}	环境信息披露得分	0.3198
	环境沟通 C2	0.0881	Y_{21}	具体：环境报告信息量	0.0604
			Y_{22}	是否获得环保奖项	0.1707
			Y_{23}	是否有关于公司环境政策、价值和原则及环境行为准则的陈述	0.0993
			Y_{24}	是否有社会环保意识宣传或环境慈善	0.2741
			Y_{25}	对供应链上下游有环保沟通得分	0.3954
	环境管理 C3	0.2338	Y_{31}	上市公司是否对环保方面有创新改革方案	0.0466
			Y_{32}	是否有环境事故应急预案	0.0616
			Y_{33}	供应商通过环境管理体系认证比例（%）	0.1017
			Y_{34}	绿色采购比例（%）	0.1281
			Y_{35}	自愿参与第三方环保情况得分	0.2258
			Y_{36}	内部环境管理及监测检查得分	0.4363

续表

目标层	准则层	二级权重 α_i	基础层		三级权重 β_i
环境财务指数 EFI	绿色经营 C4	0.4256	Y_{41}	能耗指标	0.0376
			Y_{42}	水资源利用指标	0.0645
			Y_{43}	废气指标	0.1653
			Y_{44}	废水指标	0.1855
			Y_{45}	废弃物指标	0.1205
			Y_{46}	环境治理指标	0.4266
	财务水平 C5	0.1772	Y_{51}	资产周转率	0.0417
			Y_{52}	销售净利率	0.2422
			Y_{53}	资产负债率	0.1310
			Y_{54}	可持续增长率	0.3058
			Y_{55}	综合杠杆	0.2224
			Y_{56}	营业收入现金净含量	0.0569

通过层次分析法，我们获得了各级指标的具体权重。根据这些权重，我们进一步将数据进行归一化处理，然后层层加权平均最终计算得到环境财务指数的具体数值。

6.2.4 环境财务指数数据获取与计算

6.2.4.1 数据获取

当各指标名称确定并且按类划分之后，我们通过各上市公司的环境报告书、可持续发展报告、社会责任报告和年度报告等渠道对上述指标数据进行了手工收集，同时一些财务数据我们从国泰安数据库（CSMAR）进行下载，对所有的数据进行整理。根据2010年9月14日环保部公布的《上市公司环境信息披露指南》（征求意见稿）：火电、钢铁、水泥、电解铝、煤炭、冶金、化工、石化、建材、造纸、酿造、制药、发酵、纺织、制革和采矿业16类行业为重污染行业，剔除当年由于主营业务改变等原因而不属于重污染行业的公司，增加当年新上市的重污染行业公司，保证每年收集的重污染行业的上市公司无错误且无遗漏，最终得到我国重污染行业2012~2017年共4831个观测值，涉及煤炭开采和洗选业、石油和天然气开采业、黑色金属矿采选业等21个细分行业，具体如表6-11所示。

表 6-11 具体细分行业与行业代码

重污染行业细分	行业代码
煤炭开采和洗选业	B06
石油和天然气开采业	B07
黑色金属矿采选业	B08
有色金属矿采选业	B09
非金属矿采选业	B10
开采辅助活动	B11
酒、饮料和精制茶制造业	C15
纺织业	C17
皮革、毛皮、羽毛及其制品和制鞋业	C19
造纸及纸制品业	C22
石油加工、炼焦及核燃料加工业	C25
化学原料及化学制品制造业	C26
医药制造业	C27
化学纤维制造业	C28
橡胶和塑料制品业	C29
非金属矿物制品业	C30
黑色金属冶炼及压延加工业	C31
有色金属冶炼及压延加工业	C32
金属制品业	C33
电力、热力生产和供应业	D44
燃气生产和供应业	D45

6.2.4.2 标杆上市公司与基础指标的确定

我们按年度找到重污染行业上市公司中环境信息披露得分排名在前 10%的公司，并且资产收益率（ROA）排名在前 10%的公司，前者说明该上市公司的环境信息披露十分充分，根据委托代理理论，经营者在环境保护、环境治理等方面做得越好，为了传达上市公司的"好信息"，往往披露的环境信息越多，因此环境信息披露得分越高。后者说明该上市公司财务绩效方面比较突出，国内外学者大都用 ROA 来描述上市公司财务绩效水平。因此，我们将符合这两个标准的公司拟合成一个标杆公司 A，该标杆公司并非代表在环境和财务方面均做到最好的公

司,而是代表在环境、财务两者之间达到了最佳的融合状态,没有偏向某一方,该标杆公司在资源的投资、污染的排放、上市公司绩效的整体追求上均达到了最优值,可见重污染行业上市公司的指标高于或低于标杆公司的指标均为偏离了最优值,其偏离距离我们用重污染行业上市公司指标与标杆公司指标之间差值的绝对值来表示。环境财务指数的每一个基础指标 Y_i、Z_i 均为重污染行业上市公司 i 第 j 个初始指标 y_{ij}、z_{ij} 与标杆公司 A 指标大小之间的偏离距离 $Y_{ij} = |y_{ij} - y_A|$,$Z_{ij} = |z_{ij} - z_A|$。

6.2.4.3 指标的无量纲化

基础指标在使用之前必须通过无量纲化来防止由于单位不同、经济意义不同、表现形式不同等差异而导致的可比性降低,消除量纲对总指数建立的不利影响。很明显,我们的基础指标是每家公司偏离标杆上市公司的距离,其距离越小越好,因此是个负向指标,为了便于读者们理解与符合正常思维逻辑,我们使用阈值法中的公式(c)来进行无量纲化,具体到环境财务指数的计算时其计算公式如下:

$$Y_i' = \frac{\max\limits_{1 \leq i \leq n} Y_i - y_i}{\max\limits_{1 \leq i \leq n} Y_i - \min\limits_{1 \leq i \leq n} Y_i}, \quad Z_i' = \frac{\max\limits_{1 \leq i \leq n} Z_i - z_i}{\max\limits_{1 \leq i \leq n} Z_i - \min\limits_{1 \leq i \leq n} Z_i}$$

其中,y_i、z_i 为基础指标,$\max Y_i$、$\max Z_i$ 为同一类指标中的最大值,$\min Y_i$、$\min Z_i$ 为同一类指标中的最小值,y_i'、z_i' 为无量纲化后的基础指标。经过计算,所有负向指标在标准化之后均变为正向指标,这样有利于我们在进行一级指数和二级指数计算时,获得的指数也为正指数,即取值越高越好。

6.2.4.4 各级指数的计算

基础数据在无量纲化之后,我们将其与之前运用层次分析法求得的权重相对应,用加权平均的方式求出各二级指数,公式如下,其中 β_i 表示各基础层的指标 Y_i' 在评价准则层指数 C_i' 时的权重。

$$C_i = \sum_{i=1}^{n} Y_i' \times \beta_i$$

最后将二级指数加权平均求得一级指数即环境财务指数。具体计算公式如下,其中 α_i 表示指标 C_i' 在评价环境财务指数 EFI 中的权重。

$$EFI = \sum_{i=1}^{n} C'_i \times \alpha_i$$

最终我们得到 2012~2017 年重污染行业上市公司共 4831 个环境财务指数，同时还有环境合法指数、环境沟通指数、环境管理指数、绿色经营指数和财务水平指数共五个分指数。

6.3 环境财务指数评价

为了从环境财务指数及其分指数中获得更多有用的信息，本书还使用了各种统计方法对环境财务指数和五个分指数进行了进一步分析，如年度统计分析、细分行业对比分析、动态分析、聚类分析等。

6.3.1 环境财务指数年度统计分析

首先本书对环境财务指数进行了分年度的描述性分析，如表 6-12 所示，分别列示了 2012~2017 年各年度下环境财务指数的平均值、标准差、最小值、25 分位数、中位数、75 分位数和最大值。

表 6-12 环境财务指数分年度统计分析

年度	数量	平均值	标准差	最小值	25 分位数	中位数	75 分位数	最大值
2012	785	79.75	3.74	64.43	76.73	79.05	81.97	92.25
2013	787	83.88	3.44	69.54	81.35	83.35	86.00	96.69
2014	805	86.89	2.51	64.84	85.40	86.75	88.22	96.36
2015	759	83.55	3.20	67.11	81.63	82.94	85.84	91.58
2016	811	84.75	4.26	66.88	81.51	83.87	87.91	96.90
2017	884	81.62	6.42	63.26	75.27	81.82	86.92	95.22
总计	4831	83.39	4.75	63.26	80.58	83.43	86.81	96.90

从表 6-12 可以看出，2012~2017 年共 4831 个重污染行业上市公司的观察值，其环境财务指数的平均分为 83.39 分，标准差为 4.75，最高分高达 96.9 分，

最低分低至 63.26 分。分年度来看，环境财务指数在 2014 年平均分达到最高，为 86.89 分，同时当年的标准差也最低，仅为 2.51，可见，总体上 2014 年环境财务指数的总体情况最优。而最近的 2017 年度，环境财务指数的标准差为 6.42，可见，随着时间的推移，重污染行业上市公司的环境和财务的平衡度差异化逐渐明显。图 6-1 至图 6-6 分别为 2012~2017 年环境财务指数及其各分指数的样本分布直方图。

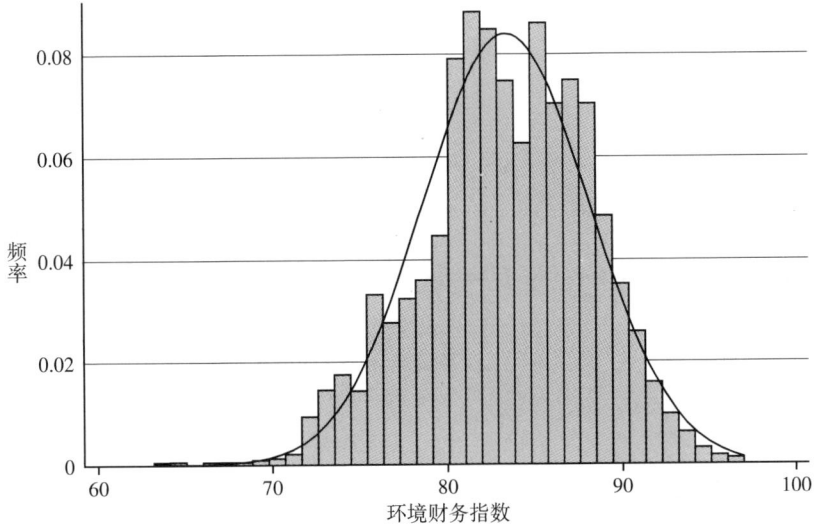

图 6-1 重污染行业上市公司环境财务指数分布直方图

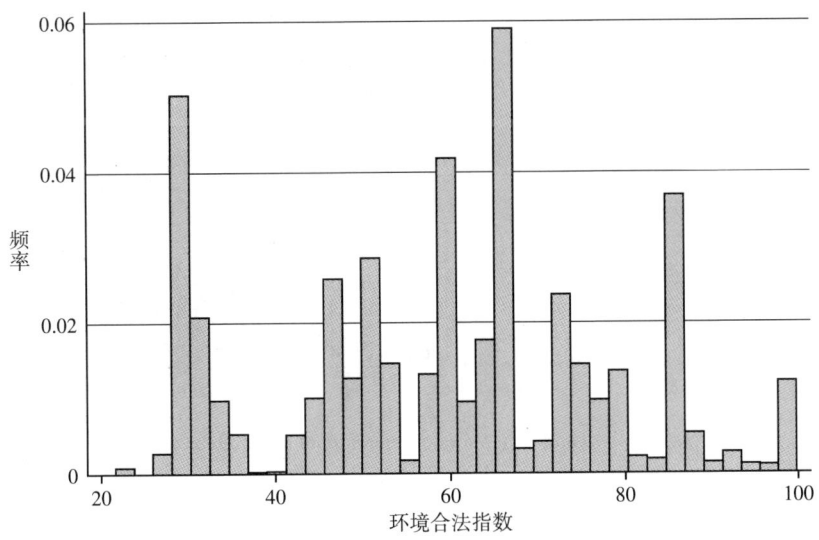

图 6-2 重污染行业上市公司环境合法指数分布直方图

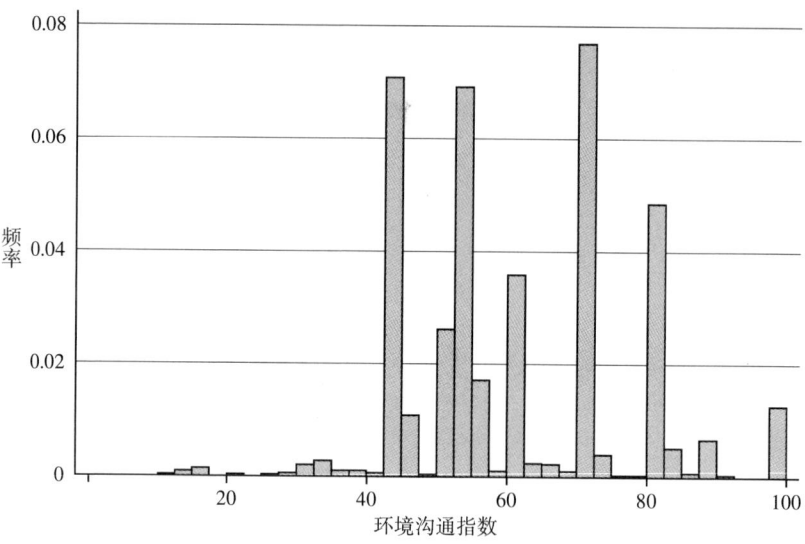

图 6-3　重污染行业上市公司环境沟通指数分布直方图

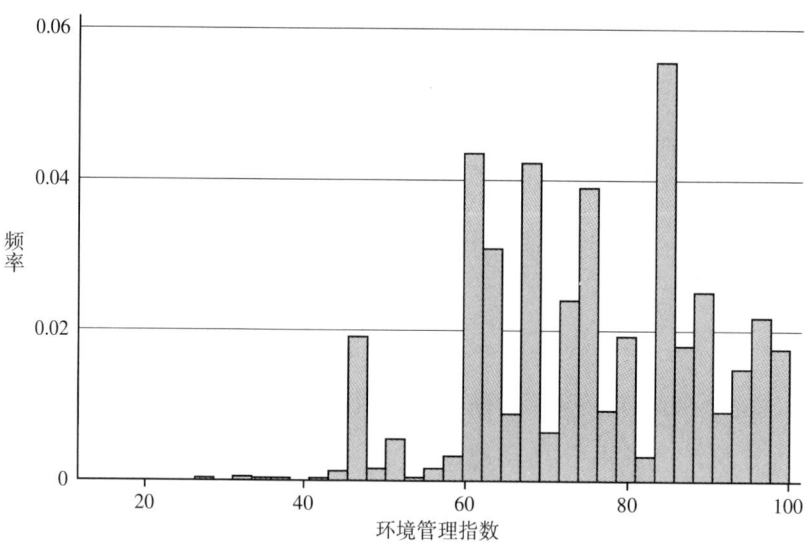

图 6-4　重污染行业上市公司环境管理指数分布直方图

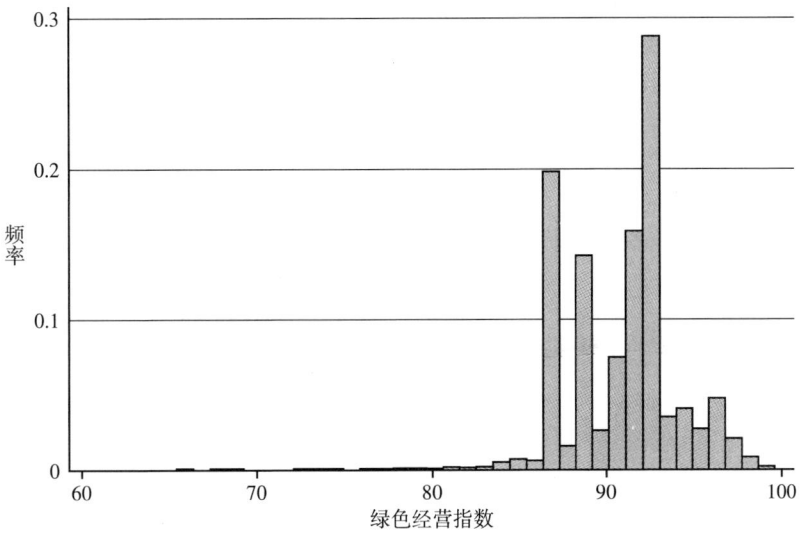

图 6-5 重污染行业上市公司绿色经营指数分布直方图

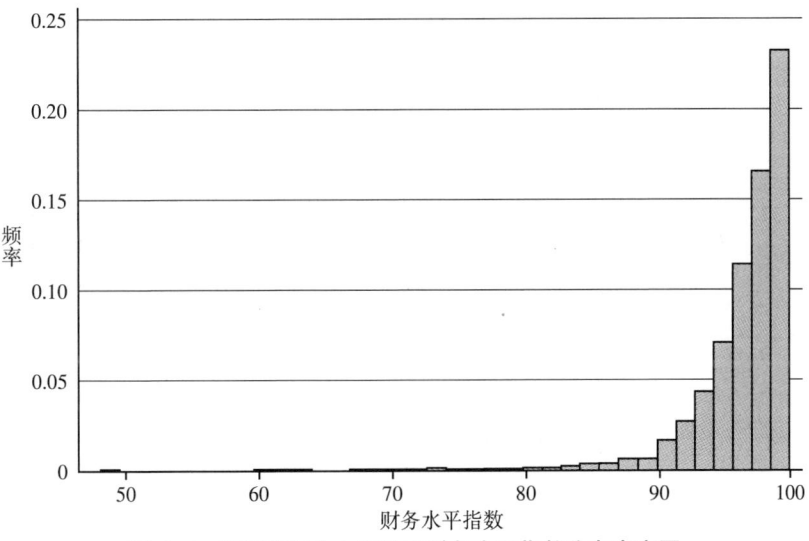

图 6-6 重污染行业上市公司财务水平指数分布直方图

根据图 6-1 至图 6-6 可以判断出，环境财务指数基本呈现标准正态分布，而其五个分指数却与标准正态分布偏离较为明显，这说明当前我国重污染行业上市公司在整体把握环境和财务的平衡度时，对单个方面的治理水平差异较大，这种情况在不同细分行业中尤为明显。

6.3.2 重污染行业细分对比分析

以 2017 年为例,对比重污染细分行业的环境财务指数情况,其描述性分析如表 6-13 所示。在 2017 年一共 884 家上市公司中,占比最多的行业是化学原料及化学制品制造业(C26),共 181 家上市公司,其环境财务指数平均值为 85.1,标准差为 6.4,均优于总体情况。行业内各上市公司环境财务指数总体相当的属石油和天然气开采业(B07),标准差仅有 1.86,说明行业总体水平相当,但其平均值却很低,只有 77.48,主要由于石油和天然气开采业行业的特殊性,其对环境造成的污染无可避免,光靠公司自身努力远无法达到重污染行业平均水平,还需要国家和政府制定相关环保政策和提供相应环保技术支持。重污染行业内上市公司环境财务指数差异化最大的是石油加工、炼焦及核燃料加工业(C25),其标准差达到了 7.04,若要改变这种状态,需要行业内公司互相学习,排名落后的公司借鉴环境财务指数高的公司经济战略和环境战略,排名靠前的公司多加分享成功的经验,促进公司经济与环境共生向行业整体经济与环境共生转变,最终达到整个社会与生态的共生状态。

表 6-13 2017 年环境财务指数重污染行业细分对比

行业代码	数量	平均值	标准差	最小值	25 分位数	中位数	75 分位数	最大值
B06	25	81.90	5.91	70.44	76.30	83.74	86.61	90.42
B07	5	77.48	1.86	74.71	76.51	78.18	78.81	79.19
B08	6	78.71	3.24	74.40	76.14	78.68	81.45	82.92
B09	22	83.48	6.59	72.37	77.76	84.75	88.76	93.00
B10	1	87.51	—	87.51	87.51	87.51	87.51	87.51
B11	11	79.67	3.83	73.63	76.71	78.49	84.48	85.24
C15	43	81.73	5.75	70.02	78.71	82.81	85.34	94.51
C17	38	80.51	5.78	72.22	74.64	80.52	84.28	90.88
C19	10	77.31	5.32	72.43	72.67	74.23	81.84	85.33
C22	28	80.08	4.81	72.40	75.81	80.44	84.64	87.50
C25	16	83.60	7.04	72.14	76.96	85.58	89.83	90.36
C26	181	85.10	6.40	72.37	80.29	86.92	90.22	95.22
C27	148	82.17	6.25	71.32	76.28	82.98	87.42	94.00

续表

行业代码	数量	平均值	标准差	最小值	25分位数	中位数	75分位数	最大值
C28	21	82.13	7.38	73.15	74.28	81.41	89.21	95.20
C29	51	76.83	5.21	63.26	73.20	75.15	80.15	91.95
C30	66	78.14	5.03	70.01	73.78	76.75	81.63	90.79
C31	30	86.81	5.17	71.12	84.50	86.55	90.67	94.76
C32	60	81.97	5.74	71.69	76.07	82.81	86.10	92.15
C33	54	77.77	5.30	70.61	73.32	76.72	80.90	89.61
D44	68	79.83	5.55	71.51	74.50	79.96	83.01	91.60
总计	884	81.62	6.42	63.26	75.27	81.82	86.92	95.22

6.3.3 环境财务指数动态分析

比较2016年环境财务指数和2017年环境财务指数的得分与排名变动情况，表6-14和表6-15分别列示了环境财务指数排名上升幅度最大的前50名和排名下降幅度最大的前50名。

表6-14　2017年环境财务指数排名上升前50名

序号	证券代码	证券简称	2017年		2016年		排名上升数	行业代码
			EFI	排名	EFI	排名		
1	000566	海南海药	88.9677	147	78.1522	791	644	C27
2	002010	传化智联	88.0753	188	80.1042	750	562	C26
3	000930	中粮生化	89.8794	112	80.9819	671	559	C26
4	002136	安纳达	93.9339	10	82.1017	538	528	C26
5	000999	华润三九	85.9881	254	79.0372	782	528	C27
6	000635	英力特	88.3171	178	80.7725	693	515	C26
7	600531	豫光金铅	86.7733	226	80.4407	731	505	C32
8	600315	上海家化	86.8176	225	80.4475	729	504	C26
9	002455	百川股份	90.0120	104	81.5098	607	503	C26
10	600019	宝钢股份	85.4929	275	79.2864	775	500	C31
11	000698	沈阳化工	86.6134	237	80.4291	733	496	C25
12	603718	海利生物	89.9138	109	81.5903	594	485	C27
13	002412	汉森制药	87.5438	203	80.8540	686	483	C27

续表

序号	证券代码	证券简称	2017年 EFI	2017年 排名	2016年 EFI	2016年 排名	排名上升数	行业代码
14	603033	三维股份	91.9453	34	82.5456	496	462	C29
15	600235	民丰特纸	83.6289	358	67.8213	810	452	C22
16	000761	本钢板材	88.6781	166	81.4545	617	451	C31
17	603658	安图生物	85.4262	278	80.4547	728	450	C27
18	002407	多氟多	89.6485	124	81.7658	573	449	C26
19	600779	水井坊	90.4060	86	82.1431	534	448	C15
20	000737	南风化工	86.2953	246	80.8943	680	434	C26
21	000825	太钢不锈	93.3264	13	83.2614	444	431	C31
22	000630	铜陵有色	90.2263	94	82.3784	519	425	C32
23	002246	北化股份	92.7679	19	83.2629	443	424	C26
24	002318	久立特材	84.3273	334	79.9071	757	423	C33
25	000799	酒鬼酒	84.4276	324	80.1823	745	421	C15
26	600513	联环药业	92.4647	26	83.3874	438	412	C27
27	002166	莱茵生物	86.6325	233	81.2305	645	412	C27
28	000408	藏格控股	87.8776	193	81.5683	597	404	C26
29	000731	四川美丰	91.2749	53	83.1344	454	401	C26
30	002791	坚朗五金	84.6105	312	80.6122	712	400	C33
31	600078	澄星股份	88.5881	169	81.7983	567	398	C26
32	002842	翔鹭钨业	89.0155	146	82.0525	540	394	C32
33	002693	双成药业	82.6055	412	76.1406	801	389	C27
34	600011	华能国际	90.4442	84	83.0147	466	382	D44
35	600863	内蒙华电	82.7504	404	78.9747	783	379	D44
36	600549	厦门钨业	84.9960	301	80.9250	677	376	C32
37	601600	中国铝业	87.5474	202	81.7347	576	374	C32
38	000822	山东海化	91.7884	40	83.8188	411	371	C26
39	600558	大西洋	84.3301	333	80.7017	702	369	C33
40	002753	永东股份	89.1236	142	82.4744	508	366	C26
41	600519	贵州茅台	82.8113	401	79.5008	766	365	C15
42	000902	新洋丰	91.7472	41	83.9040	404	363	C26
43	002386	天原集团	90.2248	96	83.2101	449	353	C26

续表

序号	证券代码	证券简称	2017年 EFI	2017年 排名	2016年 EFI	2016年 排名	排名上升数	行业代码
44	600691	阳煤化工	85.2582	289	81.2785	639	350	C26
45	603993	洛阳钼业	92.9979	18	84.6125	367	349	B09
46	002114	罗平锌电	89.3558	134	82.7278	483	349	C32
47	002326	永太科技	88.8053	157	82.4834	505	348	C26
48	000039	中集集团	87.7288	197	82.0111	543	346	C33
49	002494	华斯股份	85.3290	284	81.3817	630	346	C19
50	000878	云南铜业	92.1505	30	84.5463	370	340	C32

从表6-14可以看出，环境财务指数排名上升幅度最大的是海南海药公司（证券代码：000566），2016年其环境财务指数仅78分，位列791名，2017年上升644名，虽然环境财务指数为88.97，仍未达到90，但是已经超越大部分重污染行业上市公司的环境财务指数得分。环境财务指数排名有所提升的前50名中，有18家属于化学原料及化学制品制造业（C26），有8家属于医药制造业（C27），有7家属于有色金属冶炼及压延加工业（C32），有4家属于金属制品业（C33），有3家属于黑色金属冶炼及压延加工业（C31），有3家属于酒、饮料和精制茶制造业（C15），有2家属于电力、热力生产和供应业（D44），其余的5家分别属于皮革、毛皮、羽毛及其制品和制鞋业（C19），石油加工、炼焦及核燃料加工业（C25），橡胶和塑料制品业（C29），有色金属矿采选业（B09），造纸及纸制品业（C22）。可见，2017年在所有重污染行业中化学原料及化学制品制造业的环境财务融合度相较于2016年进步程度最高。

表6-15 2017年环境财务指数排名下降前50名

序号	证券代码	证券简称	2017年 EFI	2017年 排名	2016年 EFI	2016年 排名	排名下降数	行业代码
1	600725	云维股份	74.3715	712	91.9621	48	664	C25
2	002709	天赐材料	75.6960	645	93.3973	22	623	C26
3	002170	芭田股份	76.7184	611	93.2552	23	588	C26
4	000962	东方钽业	75.8501	636	91.3732	62	574	C32
5	000786	北新建材	76.4874	616	91.4277	61	555	C30

续表

序号	证券代码	证券简称	2017年		2016年		排名下降数	行业代码
			EFI	排名	EFI	排名		
6	000606	神州易桥	72.5316	843	86.2348	300	543	C27
7	000055	方大集团	74.5179	699	88.4544	171	528	C33
8	600132	重庆啤酒	73.3552	795	86.3124	297	498	C15
9	600586	金晶科技	73.4477	788	86.3393	295	493	C30
10	002370	亚太药业	75.3030	662	88.3720	177	485	C27
11	600176	中国巨石	77.1565	604	89.2977	131	473	C30
12	002057	中钢天源	73.4818	785	85.5944	324	461	C26
13	002393	力生制药	74.2388	724	86.7077	273	451	C27
14	000506	中润资源	75.0880	669	87.5581	226	443	B09
15	600216	浙江医药	74.8623	676	87.2800	241	435	C27
16	600126	杭钢股份	78.6952	557	89.4156	123	434	C31
17	603577	汇金通	74.1213	736	86.1841	303	433	C33
18	002796	世嘉科技	79.3965	532	90.0788	104	428	C33
19	601011	宝泰隆	79.5551	528	90.0169	105	423	C25
20	002271	东方雨虹	73.7365	761	85.2124	340	421	C30
21	603010	万盛股份	75.8204	638	87.7262	218	420	C26
22	600992	贵绳股份	81.0867	470	90.4474	86	384	C33
23	600529	山东药玻	75.4725	654	86.7112	272	382	C30
24	600397	安源煤业	73.4424	789	83.8564	407	382	B06
25	600971	恒源煤电	74.3202	714	85.3905	336	378	B06
26	002799	环球印务	80.8485	478	90.2204	101	377	C22
27	603737	三棵树	78.4957	568	88.1556	191	377	C26
28	000708	大冶特钢	78.3337	576	87.9527	199	377	C31
29	002514	宝馨科技	73.3294	796	83.6453	421	375	C33
30	000637	茂化实华	72.1441	865	82.6230	490	375	C25
31	002274	华昌化工	80.5271	488	89.5966	114	374	C26
32	002644	佛慈制药	74.0275	740	84.5752	369	371	C27
33	002499	科林环保	73.0767	818	83.2137	447	371	D44
34	603227	雪峰科技	80.2543	500	89.2655	133	367	C26
35	600867	通化东宝	82.1741	430	91.1991	65	365	C27

续表

序号	证券代码	证券简称	2017年 EFI	排名	2016年 EFI	排名	排名下降数	行业代码
36	000877	天山股份	75.8040	639	86.6224	278	361	C30
37	603798	康普顿	73.3955	792	83.4509	433	359	C25
38	603567	珍宝岛	76.2776	627	86.7780	270	357	C27
39	600456	宝钛股份	74.3248	713	84.7654	359	354	C32
40	601918	国投新集	78.8570	548	87.8939	204	344	B06
41	002411	必康股份	79.2845	536	87.9800	198	338	C27
42	000887	中鼎股份	79.4835	530	88.0616	195	335	C29
43	002460	赣锋锂业	78.3482	575	87.2538	243	332	C32
44	002084	海鸥住工	76.9152	607	86.6803	275	332	C33
45	603998	方盛制药	82.2380	426	90.2348	98	328	C27
46	601677	明泰铝业	78.5457	564	87.3216	237	327	C32
47	601969	海南矿业	79.6588	524	87.9518	200	324	B08
48	000982	中银绒业	82.4211	422	90.2318	99	323	C17
49	603238	诺邦股份	81.1789	467	88.8516	149	318	C17
50	600802	福建水泥	80.3410	495	88.3563	178	317	C30

从表6-15可以看出，环境财务指数排名下降幅度最大的是云维股份公司（证券代码：600725），2016年其环境财务指数高达91.96，位列48名，而2017年直接下降664名，位列712名，环境财务指数仅有74.37分。主要原因是该公司在2017年的环境合法指数、环境沟通指数和环境管理指数上分值太低，分别为64.5052、54.5453、45.5524，而表现比较好的绿色经营指数（86.9107）和财务水平指数（96.3327）无法弥补企业在另外三方面的不足，导致最终环境财务指数的总体水平下降，该公司在废水、废气、废弃物等方面已经趋于最优排放，在经营能力、盈利能力等方面能够达到最佳水平，但是仍需加强与利益相关者的环境沟通和内部管理制度的建立与规范，最终实现经济与环境的共生状态。在环境财务指数排名下降幅度最高的50名中，有9家属于医药制造业（C27），有7家属于非金属矿物制品业（C30），有7家属于化学原料及化学制品制造业（C26），有6家属于金属制品业（C33），有4家属于石油加工、炼焦及核燃料加工业（C25），有4家属于有色金属冶炼及压延加工业（C32），有3家属于煤炭

开采和洗选业（B06），有2家属于纺织业（C17），有2家属于黑色金属冶炼及压延加工业（C31），其余的6家分别属于电力、热力生产和供应业（D44），黑色金属矿采选业（B08），酒、饮料和精制茶制造业（C15），橡胶和塑料制品业（C29），有色金属矿采选业（B09），造纸及纸制品业（C22）。可见，排名下降的前50名中医药制造业占比最高，但是结合表6-14，排名上升的前50名中却有8家属于医药制造业，占比第二，所以2017年在所有重污染行业中，医药制造业的上市公司环境财务融合度相较于2016年差异化最大，两极分化严重。

6.3.4 环境财务指数聚类分析

根据最终获得的环境财务指数结果，本书针对2017年的研究样本进行了单因素聚类分析，分析结果如表6-16所示，将2017年的重污染行业上市公司分成了5个聚类。

表6-16 2017年环境财务指数聚类分析表

项目	公司数量（个）	占比（%）	最高分	最低分	平均分	环境财务指数划分
第一聚类	104	11.76	95.2231	90.0120	91.6647	环境财务高级融合
第二聚类	196	22.17	89.9917	85.0099	87.5209	环境财务中级融合
第三聚类	370	41.86	84.9960	75.0438	80.4228	环境财务初级融合
第四聚类	213	24.10	74.9815	70.0145	73.4362	环境财务欠融合
第五聚类	1	0.11	63.2620	63.2620	63.2620	环境财务不融合
总计	884	100.00	95.2231	63.2620	81.6163	

第一聚类：由104家重污染行业上市公司组成，这些上市公司的环境财务指数遥遥领先于其他上市公司，是融合环境与财务的佼佼者。第一聚类的上市公司中环境财务指数为90~96，属于"环境财务高级融合"。

第二聚类：由196家重污染行业上市公司组成，这些上市公司的环境财务指数在85~90，均高于重污染行业整体平均值，属于"环境财务中级融合"。

第三聚类：由370家重污染行业上市公司组成，这些上市公司的环境财务指数在75~85，虽有部分上市公司接近于甚至略低于重污染行业整体平均值，但总体上处于中等位置，属于"环境财务初级融合"。

第四聚类：由213家重污染行业上市公司组成，这些上市公司的环境财务指数在 70~75，低于重污染行业整体平均值，处于靠后的位置，反映了这些上市公司在环境和财务两者之间无法达到平衡状态，属于"环境财务欠融合"。

第五聚类：2017 年只有 1 家重污染行业上市公司属于该聚类，该家上市公司的环境财务指数远低于其他上市公司，不足 70，属于"环境财务不融合"，说明在追求人类文明与生态文明共生的道路上仍有"落后者"，这不仅需要该公司全方位的努力，还需要同行业的技术帮扶和国家有关环保政策的颁布。

为了便于年度对比，本研究将 2012~2017 年五大聚类的上市公司数及其占比进行了统计，结果如表 6-17 所示。从表 6-17 可以看出，每年环境财务指数的分布普遍存在少数上市公司处于极端阶段（第一、第四、第五聚类）、多数上市公司处于环境财务中级融合与初级融合阶段（第二、第三聚类）的现象。从 2012 年开始，上市公司环境财务指数第一聚类的占比总体上呈逐年递增的状态，可见在追求环境与财务双重发展的过程中优秀公司的数量逐渐增多。2017 年第四聚类的公司占比突增，反映了在环境日益重要的当代，上市公司环保意识有所增强但是行动力缺乏，如何在经济发展的同时提高环境保护水平仍是当代亟待解决的一大议题。

表 6-17 2012~2017 年环境财务指数各聚类公司占比

单位：%

项目	2017 年	2016 年	2015 年	2014 年	2013 年	2012 年
第一聚类	11.76	12.95	1.71	8.94	6.10	0.51
第二聚类	22.17	30.21	30.57	78.88	25.54	11.59
第三聚类	41.86	55.98	66.27	12.05	67.98	85.61
第四聚类	24.10	0.62	1.05	0.00	0.25	1.78
第五聚类	0.11	0.25	0.40	0.12	0.13	0.51
公司总数（个）	884	811	759	805	787	785

7 重污染企业环境财务融合绩效牵引机理解析

7.1 企业环境财务融合的资本市场绩效牵引机理

环境财务指数主要包含环境合法、环境沟通、环境管理、绿色绩效和整体财务五项内容,下面将从资本市场视角出发,具体分析环境财务融合对企业融资能力的影响机理。融资一直是学术研究和实务领域中颇受关注的重要问题,对企业来说,能够获取外部融资(包括股权和债权)是其实现持续经营和战略发展的经济基础和关键条件。在有效市场中,企业与投资者、债权人之间是互惠互利、共生共荣的关系,每一方都是资本生态机理圈中的关键角色,缺一不可。一方面,企业作为社会生产的经济单元经常要谋求战略发展却缺乏资金注入,而另一方面,投资者和债权人则拥有大量资金需要借助实体产业寻求资本增值(Christensen et al.,2016)。这两方并不是简单的一一配对关系,根据古典经济学和社会交换理论,在交易双方富有理性的条件下,企业与投资者在资源交换中总是会追求利益最大化。但是,由于资本市场中交易双方之间存在着固有的信息不对称问题,作为资本供给方的外部投资者和债权人相对于企业内部管理者处于信息劣势地位,在做出投资或信贷决策之前,总是需要收集更多的相关信息并与管理者进行有效沟通,从而确保能够科学、准确地对企业现在及未来的经济价值和风险控制进行更加全面的分析和评价(Townsend,1979)。而这些与企业相关的信息不仅能从内容上为投资者和债权人决策提供依据,同时也会向投资者和债权人传递某些积极或消极的信号,最终影响到企业是否能够获得资本及资本的回报成本。

因此,本节主要结合信息不对称理论、信号传递理论以及合法性理论等理论观点,分析阐述企业的环境财务融合究竟如何在资本市场中发挥作用,以及会对企业的资本获取和资本成本产生怎样的影响。

近年来,作为社会生产主体单元的企业,尤其是工业企业的环境污染问题颇受各方关注,国内学者们研究发现,随着政府监管、公众媒体监督以及其他各方对企业环保治理的不断施压,我国企业在环境治理、环保投资、环境信息披露等方面的责任履行会呈现不同程度的加强(王云等,2017;沈洪涛和冯杰,2012;毕茜等,2015;毕茜等,2012;王霞等,2013;唐国平等,2013)。当前,为贯彻绿色发展理念,政府为推动经济健康可持续发展,结合企业污染防治工作制定了一系列配套的财政和金融政策,资本市场似乎成为了加快微观实体绿色发展和污染防治的"能量罐"。例如,围绕绿色金融、绿色信贷的相关碳市场、绿色投资标准、绿色贷款担保和税收优惠等具体政策都体现了资本市场的绿色能量。

一般来说,投资者和债权人作为资本市场的主要参与者和资本供给方,往往具有较强的专业能力和敏锐的风险嗅觉。Blacconiere 和 Patten(1994)、Griffin 等(2012)、Du 等(2015)学者研究表明,环境责任履行较好的企业更加能够获得资本市场中投资者和债权人的青睐,得到更低成本的资本注入。2002年世界银行制定的"赤道原则"也充分表明,银行等金融机构亦早已开始评估项目融资过程中的环境和社会风险。因此,企业的环境责任履行情况以及环境财务的融合将会给企业在资本市场的发展带来巨大的影响。

本节我们将从企业融资约束、股权融资成本、债务融资及成本和债务融资期限几个方面出发,具体探究企业环境及环境财务融合对其资本市场绩效的牵引机理。

7.1.1 对企业融资约束的缓解作用

7.1.1.1 环境合法对企业融资约束的具体作用机理

在推行国家绿色发展战略的制度背景下,环境合法性方面诸如单独提供环境报告书、履行环境质量标准体系、无环境违规惩罚等已逐渐演变成企业尤其是重污染企业持续经营的标配。对投资者来说,环境合法性是其对企业进行环保相关的风险判断和投资决策的先要条件。只有企业在履行环境保护责任的过程中做到最基本的社会规范和制度遵循，才可能对外传递出积极信号，吸引更多的投资者，至少能够获得同样具有环保意识和道德标准的投资者的青睐，使双方有坐下来进一步沟通的一致性条件，从而增加企业获取资本的机会。

7.1.1.2 环境沟通对企业融资约束的具体作用机理

"酒香不怕巷子深"本是极具深刻哲理的话，但是在当前互联网如此发达的信息爆炸时代，闷声做事是行不通的。在资本市场中，只有企业主动对外进行充分的环境沟通，努力提升外部信息增量效应，才能提升各利益相关方对企业的整体评价和社会价值感知。因此，充分的环境信息沟通是不可缺失的，非常重要。获得环保奖励、开展环保宣传或慈善等良好的外部环境沟通能够帮助企业得到更多金融媒体和证券分析师等中介金融机构的关注，扩大企业的可见性和可发掘性；环境报告书的信息量也更加有利于提高分析师预测的精准度，帮助企业引入更多的战略投资者和更为优厚的资本。因此，充分的环境沟通必然能够进一步缓解环境企业的融资约束。

7.1.1.3 环境管理对企业融资约束的具体作用机理

通过充分的环境信息沟通，环境合法性表现的确能够引起投资者关注并获得价值认同感，但环境合法性毕竟只是基础，只有企业具体的环境管理机理和监督体系才能更加清晰地刻画企业环境风险控制和环境治理能力，为投资者、债权人等市场参与者决策提供更加具体有用的判断依据。一方面，健全的环境管理控制体系代表着企业存在长期、固定的环境战略行为，并不是应付环境法规变化和制度约束的暂时、短期性措施，例如环保创新改革、绿色采购比例、自愿参与环保活动、环境管理机理等，这些都将更加印证企业较强的环境保护意识，并且体现出企业强大的战略管理能力。另一方面，环境应急预案、污染物排放监测等有效的环境监督控制体系能够及时发现、处理并预警环境风险，反映出企业未来较低的环境不确定性和风险。因此，除了基本的环境合法性体现外，企业健全、有效的环境管理和监督体系也必然能够在较大程度上获得资本市场的有效反馈，提高企业的对外融资能力。

7.1.1.4 绿色绩效对企业融资约束的具体作用机理

绿色绩效其实是企业环境外部性后果的具体表现，在现行环保背景下，政府的重视使企业的绿色绩效指标可能会对企业价值产生重要影响，并且影响到资本市场中投资者等参与者的决策判断。一般来说，绿色绩效较好的企业往往能够获得更多的政府性支持和更高的认可评价，并且有能力披露更多的环境信息，吸引长期机构投资者的关注（黎文靖和路晓燕，2015）。但是，由于绿色绩效本身具有绝对的外部性特征，且需要进行专业的二次解读，虽然它是企业环境保护责任履行最客观的证据，但却很难像环境合法、环境沟通、环境管理一样与企业内在息息相关，在信号传递方面的作用也往往更弱。因此，我们认为较好的绿色绩效能够相应提高企业的融资能力，但可能主要表现在政府支持上，比如银行信贷、政府补贴等，在资本市场上尤其是股权融资方面可能作用有限。

7.1.1.5 环境财务融合对企业融资约束的具体作用机理

随着越来越多的利益相关者要求企业履行环境责任，加强环境治理，企业尤其是重污染行业企业作为社会经济发展和污染环境的主体单元，不得不在经济利益和环保投入上寻求平衡。奥古斯丁曾说"万物的和平在于秩序的平衡"，中医也强调"调和阴阳，补偏救弊"，可见平衡的重要性。平衡意味着持久，失去平衡的企业必然会窘迫不堪、左支右绌，而只有懂得平衡的企业才能够更加持久地经营，获得市场参与者的关注和信任。资源往往是有限的，也许环境责任履行会使企业付出高昂的代价，投入大量专用性成本，牺牲原本可以用来赚取利润的那一部分资源，但环境责任履行与获取经济利益并非完全背离，企业环境治理同样也能够令企业实现更高的价值增长。毋庸置疑，业绩突出的企业往往融资能力较强，能够轻易地从投资者或银行等金融机构中获取资本。但是，盈利能力强但环境污染严重的企业则另当别论。最典型的事例当属英国石油公司（BP）墨西哥湾石油泄漏事故，这场事故不但使其需支付112亿美元的清理费用、面临一系列诉讼及200亿美元罚单，而且在事故发生两个月内，BP股价下跌50%，市值缩水近千亿美元（沈红波等，2012）。可见，在人们眼中，生命远比金钱更重要，威胁自然资源环境的企业必然有损于其经济价值。因此，企业环境治理投入并不是单纯的消耗浪费，反而恰恰能够使企业兼顾社会道德，以"博爱"的姿态获得更多的关注。我们相信，企业环保治理与经济利益的融合将会比单方面突出的企业更加容易获得资本市场中的资源。

7.1.2 对企业股权融资成本的影响

7.1.2.1 环境合法对企业股权融资成本的具体作用机理

其实，企业最基本的环境合法表现对于市场中的投资者来就像是一颗"定心丸",至少能够令投资者清楚地知道企业是否存在违规、被处罚等不良行为,是否能够做到最基本的环境信息公开,产品和生产是否符合环境质量标准以及企业的环保投入概况。良好的环境合法性表现能够令投资者以及中介机构更加准确地预测未来、判断风险,减轻双方的信息不对称程度,降低交易成本,从而降低企业股权融资成本。

7.1.2.2 环境沟通对企业股权融资成本的具体作用机理

通常,企业良好的环境沟通能够为各外部利益相关者提供更多的信息素材,尤其是提升资本市场中分析师这一重要参与者对企业盈余预测的精准度,降低外部投资者的信息不对称风险。并且对交易市场中企业信息透明度的改善,会进一步优化各类参与者的协调成本和工作效率,降低企业股权融资成本。甚至,一些投资者可能会直接将高质量的环境信息披露视作有价值的无形资产和较高的内部管理水平,从而对该企业未来的现金流量和盈利状况具有充分的信任和预期,投资时适当降低风险补偿要求。

7.1.2.3 环境管理对企业股权融资成本的具体作用机理

对企业来说,向外部投资者展示基本的环境合法性、进行环境信息沟通相对较为容易,而真正描述企业具体的环境管理措施和监督监测体系则较为困难。因为企业每一项具体的管理措施和监测检查都是需要付出巨大成本的,相比之下更有信息含量,也能够更加科学、准确地反映企业环境治理能力。其中,企业环保创新改革能够反映未来的转型机遇和成本经济;环境事故应急预案能够帮助衡量未来企业生产经营中的环境风险;涉及企业具体生产流程的绿色采购则与产品质量紧密相关;企业拥有更加完善的环境管理和监测检查体系亦是企业环境治理的有效保障。因此我们认为,对于环境管理更为有效的企业,投资者更有可能降低风险补偿要求。

7.1.2.4 绿色绩效对企业股权融资成本的具体作用机理

企业年度能耗、水资源利用、废气废水废物排放以及环境投入治理效率等绿色绩效直接反映了企业环境管理的实际后果。尽管这些具有明显外部性的结果很难使企业在融资时吸引更多的投资者关注,但是却有利于投资者在对企业进行深入调研后更加认可企业的管理能力和未来发展前景,索求更低的风险补偿回报,降低企业股权融资成本。反之,较差的企业绿色绩效必然会被投资者要求更高的风险补偿,导致企业较高的股权融资成本。

7.1.2.5 环境财务融合对企业股权融资成本的具体作用机理

最佳的环境财务融合能够使企业在充满风险和挑战的市场中同时满足监管方和股东的需求，兼顾更多的社会负担和经济利益，有助于企业更加稳定、长远地发展。在瞬息万变的时代，能够在资本、模式以及方向上进行有效融合和平衡是企业适应市场甚至把控市场的关键能力。逐利是资本的本质原则，但是当环境保护备受热议、建设生态文明成为国策时，企业环境财务的有机融合也许就是资本实现增长的突破点。具有较强专业能力和市场经验的中介机构和投资者或许更加能够体会到企业环境财务融合的优势所在，比如在不断严格的政府环境监管下获得一席之地，在鱼龙混杂的媒体舆论中脱颖而出，在资本市场政策导向下向阳而生。因此，企业环境财务融合做得越好，理论上将越有利于获得较低的股权融资成本。

7.1.3 对企业债务融资及其成本的影响

自 2007 年出台"绿色信贷"政策以来，政府要求商业银行必须严格控制对环境违法企业的信贷额度，加大对绿色环保企业的信贷支持力度。在这种背景下，企业环境责任方面的表现必然会对其债务融资活动产生重要影响。企业的社会和环境风险已经逐渐成为了债权人判断企业未来经营不确定性、评价信贷风险等的重要内容。与我国政府的"绿色信贷"政策规制相呼应的还有世界主要金融机构联合制定的"赤道原则"，赤道原则作为一套非强制的自愿性准则，强调在进行信贷融资时要确定、评估和管理项目的环境与社会风险。截至 2017 年，已有来自 37 个国家的 92 家知名金融机构采纳了这一原则，其中花旗银行、汇丰银行、JP摩根、渣打银行等更是一马当先。那么，随着我国资本市场的逐渐开放，无论内资银行还是外资银行，我国企业的环境责任履行将必然对其债务融资及成本产生影响。

目前，我国上市公司主要的外部融资渠道是债务融资，尤其是银行贷款（姚立杰等，2010），因此本小节主要从银行这一典型债权人角色出发分析环境及环境财务融合对企业债务融资及其成本的影响。

7.1.3.1 环境合法对企业债务融资及成本的具体作用机理

环境合法性表现其实本质上反映了企业的环境基础风险，企业是否遵守环境法律法规、是否履行环境标准体系、是否存在环境处罚经历等都是债权人对企业进行信用风险评估的主要内容,亦是银行信贷部门对企业实施信用评估和风险判断体系中的基本层面。赤道原则第三条也对信贷中适用的社会和环境标准做了规定。因此,良好的环境合法性应该能够相应提高企业的信用评级,促使债权人降低风险补偿要求,帮助企业获得更多的债务融资以及更低的融资成本。

7.1.3.2 环境沟通对企业债务融资及成本的具体作用机理

信息不对称是债权人在对企业进行评价时面临的一个十分关键的问题,也是直接导致信贷错配、信贷效率低下,最终伤害实体企业健康发展环境的主要原因。通常,企业自愿披露社会责任相关信息能够缓解公司和信息需求者之间的信息不对称问题,降低投资者在决策时的预测风险,并降低其要求的回报率,从而使资本成本得到一定程度的降低(Dhaliwal et al.,2011)。对于债权人,我们也相信,企业环境沟通越充分,"广而告之"的信息传递将越能够相对增加企业与债权人沟通的信息增量效应,帮助企业获得更高的资信度,从而降低企业的债务融资成本。但是,资本市场中投资者种类众多,信息需求难以统一和明确,而国内银行的信用评价体系和信息需求却相对透明、统一,这导致了企业的环境沟通总是可以满足某些投资者的需求,却不一定恰好满足银行的信用评价需求。因此,企业环境沟通对于企业债务融资及其成本的边际作用可能相对较弱。

7.1.3.3 环境管理对企业债务融资及成本的具体作用机理

对于企业来说,没有约束和目标的行为只是行为,而具有约束和目标的行为才是管理。健全的环境管理与监测体系既反映出企业主动遵守环境法规政策的意识,也体现着企业环境保护或提供绿色产品和服务的有效性和可靠性,能够大大降低企业未来的环境非系统性风险,从而获得更多的自主性环境补偿和政策性支持。赤道原则第九条甚至规定了贷款期间银行应聘请或要求借款人聘请独立的社会和环境专家对企业监测、报告进行核实。通常,企业偿债能力和商业道德往往是债权人最关心的两个风险要素,较好的环境管理不仅能够降低运营风险和监管成本,获得政府财务支持和信用背书,也说明了企业较高的社会责任意识和道德水平,这有助于银行做出贷款决策,并降低风险补偿要求。

7.1.3.4 绿色绩效对企业债务融资及成本的具体作用机理

企业环境问题既然具有明显的外部性,也因此总会广泛受到公众、政府及媒体监督等外部压力,一旦企业绿色绩效较差或出现环境事故,往往会对企业财务的安全性及盈利性产生难以消除和回转的恶劣影响(谢德仁,2002),这也导致具有较强专业能力和风险评估能力的银行债权人在信贷决策时考虑到既有的经营和财务风险而不选择放贷。相反，企业绿色绩效较好，往往能够获得政府的优惠和支持、市场的认可和青睐，一定程度上预示着未来良好、充足的现金流量和较低的经营风险，有利于获得更多的银行贷款和更低的贷款成本。

7.1.3.5 环境财务融合对企业债务融资成本的具体作用机理

通常来说，财务能力较强的企业由于具备抵押价值和较高的信用评级，因此能够相对容易地获得银行贷款，并且降低贷款成本。而在"绿色信贷"政策指引下，具有良好环境责任履行的企业也总算能够脱颖而出，获得银行的帮助。单方面来看，财务能力较强的公司有很多（例如福布斯排行榜），履行环境责任的企业也有很多（例如环保部环境责任奖），但两全其美者并不多见。因此，在银行信贷融资的过程中，环境财务一把抓的企业融资项目必然是最具价值潜力的，往往能够获得较低的借款成本。

7.1.4 对企业债务融资期限的影响

著名的基金经理彼得·林奇曾说："在公司面临危机时，负债的种类和负债的实际数额在决定公司成功还是失败上具有相同的影响力。"负债主要可以分为短期借款和长期借款，两者各有利弊。当前，"短债常借"现象较多，尤其是对于中小企业来说，与长期借款相比，短期借款明显利率更低、更灵活、更加容易获得，而且从完整的期限来看也能够达到长期借款的效果。但实际上，从股东视角出发，真正的长期借款才是最好的一类负债。也许在正常情况下，短期借款滚动续借毫无问题，但如果遇到金融市场危机或是企业经营危机，将无法避免马上被要求归还借款，面临资金链断裂的风险。股神巴菲特就曾经在金融危机之后反思短期借款带来的巨大风险："信用如同氧气一样，当信用和氧气非常丰富时，你感觉不到它的存在，但是信用和氧气一旦消失，你就会面临生存的危机。"

本小节我们将分别从以下五个方面分析企业环境治理以及环境财务融合对企业债务融资期限的影响，从而帮助更好地理解企业环境治理及环境财务融合对企业整体长远绩效的作用。

7.1.4.1 环境合法对企业债务融资期限的具体作用机理

当企业具备最基本的环境合法性时，必然能够降低未来的监管和处罚风险，降低经营的不确定性。企业对于制度的主动性遵守、对于社会规范的积极认可及较高的道德意识，将有助于促使银行在信贷评估时给予企业较高的资信度，从而使企业更容易获得银行的长期信贷审批。但是，值得注意的是，当企业对自身具有更积极的判断，认为未来经营风险较低时，也有可能更加倾向于"短期常借"，表面上是短期负债，但通过不断的续借滚动形成了长期负债。因此，我们认为环境合法性意味着不确定性较低，将有助于企业得到银行较高的信用评级，同时也有可能促使企业更加倾向不断地实施短期借款滚动，但无论怎样，最终与企业的利益都是一致的，体现着环境合法性在企业债务融资方面的有利作用。

7.1.4.2　环境沟通对企业债务融资期限的具体作用机理

企业积极对外披露环境信息往往具有传递企业环境绩效较好、环境风险较低的信号作用。从风险管理视角出发，一般认为债务期限越长，债权人所承担的违约风险越大，相对于长期借款，短期借款能够使银行更加及时地对企业经营和财务方面的风险进行防范和控制。因此，出于对风险控制的考虑，银行审批长期借款更为谨慎和严格。而如果企业能够向银行公开更多有效的环境信息，尽可能满足银行的信用评估需求，获得长期借款的可能性将会更大。

7.1.4.3　环境管理对企业债务融资期限的具体作用机理

当前"绿色信贷"政策试图将环境风险与信贷风险相结合，即借助金融市场机理和政府行政干预等力量应对微观实体企业的环境治理问题。这导致银行等金融机构在进行信贷评估时必须充分考虑企业的环境责任履行情况。除了基本的环境合法性外，企业具体的环境管理措施和控制体系越成熟、完备，银行才越有可能认为企业的长期性风险较低，从而放宽债务期限，给予企业更多的长期借款。

7.1.4.4　绿色绩效对企业债务融资期限的具体作用机理

建设生态文明是当前重要的战略任务，企业作为实现可持续发展的微观主体单元，其环境治理必然会带来资源的耗费。政府为了鼓励企业提升绿色绩效，会不得不通过一些手段支持绿色绩效较好的企业，在银行贷款获得与所得税优惠方面给予支持。尤其是银行贷款，地方政府往往能够通过具有国有股权的金融机构给予特定企业以更多的银行贷款，或是放宽信贷期限。从银行角度出发，较好的绿色绩效意味着企业具有隐性的政府信用背书和财务支持，当外部金融环境宽松时，银行会更加倾向进行长期借款以降低交易成本，实现长期业务合作。因此，绿色绩效较好的企业将有可能得到更多的长期借款，或更容易实现"短债常借"。

7.1.4.5 环境财务融合对企业债务融资期限的具体作用机理

毋庸置疑，对于银行来说，企业的偿债能力是第一位的。但是银行对企业的信用评估早已经从财务评价为主转为了综合评价，除了偿债能力外，也会关注企业的内部运营、社会和环境风险等关键因素。因此，企业环境治理与财务绩效的有效融合将会更加促使银行通过对企业的长期信贷审批，或者允许企业以较低的利率进行短期借款的滚动续借。因此，实质上，我们认为企业的环境财务融合最终还是更多地表现为债务融资的可获得，并且实现长期稳定的债务融资。

相关案例

2010年7月3日，具有"中国第一大金矿"之称、当年福布斯中国企业榜排名第2位的国家大型企业和重点高新技术企业——紫金矿业（601899，2899.HK）位于福建上杭县的紫金山铜矿湿法厂发生污水渗漏事故，导致汀江流域严重污染，大量鱼类死亡。同年7月12日，紫金矿业正式公告这一事故。同年10月8日及次年2月1日，紫金矿业分别收到高达956.31万元和3000万元（含956.31万元）的行政处罚和刑事判决，其高管亦被处以近百万元的个人罚款，甚至被判处有期徒刑。紫金矿业的这场事故造成了重大的经济损失和生态损失，事故之后信息披露延迟了整整9天，造成了恶劣的社会影响。

据统计分析，紫金矿业污染事件期间，无论是紫金矿业还是黄金采掘业的其他公司，在整个（-10，10）前后21天的事件期均获得负的累积超额收益。而紫金矿业获得了-9.22%的累积超额收益，在5%的显著性水平下低于同行业的-3.85%，这证实资本市场发挥了对污染企业的惩戒作用，也给同行业的其他企业造成了消极影响。但是，值得注意的是，在被罚款3000万元的事件期间，紫金矿业H股获得-5.44%的累计超额收益，但A股却最终获得6.77%的正向累积超额收益。看来，以国际投资者为主体的中国香港资本市场对这一事件呈现更加显著的负面反应，可能是由于H股市场与A股市场相比较为理性，投机氛围较弱，更加成熟有效。

资料来源：《中国工业经济》2012年第1期。

7.2 企业环境财务融合的内部管理绩效牵引机制

从利益相关者理论出发,只有尽量满足各相关利益群体的需求,平衡并运用各方的力量,才能实现公司绩效增长、不断发展。其中,通常我们也较为关注投资者、债权人、顾客与供应商等利益相关方,甚至关注政府、媒体对公司经营发展的影响,却往往鲜少在公司内部管理机制方面深入探究。可以想象,员工对于公司就像零部件对于汽车一样至关重要,员工的情绪、忠诚度、工作效率、工作关系都会深刻影响企业的经营状况和财务绩效。因此,本节我们将从内部管理视角出发,对环境财务的绩效牵引机理进行阐述。

人类是群居动物,良好的情绪能感染他人,不良情绪也会影响他人。当前,员工情绪管理的重要性日益突出,已经成为企业管理的重要组成部分,包括规避负面情绪、引导工作热情、培养积极氛围。而随着社会各界对环境问题越来越关注,企业环境责任的履行就呈现出家长式的"以身作则",在传播积极正能量的同时,也会形成一股大而无形的社会凝聚力,在员工队伍中潜移默化地发挥着作用。美国饮料巨头可口可乐公司的发言人曾向《澳洲金融评论报》证实,由于中国存在环境污染,很难吸引或留住员工,公司会对在中国工作的外籍员工支付基本工资15%的高额"环境补贴"。无独有偶,世界知名的日本电子公司松下自2014年开始为在华的外籍员工支付"危险费"来补偿危险的空气质量。可见,相比突出的企业绩效、能够拿到优渥薪酬,员工也非常关心环境污染的严重后果。如此,倘若企业在追求经济利益的同时,本身还存在严重的环境污染,也必然会丧失员工的信任和忠诚。反之,企业对环境资源的重视体现着优良的企业文化和道德精神,将会吸引更多有责任感、有使命担当的员工,也会增加当前员工对企业的忠诚度。始于1976年的英国著名美容品牌美体小铺(The Body Shop)高层受访时曾表示"环保责任是公司的一项核心价值",并致力于绿化办公环境、减少资源的浪费和对环境造成的污染,建立环境友善的绿色工作场所。根据美国绿色建筑协会的统计,环保的办公环境可以增加10%~16%的人员工作效率。其实,员工在这样的环境下工作,久而久之自然会建立起关心环保的意识,并对公司以人为本的文化感到自豪，产生较强的归属感。因此，企业对环境资源的重视和对环境责任的履行不仅体现着企业的优良理念和原则精神，也将积极影响员工的情绪、态度和凝聚力。而对企业来说，员工的积极性就是生命力的体现，也是企业实现财富增长的关键。

在众多员工中，高管是非常特殊的，因为高管既是企业行为的最终决策人，也是企业绩效的直接承担者。一般来说，高管的特征、认知和行为决定了企业环境责任履行的实际效果，很多国内外的研究都证实了这一点。而反之，大多数人却忽略了企业环境责任履行对高管的影响。

高管具有对企业的经营权，但也因此，必然要对企业的环境治理负主要责任。比如，作为地板生产的龙头企业，大亚圣象家居股份有限公司（股票代码：000910）于2018年7月接连发生高管离职，而恰好当日阿拉善SEE公布取消了圣象集团的生态协会会员资格，并认为企业未尽环保和社会责任，缺乏绿色供应链建设管理和监督，并且指出早在4月该企业就被苏州工业园区绿色江南公众环境关注中心与北京市朝阳区公众环境研究中心认定其及子公司存在严重环境污染问题，具有多项环境负面记录。由此可见，高管离职与环境污染绝不是巧合。也许环境问题不是高管离职的直接原因，但必然由此能够暴露出高管在经营决策上存在重大失误和判断，从而使其不得不面临辞职的境地。反之，在当前环境保护备受关注的情况下，企业健全的环境管理机制和良好的环境绩效水平不仅是对环保部门经理等高管工作业绩的肯定，同时也反映了整个公司高管团队的综合协作和治理能力。

在企业中通常会以薪酬激励管理层更加努力地工作，减轻管理层与股东之间的代理问题，使高管的利益与股东更加趋于一致。可以说，高管薪酬是高管与股东之间博弈的结果。而在环境管理和环境绩效较为突出且财务绩效也较为良好的企业中，由于在获得经济利益的同时外部政府监管处罚风险较低，企业形象和声誉较高，能够有助于高管获得更多与股东谈判的筹码，提高个人薪酬和决策权，甚至还可以得到更多的个人声誉，甚至是寻租的机会。

7.3 企业环境财务融合的政府资源牵引机理

政府作为企业重要的外部利益相关者，不仅对企业行为形成重要影响，而且企业行为也会触发政府相应的反馈机理，进而形成多重博弈机理。因此，研究企业环境财务指数以及相应的分项指数对政府反馈机理的影响，有助于优化政企之间的博弈机理，为形成更有针对性的政策做好理论铺垫。

7.3.1 环境财务融合的影响

环境财务指数整合了环境和财务两大模块，以均衡为核心，反映了企业环境治理能力和财务能力的综合。财务为环境治理提供了必要的资源基础，而良好的环境治理又有效地帮助企业规避环境风险，保障财务绩效的持续增长。环境与财务融合度比较高，并且两者都处于较高水平的企业较易获得外界，特别是政府的认可，获得更多的政府补贴。

政府补贴更多地倾向于"绿色"和"高科技"类型的公司，这不仅是因为这些公司在发展初期需要政府的扶持，而且给予这些公司补贴能够更好地体现政府的政策导向。然而要形成"绿色"产业不仅取决于公司的环保意愿，同时也受制于企业的财务状况，无论是增加更加环保的排放设备，还是购买更加环保的原材料，都隐含着对财务资源的依赖，因此只有财务绩效和环境治理同时处于较高水平，并且保持较好平衡的情况下，才更容易获得政府补贴。事实上，政府的补贴，特别是环境补贴的确对企业更好地履行环保责任起到了正向的促进作用。石光和周黎安等（2016）的研究发现，补贴政策有效激励了燃煤电厂投运脱硫设施和 SO_2 减排。作为政策受益对象的燃煤电厂的数量每增加 1 个，城市 SO_2 去除率会提高 0.832%，去除量会提高 3.7%，排放量会降低 1%。因此，从长期博弈的角度看，企业获得政府补贴，可以促进企业加大绿色投入，最终形成正向激励。

7.3.2 环境合法的影响

环境合法指数包含了如下几项内容，本小节将分别分析每一项内容对政府补贴的影响。

第一，环境合法指数包含了企业是否单独提供环境报告书、可持续发展报告等内容。现有研究表明，环境信息披露是外界了解企业环境绩效的重要途径。叶陈刚等（2015）发现，企业环境信息披露质量和融资成本之间存在显著负相关关系，这说明资本市场能够透过信息披露了解企业内部状况。类似地，作为关注企业绿色绩效的政府，也应该能够通过环境报告获得企业内部环境绩效。因此我们认为，企业单独发布环境报告或者可持续报告能够有效吸引政府注意力，最终获得更多的政府补贴。

第二，环境合法指数中也包含是否与政府或第三方联合监测。显然，企业如果同意政府或者第三方联合监测，有利于提升企业披露信息的可靠性，同时也向外部展现出更好、更为开放的姿态，有利于获得外部利益相关者的信任，因此企业与政府或者第三方联合监测，有利于缓解企业内外的信息不对称，更容易获得政府补贴。

第三，是否有环境违规或收到投诉、惩罚情况。被环境监察部门查处其环境违规行为，或者因为环境问题受到投诉与行政处罚，显然说明企业内部环境管理存在一定的问题，同时，由于这些信息（行政处罚等）本身由政府发出，因此能够比较直接地影响到政府对企业的判断。综上所述，当企业有环境违规或受到投诉、惩罚情况发生时，很可能影响其补贴收入。

第四，排污费金额。企业支付的排污费过高，说明企业排污设施的建设有待加强，因此间接地反映企业未能较好地履行其环境责任，因此我们推断，支付较高排污费的企业较难获得政府补助。

第五，车间或公司层面履行 ISO14001、SA8000。企业全面履行 ISO14001、SA8000 能够说明企业从经营的层面全面地贯彻了环境责任，并且 ISO14001、SA8000 均属于外部鉴证后才能获得的客观证据，因此企业全面履行 ISO14001、SA8000 能够向政府传递出可靠的环境信息，最终获得更多的政府补贴。

第六，环境信息披露得分。环境信息披露得分包含了企业是否参照我国相关披露准则指引或 GRI 指南，环境披露过程中有利益相关者的参与，产品是否具有环境体系认证，是否独立核算并披露专项的环保补贴、保证金、排污费等，这些综合反映了企业环境信息披露的客观方面，这些方面做得较好的公司，更容易得到政府的认同，进而获得政府补贴。

7.3.3　环境沟通的影响

环境沟通指数包含如下几个方面：

第一，环境沟通指数包含了环境信息披露量。环境信息披露量综合地反映了企业环境信息披露的情况，对于环境信息的接收方有重要的意义。姚圣和周敏（2017）的研究表明，环境信息披露质量较好的公司更容易获得政府补贴，因此我们同样推测，环境信息披露信息量与政府补贴之间存在正相关关系。

第二，是否获得环保奖项。环保奖项作为第三方认证的一种，能够有效地增强企业环境绩效的可信度，缓解企业和外部利益相关者（政府）的信息不对称，因此，获得环保奖项有助于企业得到政府的认可。

第三，是否有关于公司环境政策、价值和原则及环境行为准则的陈述。企业明确地将公司的环境政策、价值和原则以文件或者其他形式明文规定出来，有利于企业形成更加良好的环境保护的管理导向，并最终形成环保文化。

第四，是否有社会环保意识宣传或环境慈善。企业内部的环境绩效不仅通过正式的报告为外界所感知，同时也需要企业通过不同渠道（公司网站、微博、公司公众号以及线下活动等）进行有意识的宣传，这样外界才能更加立体地了解企业内部环境管理的具体情况，才能更好地缓解内外部的信息不对称。

第五，对供应链上下游有环保沟通得分。供应链上下游是企业重要的利益相关者，企业环境保护策略的落地和实施离不开供应链上下游的相互配合。例如，星巴克就是一个比较典型的例子。

星巴克已经在研发更环保的杯子方面取得了重大进展，并认识到还有很长的路要走。[①] 星巴克是第一家为自带可重复使用的杯子的顾客提供折扣的公司，率先将10%的消费后纤维（PCF）纳入星巴克的热饮杯中，并且一直在引领行业倡导增加回收利用基础设施。虽然星巴克如今可以在许多社区回收杯子，但星巴克将继续与当地政府和利益相关方合作，共同倡导在所有自营市场中加强回收利用。星巴克2022年的目标是加速实现更环保的杯子的进程。①将热饮杯中的可回收物质的含量增加一倍，并探索冷饮杯的替代材料。②将继续致力于回收利用，并努力将使用杯子回收利用的店面和社区数量增加一倍。③将宣传和鼓励

---

① 星巴克案例来自星巴克网站：https://www.starbucks.com.cn/about/responsibility/。

"在店内饮用"和使用可重复使用杯子。

7.3.4 环境管理的影响

环境管理指数反映了企业对其环境的整体管理能力,主要包含如下几个方面:

第一,企业是否在环保方面有创新改革方案。相较于企业传统业务的经营与管理,企业如何管理其环保绩效是管理学中较新的命题,缺少成熟的经验可以遵循,需要企业在管理环境绩效时有一定的创新与改革,因此,在管理体系中明确了环保方面创新和改革方案的公司更可能形成持续良好的环境绩效。

第二,是否有环境事故应急预案。重污染企业的环境管理在很大程度上是对重大环境事故的管理,因此对于环境事故有相应的应急预案是必要的。相反,对于重污染企业,一旦事故发生却缺少合理的应对机理可能产生重大环境灾害。例如,紫金矿业的污染事故[①]发生在7月3日,而直到7月12日上杭县政府才正式通报这一事故,瞒报9天。紫金矿业总裁回应称,一开始以为这是个小问题、小事故,把事情想简单了,最后发现是大问题时,已经来不及了。这说明紫金矿业在一开始就缺少一整套应对突发环境事故的机制,导致当事故发生时,过于依靠个人经验进行判断,最终造成不可挽回的损失。

第三,供应商通过ISO(环境)管理体系认证比例与绿色采购比例。对于供应商的管理是企业绿色管理的重要方面。例如,自2006年以来,[②]经常性工厂监测已经成为了星巴克战略的一个重要环节。星巴克目前同超过70家工厂开展合作,在2013年间,星巴克检测了86间工厂,其中22间不符合其标准。尽管星巴克的解决方案是协同工厂共同修复弊端,但是鉴于部分问题的严重性,星巴克仍然时不时选择终止商业合作,直到问题妥善解决。星巴克不断与其他同领域企业合作,促进道德采购。

第四,自愿参与第三方环保情况得分。第三方的环保认证不仅对企业环境信息披露形成有力的可靠性佐证,基于第三方的专业素养,在认证过程中还能给企业提出具有针对性的改善意见和建议,这些因素都导致自愿参与第三方环保认证和组织的企业能够更好地改善环境管理绩效。

---

① 紫金矿业污染事故资料来源:http://green.sina.com.cn/news/roll/2010-07-13/071020664959.shtml。
② 星巴克供应商管理资料来源:https://www.starbucks.com.cn/about/responsibility/。

第五，内部环境管理及监测检查得分。持续良好的环境绩效有赖于企业持续的内部改进和提高。内部环境管理和检查得分较高的企业更有可能拥有一整套完整的内部监控体系，并能将量化指标和定性指标相结合，形成最终的检查成果。

综上，以上五点较好的企业更容易形成稳定的环境绩效，而这也是政府所看重的，因此，环境管理指数高的企业更容易获得政府的正向反馈。

7.3.5 绿色经营的影响

绿色经营包含了能耗指标、水资源利用指标、废气指标、废水指标、废弃物指标和环境治理指标，这些指标反映了企业经营过程中对环境的客观影响，有较多排污的公司客观上对环境造成了更大的影响。

企业对环境的影响与政府补贴之间存在两种对冲的逻辑：一方面，企业对环境的影响较大，说明企业在环境保护方面还有很多提升空间，这可能引起政府的不满，进而影响企业获得政府补贴的可能性；另一方面，对环境影响较大的企业，对于绿色技术的需要也较高，从政府的角度，给予其补贴更可能形成较高的绿色边际效益。

综上，绿色经营绩效更多地反映了企业的客观状态，政府对这一客观状态如何解读存在较大的不确定性，因此可能不会对政府补贴形成显著影响。

7.3.6 财务水平的影响

企业财务水平包含了资产周转率、销售净利率、资产负债率、可持续增长率、综合杠杆以及营业收入现金净含量等具体指标。现有研究大都聚焦政府补贴对财务绩效的影响，例如鲁爱民和黄德惠（2015）的研究发现，当期的财政补贴与公司的盈利能力显著负相关，而与公司的偿债、营运、成长能力没有显著相关性，并未实际提升其绩效。但很少有研究关心财务指标对补贴的影响。

从信息不对称的角度看，政府在支付补贴时需要考虑企业可持续经营的风险，而良好的财务绩效给政府以明确的"可持续经营"信号，有利于企业获得政府补贴，但同时，企业持续良好的财务绩效也表明，企业有足够的资源进行绿色投资，相对而言那些入不敷出的企业更需要政府补助。

7.4 企业环境财务融合的供应商反哺牵引机理

供应商是企业重要的利益相关者,对企业行为有重要影响。企业拥有平衡的财务环境绩效能够获得较为强势的话语权,在产业链中形成局部优势,帮助企业有效地进行供应链管理。

7.4.1 环境财务融合的影响

环境财务整体水平较高的企业有更强的供应商管理能力,也更容易得到供应商的正向反馈。首先,从资源基础的角度看,环境绩效和财务绩效属于互斥的两类绩效,环境绩效的提升有赖于一定的财务资源冗余;而财务绩效的提升(特别是效率性质的指标,如资金周转率等)又需要尽可能地降低财务资源冗余,因而能够很好地平衡这对互斥效应的企业具有较好的内部管理能力。其次,环境绩效和财务绩效是外界观察企业能力最为主要的途径,能够将两者有机协调,并使之均处于较高水平的公司在整个产业链里有较高的话语权,因而环境财务指数较高的公司更有能力对其供应商进行有效控制,获得更多供应商层面的经济利益。最后,绿色供应链建设是企业环境绩效的重要内容,因此环境管理水平较高的公司必然对其供应商有较强的制约能力,否则原材料如果有环境风险,其产品的绿色成分就很难保证。

综上,环境财务指数较高的公司体现出更强的上下游控制能力,因此更有能力优化供应商管理体系,形成上下游的良性互动。

7.4.2 环境合法指数的影响

环境合法性与供应商之间的关系主要包含以下几项内容:

第一,是否单独提供环境报告书、可持续发展报告以及环境信息披露得分。供应商与证券、政府不同,供应商与企业的主要联系是基于经营业务,因而不会过于关注企业基于资本市场发布的各类公告和年报,因此企业是否能单独出具一份环境报告或者可持续报告对于获得供应商的认可有较强作用。单独出具的环境报告更容易被供应商所识别，也更容易缓解企业与其供应商之间的信息不对称。

第二，是否与政府或第三方联合监测。企业环境绩效有政府或者第三方背书，有利于增强企业环境信息的可靠性，更好地缓解企业与供应商之间的信息不对称。

第三，是否有环境违规或受到投诉、惩罚情况。企业受到环境处罚可能削弱其对供应商的控制能力。首先，特别严重的环境违规事件不仅会受到政府的行政处罚，还可能会被媒体曝光，舆论的指责会进一步削弱企业的组织合法性，降低企业对供应商的控制能力。其次，企业环境问题可能诱发整个供应链的环境风险。环境风险的发生可能在某一企业，但根源可能会在整个供应链。某一企业一旦发生环境危机，整个供应链可能都会受到波及，因此受到环境处罚会严重影响企业对其供应链的控制。

第四，排污费。在公司工艺条件一定的情况下，排污费一般和产量有直接的关系，排污费较高的公司说明其产量也较高。而产量较高的公司由于规模效应一般能在与供应商的博弈中占据主导地位，因此我们推测，排污费与公司对供应商的控制有正相关的关系，排污费较高的公司能获得较多供应商的利益反馈。

第五，车间或公司层面履行 ISO14001、SA8000。与基于信息披露的认证不同，ISO14001 和 SA8000 不仅关心企业的环境信息披露，更关注企业在具体经营过程中是否符合相关的环保要求，而企业的车间管理、具体生产过程是和供应商密切相关的，因此某一企业车间或者公司履行了 ISO14001 和 SA8000 能够形成对供应商的有效管理，同时也能提升对供应商界面的组织合法性。

综上，环境合法性指数主要反映了企业两个方面的环境管理能力：一是合法信息的披露能力，二是绿色运营的能力。总体上，信息披露能够缓解企业与供应商之间的信息不对称，但是否能够最终获得供应商的正向经济利益反馈依然有待进一步的验证，而绿色运营能力并不直接指向供应商管理，因此获得供应商经济利益反馈的逻辑路径相对间接。

7.4.3 环境沟通指数的影响

环境沟通指数首先包含了环境报告信息量以及是否有关于公司环境政策、价值和原则及环境行为准则的陈述。环境报告是企业向外界披露其环境绩效的主要途径，较好的环境信息量有助于供应商更加全面地了解企业环境绩效以及环境管理方式，形成更为良性的产业链沟通机理。此外，是否获得环保奖项、是否有社会环保意识宣传或环境慈善也是重要内容。作为环境信息的一种，环保奖项综合地反映了一个企业的环境绩效以及内部环境管理的能力，同时还具有第三方认可、媒体传播度高等优点，易被供应商所接受，因此，从缓解信息不对称的角度看，企业获得环保奖项有助于促进企业与供应商之间的信息沟通，缓解信息不对称，加强企业对供应商的管理。

另外，对供应链上下游有环保沟通得分也反映了企业的环境沟通能力。这里包括了是否对供应商或客户具有相关环保要求以及公司对其供应商和客户的环境沟通两方面的内容，显然，企业积极对供应链上下游进行环保沟通，不仅有利于企业对自身环保绩效进行有效管理，同时也能形成对供应商管理的有效渠道。因此，那些在环保方面积极沟通供应链上下游的公司更能够形成与供应链上下游公司的良性互动，获得更好的产业链地位。

综上，环境沟通指数反映了企业使用信息的能力，缓解了企业与供应商之间的信息不对称，但是否能够因此获得供应商的经济利益正向反馈，其间的逻辑关系较为间接。

7.4.4 环境管理指数的影响

首先，环境管理指数中包含了企业是否对环保方面有创新改革方案、是否有环境事故应急预案、是否有创新方案以及是否能够在发生环境事故时有完整的紧急预案，是企业环境管理能力的重要体现。环境管理不仅仅是信息披露，从根本上更应该是基于业务层面的环境优化，而这些优化离不开创新，因此有创新方案的公司更可能从底层形成真正有效的环保策略。另外，即便有创新的环境改善方案，对于重污染企业来说，依然很难完全避免发生污染事故，因此，当事故发生时，是否能够有效地止损，防止事故对环境造成不可逆转的重大伤害是企业需要解决的重大环境管理问题。相对其他公司，有完整应急预案的公司更可能在事故发生的初期就与供应链上下游企业形成联动的防灾止损机制，客观上也有助于供应链上下游公司的止损。综上，有环保创新方案以及事故应急方案的公司更可能获得环境保护的"超额利润"，同时在发生环境事故时更可能阻止事故的进一步恶化，这些都有助于企业优化供应链管理策略，形成更好的供应链管理绩效。

其次，还包含了供应商通过 ISO（环境）管理体系认证比例，或者绿色采购比例。对供应商进行环保认证，或者要求供应商获得第三方认证是企业绿色供应链管理的主要途径。企业若可以要求其供应商进行 ISO 等环境认证，说明该企业在供应链中处于优势地位，这样的公司对供应商有较强的话语权，因而也更容易获得供应商的配合。另外，通过实施对供应商的认证，能够将公司本身或者公司所认可的环保理念植入供应商的日常管理之中，更加有效地进行供应商的环境管理。此外，通过增加绿色采购比例，依靠市场的力量激励供应商加入环保认证，同样也能起到提升环境管理效率的效果。

最后，企业是否自愿参与第三方环保情况得分，以及内部环境管理及监测检查得分都是本项的重要内容。企业自愿参与第三方环保审查或者提供内部环保监测都表明企业环境保护策略不仅仅是一种信息披露策略，同时也能将环保理念贯彻到日常的经营过程之中。自愿披露内部管理信息，或者自愿参与第三方认证都说明企业在经营层面履行了其披露的环保工作，因此有利于缓解企业与供应商之间的信息不对称，形成良性互动。

综上，环境管理指数主要从运营的角度反映企业绿色经营的能力，这方面能力较强的企业一方面对供应商有更好的管理能力，但同时，也更有商业道德，相对较少通过供应链剥削供应商，因此环境管理指数较高的企业不一定短期内从供应商获得经济利益反馈。

7.4.5 绿色经营指数的影响

绿色经营指标包括了废水、废气以及能耗等相关指标，这些指标较高说明企业规模较大，而规模较大的企业，由于其规模效应一般能在供应链上下游占据更加优势的地位。因此我们推测，虽然绿色经营指数所反映的企业排污状况并不能影响其对供应链的掌控能力，但绿色经营指数所间接反映的企业规模能够形成较好的供应链控制能力。

7.4.6 财务水平指数的影响

企业财务水平包含了资产周转率、销售净利率、资产负债率、可持续增长率、综合杠杆率以及营业收入现金净含量等具体指标。以上指标大致可以分为两类：一类是效率类指标（如资产周转率，增长率），另一类是收益指标（如销售净利率）。这两类指标分别反映了企业对供应链的多维度掌控。对于经营效率较高的公司，由于其资产周转率较高，对供应商及时供应和协调能力的要求较高；而对于收益较高的公司，由于有较好的毛利，因此可以通过让渡一定的毛利空间，换回供应商更加高效的协作；相反，持续维持较高毛利也说明企业更注重利润表的表现，而相对更愿意忍受效率损失。

7.5 企业环境财务融合的客户正向反馈牵引机理

客户是企业重要的利益相关者，企业环境与财务的平衡性是否能够最终成为企业可持续发展的重要策略，在很大程度上取决于这一策略是否能够得到客户的正向反馈，本节中，我们将基于信息不对称理论、资源基础理论解析企业环境财务绩效对建立、维护良好客户关系所能起到的重要作用。

7.5.1 环境财务指数的影响

企业拥有较好的财务和环境绩效，对吸引客户有重要的意义。一方面，企业履行社会责任具有一定的市场策略功效，例如，星巴克在 2004 年启动 C. A. F. E. 条例[①]（咖啡和种植者公平条例），经第三方专家验证，该条例是咖啡行业第一套全面可持续发展标准。在第一年，星巴克在该计划领域采购了 4300 万磅绿色咖啡，占全部绿色咖啡采购量的 14.5%。在该项目早期，星巴克决定"开源"，鼓励同行业其他企业加入这一标准。星巴克与"公平交易"及其他组织合作，采购有助于环境保护、改善种植者生活的合格咖啡。这一措施虽然提升了星巴克的采购成本，但由于得到广大消费者的理念认同，在销售端也得到了较好的市场反馈，并最终为星巴克赢得了宝贵的市场美誉度。另一方面，从资源基础的角度看，财务绩效较好的公司有较多资源开展市场活动、提升品牌吸引力，进而获得更好的客户体验。因此我们认为，环境财务指数较好的企业，其客户的正向反馈也会较多。

---

① 星巴克案例来自：https://www.starbucks.com.cn/about/responsibility/global-report/。

7.5.2 环境合法指数的影响

一方面，基于信息披露的环境策略，包括是否单独提供环境报告书、可持续发展报告，是否与政府或第三方联合监测，是否有环境违规或受到投诉、惩罚情况，以及环境信息披露得分。以环境报告为载体的信息披露是公众（客户）获得企业环境绩效信息的重要来源，因此企业单独的环境报告能够提供更加完整的信息，并且有效地将信息传递给受众，而参与第三方联合监测则能提升其信息的可靠程度。另外，企业若是受到环境违规处罚或者投诉，则可能抵消之前的正面宣传，对客户关系的维持起到负面作用。

另一方面，基于运营的环境策略，包括排污费金额和车间或公司层面履行ISO14001、SA8000。基于运营的环境管理信息向市场提供了更加富有层次的环境绩效，对于公众而言，企业在其商品上注明"ISO认证""绿色""有机"等字样有利于企业获得更好的市场美誉度。

7.5.3 环境沟通指数的影响

环境沟通包括了环境报告信息量，是否获得环保奖项，是否有关于公司环境政策、价值和原则及环境行为准则的陈述，是否有社会环保意识宣传或环境慈善，以及是否对供应链上下游有环保沟通得分。

首先，环境沟通中环境报告信息量是否获得环保奖项，是否有关于公司环境政策、价值和原则及环境行为准则的陈述，以及是否有社会环保意识宣传或环境慈善，都属于环境信息披露的范畴，良好的环境信息披露能够搭建顺畅的沟通平台，缓解企业与客户之间的信息不对称。其中，获得重要的环保奖项是对企业环境保护工作的重要肯定。

例如，在第七届世界环保（经济与环境）大会上，[1]国内知名洗涤品牌蓝月亮实力斩获该峰会最高奖项——国际碳金总奖。由世界环保大会组织实施的"国际碳金奖"评选，是在联合国和专业性国际组织的指导和媒体参与下，针对经济与环境和谐、绿色低碳、可持续发展的"绿色征程"中，以低碳理念履行社会价值的最佳表现者所颁发的最高荣誉奖项。此次蓝月亮荣膺第七届国际碳金总奖，

---

[1] 本节中的蓝月亮案例都来自：http://www.sohu.com/a/225097622_296836。

是对蓝月亮多年以来践行绿色、低碳、可持续发展模式的大力肯定和鼓舞。

由于环境保护问题带有较强的技术性，因此顾客在评价一个企业的环保绩效时非常依赖第三方的总结性评价，而环保奖则是其中一个重要的方式，获得国际环保大奖，借助新闻媒介的宣传，企业可以将其环保绩效广而告之，提升企业品牌形象，增强客户满意度。但对于B2B市场，顾客可能会更加理性，同时预算也更加刚性，环保奖项对客户的影响可能并不明显。

其次，对供应链上下游有环保沟通也很重要。客户对企业的感知不仅来自于企业的宣传，更来自于企业的产品，因此产品本身是否绿色、环保是消费者感知企业环境绩效最为直接的途径。同样地，在B2B市场，由于客户更加理性，对价格和商务条款更加敏感，这样的沟通是否能获得客户在经济利益上的反馈有待经验证据的验证。

7.5.4 环境管理指数的影响

环境管理包括企业是否对环保方面有创新改革方案、是否有环境事故应急预案、供应商通过ISO（环境）管理体系认证比例、绿色采购比例、自愿参与第三方环保情况得分，以及内部环境管理及监测检查得分，这些指标不仅关系到环境信息披露，更和企业经营直接相关。企业的绿色理念不应仅是口号和表态，更应融合到企业的具体经营过程之中，也只有这样，企业塑造的"绿色""环保"的形象才能得以持续。

以蓝月亮为例，对于蓝月亮来说，环保并不是企业主营体系之外的社会责任，而是深植于企业发展核心的重要组成部分。蓝月亮品牌总监谢雪表示，作为中国洗涤行业引领者，蓝月亮自创立伊始，便将绿色环保纳入企业经营准则，坚持绿色低碳、科技创新的发展战略，并将这一战略融汇到企业整个产品链条体系之中，形成绿色低碳发展模式：蓝月亮所有洗衣液均获得中国环境标志认证；包括至尊洗衣液在内的多款洗衣液获得中国节水认证；蓝月亮产品均采用环保配方，获得中国国际清博会绿色贡献金鼎奖、绿色贡献领航者等多个环保奖项。

蓝月亮的案例说明，虽然企业环境信息披露与企业绿色经营是不同层面的两类行为，但企业的信息披露需要以经营为基础，以扎实的绿色经营为基础的信息披露才是可靠、可持续、有信息含量的，才能在消费市场引起真正的正向反馈。

7.5.5 绿色经营指数的影响

绿色经营包含了废水、废气以及其他污染物的排放指标，以及对应的为环保所做的投资的金额。这些指标大致可以分为两类：一类是相对值指标，如"废水排放量/产量"，这类指标反映了企业绿色经营的"效率"；另一类是绝对值指标，如"环保投入总额"，这类指标反映了企业绿色经营的"能力"。我们认为，绿色经营效率对消费者的影响有限，因为客户作为外部利益相关者，很难获得详细的效率数据，并且在缺乏专业知识与合适参照的情况下，普通消费者很难判断某一比率指标是否代表"高效"。而绝对值指标则有所不同，一方面，绝对值指标较高说明企业有较好的资源基础，而资源本身是吸引消费者的重要基础；另一方面，绝对值较高则有较好的传播价值，例如 2008 年汶川地震，加多宝捐款 1 亿元，是当年一次性捐款最高的企业，这一"最高金额"本身就有较好的新闻宣传价值，之后的市场反应也印证了这一点。

综上，企业相对指标所包含的信息需要更多的专业知识才能加以解读，因此传播性较差，不利于消费者感知；而绝对值指标直接反映了一个客观量，更容易被消费者直观感知，同时也容易在不同的行业和公司间进行比较，因此绝对值指标较好的公司更容易受到消费者的正向反馈。

7.5.6 财务水平指数的影响

从资源基础的角度看，财务水平是形成正向客户反馈的基础。良好的财务水平（比如较高的毛利率）一方面反映出客户的认同，在市场化的条件下，有较高财务绩效的公司必然是受到客户认可的公司；另一方面只有拥有较好的财务水平，企业才有资源与客户达成其他的均衡博弈点。例如，只有企业拥有较高的毛利，在企业现金流较为紧张时，才能让渡部分毛利给客户，而得到更快速的现金回笼。

8 环境财务融合绩效牵引实证研究

本章主要通过实证分析来检验环境财务融合对企业绩效的牵引机理。企业的绩效是一个高度综合的概念,要探讨环境财务融合对它的影响,有必要对企业绩效进行剖析,从而厘清具体的作用机理。本章依据利益相关者理论,结合前文中的理论分析,沿循实证研究的思路,分别从股东、债权人、员工、供应商、客户、政府等多个视角出发来进行实证分析。

整体而言,本章主要采用线性回归的方式来验证环境财务指数对各项绩效的影响,内容主要包括数据来源与样本确定、变量定义与实证模型构建、实证结果讨论。

8.1 数据来源与样本确定

本书采用环境财务指数来度量环境财务融合程度。关于环境财务指数,前述章节已经进行了具体的解释与说明。考虑到实证分析数据的可获得性,本书主要以 A 股上市的公司为研究样本。其财务数据通过国泰安经济金融数据库获取。本书选取的样本主要区间为 2012~2017 年。为了使数据符合研究要求,对于每一类别的回归分析,都通过如下步骤对数据进行进一步处理,具体包括:①若分析所需观测变量存在缺失值则删去该观测变量;②考虑到金融保险类企业的经营与一般企业较为不同,剔除金融保险类企业;③剔除掉被特殊处理(ST、*ST)以及刚上市的企业。同时,为了减轻异常值的影响,本书在回归分析中对所有连续变量在 1% 和 99% 的水平上分年度进行了 Winsorize 处理。需要注意的是,由于各个指标的缺失情况有所差异,最终的各个回归样本量可能并不完全相同。

8.2 模型构建与变量定义

本章分析环境财务融合的影响，因此回归的解释变量即为环境财务指数。而被解释变量则较多元，由于本书依据利益相关者理论分别讨论环境财务融合对企业绩效的牵引机理，因此在实证分析中从利益相关者视角出发设计相应的指标。下面分别对本章中主要变量的具体定义进行说明。

（1）融资约束。融资活动企业的重要性不言而喻，而融资能力反映的是企业从外部投资者获取资金的能力。以往的学者在研究企业的融资问题时，提出了"融资约束"这一概念，用以反映企业从外部获取融资的难度。根据 Fazzari 等 (1988) 的定义，由于企业的内外部融资成本并不一致，内外部融资不能完全地互相替代，且相对而言，外部融资成本高于内部融资成本，而融资约束指的就是企业内部融资成本与外部融资成本之间的差距。但是长久以来关于如何度量融资约束，学术界并未形成统一的认识。总体而言，主要有两类：一是间接法，二是直接法。前者以 Fazzari 等 (1988) 提出的投资—现金流敏感性模型和 Almeida 等 (2004) 提出的现金—现金流敏感性模型为代表。投资—现金流敏感性模型的基本逻辑是企业如果难以从外部获得融资，那么在面对投资时，企业就不得不依赖自身的经营现金流。因此投资—现金流敏感性越高就表明企业越难以从外部获得融资，即融资约束程度越高。尽管这一逻辑有其合理性，但是也存在不足。因为企业也可能因为投资机会较好而不愿意引入新的投资者分享未来的收益，这样投资—现金流敏感性也会较高。针对这一不足，后续的现金—现金流敏感性模型认为企业持有现金是有成本的，如果能够很好地从外部融资，那么企业的较优策略应该是将现金进行投资而不是持有。所以如果现金—现金流敏感性较高，反映的是企业难以从外部融资。间接法一经提出，就被学者们所广泛采用。但是间接法是使用回归系数来度量融资约束，这就导致它只能用于探讨其他因素对融资约束影响的研究，而不能用于研究融资约束的经济后果。对此，后续有学者们提出了直接法，即使用确定的指标来度量融资约束。这一方法的典型指标有 Kaplan 和 Zingales (1997) 的 KZ 指数、Whited 和 Wu (2006) 的 WW 指数，以及 Hadlock

和 Pierce（2010）提出的 SA 指数。直接法基本上依据如下步骤得到融资约束的指标：首先，根据特定方法定性判断融资约束高和融资约束低的企业；其次，根据前述的判断构造变量，用于表征企业的融资约束高低，再以此变量为因变量，寻找相应的自变量对其进行回归；最后，根据回归计算出的系数对所有样本的自变量进行拟合，最终得到融资约束指标。尽管 KZ、WW、SA 指数已有一些学者采用，但是它们都是基于国外发达国家市场的数据拟合得到，不一定适用于中国的制度环境，因此国内的学者在做此方面的研究时，普遍采用直接法的思路重新构建融资约束指标（连玉君等，2010；张金鑫和王逸，2013）。

本书主要采用直接法计算得到融资约束的指标，继而分析环境财务指数对融资约束的影响。参考现有的文献（张金鑫和王逸，2013；钱明等，2016），本书通过如下步骤计算得到融资约束：首先，分年度依据总资产、利息保障倍数、现金股利支付率、上市时间四个指标对公司进行分组，由低到高分为两组，分别赋值 1、2，然后将四个指标的分组值交乘得到综合性的分组值 Sort。如果一家公司的 Sort 值为 16，意味着其规模、盈利能力、现金股利支付和上市时间均是更高一级的，相应地，Sort 为 1 表示公司处于较低一级。其次，设置虚拟变量 DUFC，若公司的 Sort 值为 16，则其为融资约束低组（DUFC = 0），若公司的 Sort 值为 1，则其为融资约束高组（DUFC = 1）。最后，将 DUFC 作为因变量，构建 Logit 模型（见式 8-1）进行回归，根据回归结果拟合出每一公司当年度的 P（DUFC = 1）值作为其融资约束的代理变量 FC，FC 的取值范围为 0~1，越接近于 1 表明该公司的融资约束程度越高。模型中 SIZE 为公司总资产的自然对数，LEV 为资产负债率，SLACK 为财务冗余，M/B 为公司市场价值与账面价值的比率，CASHDIV 为公司当年度宣布发布的现金股利，NWC 和 EBIT 代表公司的净营运资金和息税前利润，TA 则为公司的总资产。

$$P(DUFC = 1 | Z_i) = e^{Z_i}/(1 + e^{Z_i}) \tag{8-1}$$

其中，$Z_i = \alpha_0 + \alpha_1 SIZE_i + \alpha_2 LEV_i + \alpha_3 SLACK_i + \alpha_4 (CASHDIV/TA)_i + \alpha_5 M/B_i + \alpha_6 (NWC/TA)_i$

为了使研究结论更加稳健，本书还采用了 SA 指数和 WW 指数代理融资约束，做了附加性的分析。SA = −0.737 × Size + 0.043 × Size2 − 0.040 × Age，Size 和 Age 分别指企业总资产的自然对数和上市时间。WW 计算公式为：WW = −0.01 ×

CF − 0.062 × DIVPOS + 0.021 × TLTD − 0.044 × LNTA + 0.102 × ISG − 0.035 × SG。其中，CF 代表企业经营现金流与总资产的比值；DIVPOS 为二值变量，若企业在当年发放现金股利，则取值为 1，否则为 0；TLTD 为长期负债与总资产的比值；LNTA 为总资产的自然对数；ISG 和 SG 分别代表行业和企业营业收入增长率。

（2）股权资本成本。资本成本的度量方式也较为多元（毛新述等，2012），本书主要采用 Easton（2004）的 MPEG 模型计算得到资本成本。Easton（2004）提出了基于市盈率（PE Ratio）和市盈率增长比率（PEG Ratio）的 PEG 模型和 MPEG 模型。这类模型认为，非正常收益的增长率 Abgr 存在期望变化率 ΔAbgr，而 ΔAbgr =（Abgr$_{t+1}$ − Abgr$_t$）− 1。基础的 PEG 模型中认为 ΔAbgr 恒定不变且其值为 0，这样可以计算得到：

$$r_e = \sqrt{\frac{eps_{t+2} - eps_{t+1}}{P_t}}$$

其中，eps 为每股盈余，P 为股价，t 为期间。在 PEG 模型的基础上，进一步放宽 ΔAbgr 恒定为 0 的假设，只假设其值不变，得到了如下的 MPEG 模型：

$$P_t = \frac{eps_{t+2} + r_e \times dps_{t+1} - eps_{t+1}}{r_e^2}$$

其中，dps 为每股净资产。通过求解上述方程能够计算得到企业的股权资本成本 r_e。在利用上述模型计算时，涉及预测数据，但是由于中国目前针对上市公司预测的信息并不完全，因此本书采用陆正飞和叶康涛（2004）的做法，对于有预测数据的采用分析师预测的数据，而存在缺失值的年度观测使用实际值代替。最终依据 MPEG 方程解析得到每家公司的年度股权资本成本 EQUCOST。

（3）债务融资。考虑到中国企业的债务融资主要依赖银行贷款（李广子和刘力，2009；祝继高等，2015），因此本书重点分析的是环境财务指数对借款债务融资的影响。本书主要采用三个指标来度量债务融资，分别是 LNDLOAN、LOAN2ASS 和 LONG2CUR。第一个指标是企业长期借款与短期借款之和变动额的自然对数，反映的是企业的新增贷款；第二个指标是长期借款与短期借款之和与总资产的比值，反映的是企业总体贷款占资产的比率；第三个指标是长期借款与短期借款的比值，反映了企业的债务期限问题。这三个指标能够较好地度量企业的债务融资问题。

（4）职工福利。依据利益相关者理论，员工是企业非常重要的利益相关者。

而在员工这一群体中,显然高管的作用更加显著。为了度量员工的获益,本书使用两个指标分别度量全体员工及高管的利益:第一个指标为 LNEMP,由应付职工薪酬取自然对数得到;第二个指标为 LNMAN,为企业前三名高管薪酬平均值的自然对数。

(5)供应商获益。显然,企业与供应商之间的良好联系对企业的供应链管理至关重要。但是如何度量供应商的获益是一个值得探讨的问题。考虑到从现实经营情况来看,企业主要通过应付账款来与供应商达成交易,应付账款的多少反映了供应商愿意给予企业多少优惠,本书从应付账款入手,设计了三个指标,分别是 APAYR、APAY2ASS 和 APAY2SALE。APAYR 是企业当期应付账款与总负债的比值;APAY2ASS 为应付账款与总资产的比值;而 APAY2SALE 则是应付账款除以当期销售收入。这三个指标均是从不同角度反映供应商的获益。

(6)客户反馈。如果企业的产品直接面向消费者,对顾客利益最直接的度量方式可能是通过问卷调查获得数据。但是本书主要研究的对象是重污染企业,其产品不一定直接面向普通的消费者,并且受限于时间和精力,我们无法通过问卷调查每一家公司的产品在市场上的认可度。因此,本书借鉴现有的研究(吴昊旻等,2012;周夏飞和周强龙,2014),采用勒纳指数来间接地度量企业对顾客利益的保障。本书使用的勒纳指数(LINDEX)为企业主营业务收入减去主营业务成本、销售费用及管理费用的差额与主营业务收入的比值。

(7)政府补助。政府补助直接反映了政府对企业的帮助和支持。考虑到企业规模的影响,本书使用两个指标——SUBSY1 和 SUBSY2 来度量政府对企业的补助。SUBSY1 为政府补助与总资产的比值,而 SUBSY2 为政府补助与销售收入的比值。

除了前述的被解释变量外,为了控制其他因素的影响,本书还设计了众多的控制变量。总体而言,本书的控制变量主要用于控制企业自身的规模、盈利能力、发展能力等自身属性因素,以及可能影响企业管理运营的公司治理因素。表8-1 列示了本书主要的控制变量及其指标定义。

表 8-1　主要控制变量定义

指标	名称	定义
SIZE	企业规模	总资产的自然对数
LEV	资产负债率	总负债与总资产的比值

续表

指标	名称	定义
Invest	企业投资	企业购置固定资产、无形资产及其他长期资产支付的现金与总资产的比值
Compete	行业竞争力	行业内公司销售额的赫芬达尔指数
SOE	企业属性	虚拟变量，若为国有企业，则取值为1，否则取值为0
Politic	政治关联	虚拟变量，若当年度公司管理层中有人大代表或政协委员，则取值为1，否则为0
Q	托宾Q	公司市值与账面价值的比值
Growth	增长性	销售收入的增长率
SHRCR	股权集中性	公司前五大股东持股比例之和
Institution	机构投资者	机构投资者持股比例之和
INDIR	董事会独立性	董事会中独立董事的占比
Donation	慈善捐赠	公司慈善捐赠额度与总资产的比值
CEO_DUM	两值合一	虚拟变量，若董事长与总经理为同一人则取值为1，否则为0
LNSALE	销售收入规模	企业销售收入的自然对数
Age	上市时间	公司自上市以来的年份
AD	营销	虚拟变量，若有营销费用则取值为1，否则为0
RD	研发	虚拟变量，若有研发费用则取值为1，否则为0

8.3 实证分析结果

本节区分各个模块分别列示了主要的回归结果，并对回归结果进行了一定的讨论与总结。在每个模块中，报告了描述性统计分析的结果、相关性分析的结果和回归分析结果。其中，为了节省篇幅，相关性分析仅仅报告了环境财务指数与该模块内被解释变量之间的相关系数及其显著性。

8.3.1 企业环境财务融合的资本市场反馈

8.3.1.1 环境财务融合对企业融资约束与股权融资的影响

表8-2报告了环境财务指数与融资约束及股权融资的描述性分析结果。可以

看到，融资约束 FC 的均值为 0.068，中位数为 0.051，最大值为 0.37，最小值为 0；SA 的均值是-3.539，中位数是-3.542。这表明多数企业存在一定程度的融资约束，而融资约束的均值和中位数差距并不大，意味着企业的融资约束程度呈现出较为集中的趋势。EQUCOST 的均值为 0.119，最大值为 0.474，最小值为 0.019，普遍而言，企业存在较高程度的股权资本成本。Institution 的均值为 0.064，中位数是 0.037，标准差是 0.084，表明总体而言中国企业的机构投资者持股比例并不高，且不同企业间的差异较大。环境财务指数的各分项指标具有一定差异，如 C1 的均值为 0.575，而 C5 的均值为 0.971，EFI 的均值为 0.839，表明总体而言，在本样本中，企业的环境财务指数均值较高，表明多数企业的环境策略与其财务绩效具有较好的融合度。EFI 的中位数为 0.84，标准差达到 0.045，这意味着普遍而言，企业间的环境财务融合程度差异并不明显。企业规模 SIZE 的均值为 22.44，中位数为 22.228，说明企业的规模呈现出较为集中的趋势。资产负债率 LEV 的均值是 0.44，中位数是 0.442，标准差是 0.203，表明多数企业都具有一定程度的资产负债率，且企业间差距较大。

表 8-2 环境财务融合与融资约束及股权融资的描述性统计分析

	平均值	标准差	中位数	最小值	最大值	25 分位数	75 分位数
FC	0.068	0.076	0.051	0.000	0.370	0.000	0.124
SA	-3.539	0.235	-3.542	-4.100	-2.862	-3.730	-3.346
EQUCOST	0.119	0.059	0.110	0.019	0.474	0.086	0.137
Institution	0.064	0.084	0.037	0.000	0.525	0.013	0.078
C1	0.575	0.197	0.605	0.234	1.000	0.422	0.730
C2	0.630	0.155	0.617	0.139	1.000	0.518	0.720
C3	0.772	0.129	0.761	0.145	1.000	0.666	0.860
C4	0.911	0.031	0.919	0.743	0.996	0.885	0.927
C5	0.971	0.029	0.980	0.683	0.999	0.960	0.991
EFI	0.839	0.045	0.840	0.648	0.967	0.809	0.870
SIZE	22.440	1.204	22.228	19.081	26.086	21.600	23.166
LEV	0.440	0.203	0.442	0.034	1.063	0.272	0.600
Invest	0.058	0.048	0.047	-0.057	0.251	0.023	0.081
Compete	0.057	0.074	0.032	0.017	0.363	0.025	0.058

续表

	平均值	标准差	中位数	最小值	最大值	25分位数	75分位数
SOE	0.459	0.498	0.000	0.000	1.000	0.000	1.000
Growth	0.145	0.408	0.082	−0.618	5.985	−0.040	0.228
SHRCR	0.491	0.156	0.481	0.155	0.875	0.375	0.594
INDIR	0.370	0.052	0.333	0.300	0.600	0.333	0.400
CEO_DUM	0.224	0.417	0.000	0.000	1.000	0.000	0.000
Age	11.149	5.780	12.000	2.000	25.000	6.000	16.000

表8-3是相关性分析的结果。可以看到，融资约束指标FC和SA与C1的相关系数分别为−0.08、−0.13，显著性水平均达到1%；与C2的相关系数分别为−0.03、−0.06，显著性水平分别为10%、1%；与C3的相关系数为−0.12、−0.05，显著性水平均为1%；与C4的相关系数为−0.1、−0.08，显著性水平均为1%；与C5则为显著正相关。FC和SA与最终的环境财务指数EFI的相关系数为−0.13和−0.09，均在1%的水平上显著负相关。与融资约束不同的是，股权融资成本EQUCOST与EFI并不相关，但是与分项指标C1、C2及C5显著负相关。上述结果初步表明，在不控制其他因素影响的情况下，环境财务融合程度与融资约束呈现出负相关的关系，但是环境财务融合程度对股权资本成本没有显著的影响。

表8-3 环境财务融合与融资约束及股权融资的相关性分析

	1	2	3	4	5	6	7	8	9
FC	1.00								
SA	0.12***	1.00							
EQUCOST	−0.14***	0.00	1.00						
C1	−0.08***	−0.13***	−0.12***	1.00					
C2	−0.03*	−0.06***	−0.03*	0.17***	1.00				
C3	−0.12***	−0.05***	0.03	−0.02	0.29***	1.00			
C4	−0.10***	−0.08***	0.03	−0.16***	0.05***	0.41***	1.00		
C5	0.10***	0.16***	−0.05***	−0.31***	−0.09***	−0.01	0.07***	1.00	
EFI	−0.13***	−0.09***	−0.03	0.25***	0.54***	0.88***	0.55***	0.02	1.00

注：* 表示 $p<0.1$；*** 表示 $p<0.01$。

表 8-4、表 8-5、表 8-6、表 8-7 分别是以 FC、SA、EQUCOST 以及 Institution 为被解释变量，环境财务指数为解释变量的最小二乘回归结果。表 8-4 中，C4、C5 和 EFI 与 FC 显著负相关，回归系数分别为-0.055、-0.137、-0.033，而显著性水平分别为 10%、1%和 10%。而表 8-5 中，除了 C4 外，环境财务指数各分项指标 C1~C3、C5 以及最终的指数 EFI 均对 SA 具有显著负向的影响，显著性水平均为 5%以上。特别地，EFI 的回归系数为-0.213，t 值为-4.99，回归系数在 1%的水平上显著。表 8-4 和表 8-5 的回归结果表明，在控制其他因素的情况下，环境财务指数对融资约束具有负向影响。表 8-6 是环境财务指数对股权资本成本影响的回归结果，比较遗憾的是，除了 C5 外，各项环境财务指数的指标回归系数均不显著。表 8-7 报告了对机构投资者持股比例影响的回归结果，可以看到多数环境财务指数指标对机构投资者持股比例具有显著正向的影响。EFI 的系数为 0.094，t 值为 2.71，显著性水平达到 1%。

表 8-4 对融资约束的影响

	\multicolumn{6}{c}{Dependent Variable：FC}
	(1)	(2)	(3)	(4)	(5)	(6)
C1	−0.006 (−1.15)					
C2		−0.001 (−0.20)				
C3			−0.003 (−0.50)			
C4				−0.055* (−1.96)		
C5					−0.137*** (−3.86)	
EFI						−0.033* (−1.69)
SIZE	−0.011*** (−12.16)	−0.011*** (−12.47)	−0.011*** (−12.34)	−0.011*** (−12.30)	−0.011*** (−12.19)	−0.011*** (−11.90)
LEV	−0.033*** (−7.39)	−0.033*** (−7.43)	−0.033*** (−7.44)	−0.033*** (−7.46)	−0.041*** (−8.37)	−0.034*** (−7.52)
Invest	−0.043** (−2.47)	−0.044** (−2.49)	−0.044** (−2.49)	−0.044** (−2.49)	−0.040** (−2.30)	−0.043** (−2.47)

续表

	Dependent Variable: FC					
	(1)	(2)	(3)	(4)	(5)	(6)
Compete	0.044** (2.19)	0.043** (2.17)	0.043** (2.18)	0.043** (2.16)	0.047** (2.36)	0.044** (2.18)
SOE	−0.117*** (−62.24)	−0.117*** (−62.46)	−0.117*** (−62.29)	−0.117*** (−62.52)	−0.118*** (−62.75)	−0.117*** (−62.26)
Growth	−0.001 (−0.47)	−0.001 (−0.45)	−0.001 (−0.45)	−0.001 (−0.40)	−0.0004 (−0.20)	−0.001 (−0.44)
SHRCR	−0.005 (−0.84)	−0.005 (−0.84)	−0.005 (−0.85)	−0.005 (−0.83)	−0.004 (−0.80)	−0.005 (−0.87)
Institution	0.002 (0.18)	0.002 (0.18)	0.002 (0.19)	0.002 (0.17)	0.004 (0.40)	0.003 (0.26)
INDIR	0.022 (1.47)	0.023 (1.48)	0.022 (1.47)	0.021 (1.41)	0.022 (1.44)	0.022 (1.47)
CEO_DUM	−0.002 (−0.87)	−0.002 (−0.85)	−0.002 (−0.84)	−0.002 (−0.78)	−0.002 (−0.97)	−0.002 (−0.84)
Age	−0.001*** (−4.36)	−0.001*** (−4.32)	−0.001*** (−4.33)	−0.001*** (−4.23)	−0.001*** (−4.52)	−0.001*** (−4.34)
Constant	0.381*** (16.98)	0.382*** (17.04)	0.382*** (17.05)	0.427*** (13.23)	0.512*** (12.63)	0.401*** (16.03)
Year	控制	控制	控制	控制	控制	控制
Industry	控制	控制	控制	控制	控制	控制
Observations	2876	2876	2876	2876	2876	2876
Adjusted R^2	0.735	0.734	0.734	0.735	0.736	0.735

注：* 表示 $p<0.1$；** 表示 $p<0.05$；*** 表示 $p<0.01$。

表 8-5 对融资约束的影响

	Dependent Variable: SA					
	(1)	(2)	(3)	(4)	(5)	(6)
C1	−0.029** (−2.47)					
C2		−0.072*** (−4.86)				
C3			−0.042*** (−2.98)			

续表

	Dependent Variable: SA					
	(1)	(2)	(3)	(4)	(5)	(6)
C4				−0.096 (−1.56)		
C5					−0.384*** (−4.96)	
EFI						−0.213*** (−4.99)
SIZE	0.021*** (10.94)	0.021*** (11.15)	0.021*** (11.01)	0.020*** (10.77)	0.021*** (11.14)	0.022*** (11.55)
LEV	0.008 (0.78)	0.006 (0.62)	0.006 (0.62)	0.007 (0.70)	−0.015 (−1.39)	0.004 (0.38)
Invest	−0.052 (−1.36)	−0.051 (−1.34)	−0.055 (−1.43)	−0.054 (−1.41)	−0.044 (−1.13)	−0.053 (−1.37)
Compete	−0.021 (−0.48)	−0.026 (−0.61)	−0.023 (−0.52)	−0.023 (−0.53)	−0.011 (−0.25)	−0.023 (−0.53)
SOE	0.003 (0.68)	0.002 (0.53)	0.003 (0.69)	0.002 (0.47)	0.001 (0.19)	0.003 (0.78)
Growth	−0.005 (−1.29)	−0.005 (−1.28)	−0.005 (−1.28)	−0.004 (−1.20)	−0.004 (−0.96)	−0.005 (−1.27)
SHRCR	0.078*** (6.35)	0.078*** (6.39)	0.077*** (6.28)	0.078*** (6.37)	0.079*** (6.43)	0.077*** (6.29)
Institution	−0.081*** (−3.71)	−0.076*** (−3.49)	−0.079*** (−3.64)	−0.082*** (−3.75)	−0.076*** (−3.48)	−0.076*** (−3.52)
INDIR	0.014 (0.43)	0.025 (0.74)	0.014 (0.41)	0.013 (0.39)	0.014 (0.43)	0.014 (0.43)
CEO_DUM	0.010** (2.37)	0.010** (2.37)	0.011** (2.46)	0.011** (2.49)	0.010** (2.26)	0.010** (2.44)
Age	−0.038*** (−106.16)	−0.038*** (−106.46)	−0.038*** (−106.21)	−0.038*** (−105.89)	−0.038*** (−106.59)	−0.038*** (−106.51)
Constant	−3.566*** (−72.74)	−3.550*** (−72.64)	−3.552*** (−72.46)	−3.481*** (−49.37)	−3.195*** (−36.16)	−3.440*** (−63.23)
Year	控制	控制	控制	控制	控制	控制
Industry	控制	控制	控制	控制	控制	控制
Observations	2982	2982	2982	2982	2982	2982
Adjusted R^2	0.855	0.856	0.855	0.854	0.856	0.856

注：* 表示 $p<0.1$；** 表示 $p<0.05$；*** 表示 $p<0.01$。

表 8-6 对股权资本成本的影响

	Dependent Variable：EQUCOST					
	(1)	(2)	(3)	(4)	(5)	(6)
C1	0.001 (0.10)					
C2		0.006 (0.57)				
C3			0.003 (0.25)			
C4				−0.016 (−0.35)		
C5					−0.260*** (−4.37)	
EFI						−0.005 (−0.16)
SIZE	0.002 (1.12)	0.002 (1.09)	0.002 (1.12)	0.002 (1.17)	0.002 (1.33)	0.002 (1.17)
LEV	0.066*** (9.11)	0.066*** (9.13)	0.066*** (9.12)	0.066*** (9.13)	0.054*** (7.06)	0.066*** (9.10)
SOE	−0.006* (−1.96)	−0.006** (−1.97)	−0.006** (−1.97)	−0.006* (−1.95)	−0.007** (−2.30)	−0.006* (−1.94)
Invest	−0.010 (−0.37)	−0.010 (−0.37)	−0.009 (−0.36)	−0.010 (−0.37)	−0.002 (−0.08)	−0.010 (−0.36)
Compete	−0.068** (−2.14)	−0.067** (−2.13)	−0.068** (−2.14)	−0.068** (−2.14)	−0.062** (−1.97)	−0.068** (−2.14)
SHRCR	−0.036*** (−4.15)	−0.036*** (−4.15)	−0.036*** (−4.15)	−0.036*** (−4.14)	−0.036*** (−4.11)	−0.036*** (−4.16)
INDIR	0.028 (1.20)	0.028 (1.17)	0.028 (1.20)	0.028 (1.19)	0.028 (1.20)	0.028 (1.20)
CEO_DUM	−0.0004 (−0.14)	−0.0004 (−0.12)	−0.0004 (−0.14)	−0.0004 (−0.12)	−0.001 (−0.28)	−0.0004 (−0.14)
Age	0.0002 (0.77)	0.0002 (0.76)	0.0002 (0.76)	0.0002 (0.79)	0.0002 (0.72)	0.0002 (0.77)
Constant	0.065* (1.77)	0.064* (1.75)	0.064* (1.74)	0.079 (1.46)	0.320*** (4.65)	0.068 (1.65)
Year	控制	控制	控制	控制	控制	控制
Industry	控制	控制	控制	控制	控制	控制
Observations	2166	2166	2166	2166	2166	2166
Adjusted R^2	0.167	0.167	0.167	0.167	0.174	0.167

注：* 表示 $p<0.1$；** 表示 $p<0.05$，*** 表示 $p<0.01$。

表 8-7 对机构投资者的影响

	Dependent Variable: Institution					
	(1)	(2)	(3)	(4)	(5)	(6)
C1	0.005 (0.52)					
C2		0.036*** (3.00)				
C3			0.023** (2.00)			
C4				0.002 (0.03)		
C5					0.227*** (3.73)	
EFI						0.094*** (2.71)
SIZE	0.011*** (7.29)	0.011*** (7.11)	0.011*** (7.12)	0.011*** (7.46)	0.011*** (7.05)	0.010*** (6.71)
LEV	−0.035*** (−4.57)	−0.034*** (−4.48)	−0.034*** (−4.52)	−0.035*** (−4.56)	−0.022*** (−2.60)	−0.033*** (−4.39)
SOE	0.016*** (4.83)	0.016*** (4.85)	0.016*** (4.74)	0.016*** (4.88)	0.017*** (5.07)	0.016*** (4.71)
Invest	0.154*** (5.00)	0.152*** (4.97)	0.154*** (5.01)	0.154*** (5.01)	0.147*** (4.79)	0.152*** (4.97)
Compete	−0.053 (−1.52)	−0.050 (−1.47)	−0.052 (−1.52)	−0.052 (−1.52)	−0.057* (−1.65)	−0.052 (−1.52)
SHRCR	−0.016 (−1.59)	−0.016 (−1.59)	−0.015 (−1.54)	−0.016 (−1.60)	−0.016* (−1.66)	−0.015 (−1.54)
INDIR	−0.008 (−0.30)	−0.013 (−0.47)	−0.007 (−0.28)	−0.008 (−0.30)	−0.006 (−0.24)	−0.008 (−0.28)
CEO_DUM	−0.001 (−0.26)	−0.001 (−0.24)	−0.001 (−0.29)	−0.001 (−0.28)	−0.001 (−0.17)	−0.001 (−0.28)
Age	0.001*** (3.36)	0.001*** (3.34)	0.001*** (3.36)	0.001*** (3.33)	0.001*** (3.54)	0.001*** (3.37)
Constant	−0.196*** (−4.95)	−0.201*** (−5.08)	−0.201*** (−5.08)	−0.198*** (−3.47)	−0.411*** (−5.89)	−0.249*** (−5.67)
Year	控制	控制	控制	控制	控制	控制
Industry	控制	控制	控制	控制	控制	控制
Observations	3080	3080	3080	3080	3080	3080
Adjusted R^2	0.068	0.071	0.069	0.068	0.072	0.070

注:* 表示 $p<0.1$;** 表示 $p<0.05$;*** 表示 $p<0.01$。

根据上文的实证分析结果，企业环境财务融合能够显著缓解企业的融资约束，帮助企业吸引更多资本市场中的投资者，尤其是机构投资者，符合理论预期，且更换指标后结果依然与更换前一致。其中，企业在环境合法、环境沟通以及环境管理方面的责任履行能够在资本市场中发挥显著作用，而绿色绩效虽然是企业环境保护责任履行最客观的证据，但却具有绝对的外部性特征，且需要进行专业的二次解读，很难像环境合法、环境沟通、环境管理一样发挥较强的信号传递作用。

但是，从实证结果来看，企业环境治理以及环境财务融合并不能有效降低股权融资成本，与前述理论存在出入。陆正飞和叶康涛（2004）研究发现，上市公司股权融资概率和股权融资成本正相关，并认为企业资本规模、自由现金流量越低，净资产收益率、股权集中度越高，企业越倾向于股权融资。这一结论为我们得出与前文不一致的检验结果提供了解释思路。从供需博弈来看，一般我们常认为愿意投资的投资者越多，企业的融资成本就会越低，但事实上能够使企业获得投资者青睐的原因有很多，而真正能够降低融资成本的则无外乎企业盈利能力。依据学界较为认可的剩余收益折现模型（GLS，2003），股权融资成本其实就是企业为了使净现金流现值与股价相等的内含报酬率，与企业未来预测的净收益紧密相关。企业环境责任履行虽然长期来看有助于企业价值增加，但短期来看一些专用性成本的付出甚至可能有损于企业利润，并且会掩盖企业财务绩效良好所展现出来的优势。因此，企业环境治理以及环境财务融合虽然能够吸引到更多资本市场中的投资者，却不一定能够有效降低资本成本。当然，我们希望未来研究能够通过加入一些约束和限制条件，更加深入细致地探讨企业环境财务融合对股权融资成本的潜在作用。

8.3.1.2　环境财务融合对企业债务融资的影响

表8-8是针对环境财务融合与企业债务融资各项指标的描述性统计分析结果。银行借款变动指标LNDLOAN的平均值为18.852，中位数为19.201，最小值为0，而最大值为23.39，表明企业的银行借款变动的均值较大，且不同企业间存在一定差异。银行借款占总资产的比例LOAN2ASS的均值为0.249，中位数为0.234，标准差为0.153，反映出企业的债务严重依赖从银行的借款，企业维持的银行借款水平较为集中。长期借款与短期借款的比值LONG2CUR的均值为0.94，但中位数仅为0.137，标准差达到3.345，说明总体而言企业的长期借款少于短期借款，但是企业间的差异较大，有部分企业的长期借款明显多于短期借款。

表 8-8　环境财务融合与企业债务融资描述性统计分析

	平均值	标准差	中位数	最小值	最大值	25 分位数	75 分位数
LNDLOAN	18.852	3.174	19.201	0.000	23.390	18.064	20.327
LOAN2ASS	0.249	0.153	0.234	0.000	0.681	0.128	0.352
LONG2CUR	0.940	3.345	0.137	0.000	39.438	0.000	0.612
C1	0.583	0.193	0.605	0.234	1.000	0.448	0.730
C2	0.617	0.149	0.554	0.134	1.000	0.517	0.719
C3	0.761	0.133	0.761	0.319	1.000	0.666	0.856
C4	0.911	0.031	0.919	0.743	0.996	0.885	0.927
C5	0.967	0.031	0.976	0.683	0.999	0.955	0.989
EFI	0.835	0.045	0.834	0.685	0.960	0.808	0.868
SIZE	22.415	1.193	22.199	19.436	26.086	21.583	23.126
LEV	0.488	0.193	0.494	0.034	1.067	0.337	0.636
SOE	0.437	0.496	0.000	0.000	1.000	0.000	1.000
Q	1.730	1.544	1.338	0.135	19.896	0.749	2.161
Invest	0.060	0.050	0.048	−0.057	0.251	0.025	0.084
Compete	0.057	0.074	0.032	0.017	0.363	0.025	0.058
SHRCR	0.480	0.155	0.474	0.155	0.875	0.366	0.587
INDIR	0.369	0.052	0.333	0.300	0.600	0.333	0.400
CEO_DUM	0.225	0.418	0.000	0.000	1.000	0.000	0.000
Age	10.982	6.055	11.000	1.000	24.000	6.000	16.000

表 8-9 是环境财务融合与债务融资各主要变量相关性分析的结果。可以看到，总体而言，在不控制其他因素的情况下，环境财务指数 EFI 及其各分项指标与债务融资各指标之间的相关性关系并不明确。有正向显著的情况，如 EFI 与 LOAN2ASS 的相关系数为 0.055，显著性水平达到 1%；也存在负相关的情况，如 C5 与 LOAN2CUR 之间的相关系数达到 −0.059，同样在 1% 的水平上显著。因此，为了更好地探究环境财务融合对债务融资的影响，有必要做出进一步的分析。

表 8-9　环境财务融合与债务融资相关性分析

	1	2	3	4	5	6	7	8	9
LNDLOAN	1.000								
LOAN2ASS	0.577***	1.000							

续表

	1	2	3	4	5	6	7	8	9
LONG2CUR	0.124***	0.095***	1.000						
C1	−0.038**	0.081***	0.003	1.000					
C2	0.015	0.021	−0.010	0.173***	1.000				
C3	0.014	0.059***	0.007	−0.021	0.287***	1.000			
C4	0.064***	0.062***	0.012	−0.163***	0.051***	0.410***	1.000		
C5	−0.007	−0.274***	−0.059***	−0.307***	−0.093***	−0.012	0.067***	1.000	
EFI	0.020	0.055***	−0.001	0.250***	0.539***	0.882***	0.550***	0.019	1.000

注：** 表示 $p<0.05$；*** 表示 $p<0.01$。

表 8-10、表 8-11、表 8-12 分别是以 LNDLOAN、LOAN2ASS、LONG2CUR 作为被解释变量的回归分析结果。表 8-10 中，C1、C4、C5 和 EFI 的回归系数显著为正，系数分别为 1.831、8.295、37.505、6.419，显著性水平分别为 5%、10%、1%、10%；表 8-11 中，除了 C4 外，各项环境财务融合指标均与 LOAN2ASS 显著相关，多数是显著正相关，但是 C5 与 LOAN2ASS 显著负相关。上述结果意味着总体而言，环境财务指数对债务融资的总量具有正向的影响。表 8-12 中，C1 和 EFI 的回归系数分别为 −1.231、−2.993，显著性水平分别为 1% 和 10%，反映出环境财务融合对长期借款与短期借款比值的负向影响。

表 8-10 对债务融资的影响

	Dependent Variable：LNDLOAN					
	（1）	（2）	（3）	（4）	（5）	（6）
C1	1.831** (2.11)					
C2		1.373 (1.16)				
C3			−0.073 (−0.07)			
C4				8.295* (1.70)		
C5					37.505*** (6.02)	
EFI						6.419* (1.92)

续表

	Dependent Variable：LNDLOAN					
	（1）	（2）	（3）	（4）	（5）	（6）
SIZE	1.102*** (7.26)	1.126*** (7.42)	1.152*** (7.58)	1.126*** (7.46)	1.090*** (7.30)	1.086*** (7.06)
LEV	14.191*** (18.85)	14.228*** (18.89)	14.224*** (18.86)	14.263*** (18.93)	16.344*** (19.81)	14.343*** (18.99)
SOE	−0.428 (−1.37)	−0.385 (−1.24)	−0.377 (−1.21)	−0.395 (−1.27)	−0.220 (−0.71)	−0.425 (−1.36)
Q	−0.764*** (−8.38)	−0.773*** (−8.49)	−0.771*** (−8.46)	−0.774*** (−8.50)	−0.731*** (−8.08)	−0.771*** (−8.47)
Invest	12.535*** (4.54)	12.820*** (4.65)	12.889*** (4.68)	12.866*** (4.67)	11.679*** (4.27)	12.687*** (4.60)
Compete	6.482** (2.00)	6.844** (2.11)	6.755** (2.09)	6.876** (2.12)	5.178 (1.61)	6.628** (2.05)
SHRCR	−4.643*** (−5.08)	−4.654*** (−5.09)	−4.668*** (−5.10)	−4.691*** (−5.13)	−4.706*** (−5.19)	−4.622*** (−5.05)
INDIR	−3.098 (−1.28)	−3.345 (−1.38)	−3.097 (−1.28)	−2.958 (−1.22)	−3.261 (−1.36)	−3.133 (−1.30)
CEO_DUM	0.098 (0.31)	0.093 (0.29)	0.088 (0.28)	0.070 (0.22)	0.164 (0.52)	0.089 (0.28)
Age	−0.191*** (−7.15)	−0.192*** (−7.21)	−0.192*** (−7.20)	−0.194*** (−7.26)	−0.185*** (−7.01)	−0.192*** (−7.22)
Constant	−11.142*** (−2.68)	−11.455*** (−2.76)	−11.403*** (−2.74)	−18.350*** (−3.15)	−47.829*** (−6.54)	−15.008*** (−3.29)
Year	控制	控制	控制	控制	控制	控制
Industry	控制	控制	控制	控制	控制	控制
Observations	1864	1864	1864	1864	1864	1864
Adjusted R^2	0.422	0.421	0.421	0.421	0.433	0.422

注：* 表示 $p<0.1$；** 表示 $p<0.05$；*** 表示 $p<0.01$。

表 8-11 对债务融资的影响

	Dependent Variable：LOAN2ASS					
	（1）	（2）	（3）	（4）	（5）	（6）
C1	0.026** (2.13)					
C2		0.028* (1.78)				

续表

	Dependent Variable: LOAN2ASS					
	(1)	(2)	(3)	(4)	(5)	(6)
C3			0.030** (2.03)			
C4				0.068 (1.05)		
C5					−0.381*** (−4.79)	
EFI						0.104** (2.32)
SIZE	0.011*** (5.20)	0.011*** (5.36)	0.011*** (5.26)	0.011*** (5.45)	0.012*** (5.87)	0.011*** (5.03)
LEV	0.553*** (55.89)	0.554*** (55.95)	0.554*** (55.97)	0.554*** (55.93)	0.532*** (48.82)	0.555*** (56.00)
SOE	0.094*** (2.64)	0.093*** (2.63)	0.094*** (2.66)	0.094*** (2.66)	0.106*** (2.99)	0.093*** (2.62)
Q	−0.071 (−1.58)	−0.067 (−1.50)	−0.069 (−1.53)	−0.069 (−1.53)	−0.061 (−1.38)	−0.069 (−1.54)
Invest	0.003 (0.76)	0.004 (0.88)	0.003 (0.78)	0.004 (0.93)	0.003 (0.63)	0.003 (0.76)
Compete	−0.062*** (−4.89)	−0.062*** (−4.88)	−0.062*** (−4.84)	−0.063*** (−4.89)	−0.061*** (−4.75)	−0.062*** (−4.85)
SHRCR	0.030 (0.87)	0.026 (0.77)	0.030 (0.89)	0.031 (0.91)	0.027 (0.80)	0.030 (0.88)
INDIR	0.004 (0.99)	0.004 (0.96)	0.004 (0.93)	0.004 (0.90)	0.004 (0.84)	0.004 (0.94)
CEO_DUM	−0.002*** (−5.32)	−0.002*** (−5.37)	−0.002*** (−5.36)	−0.002*** (−5.41)	−0.002*** (−5.53)	−0.002*** (−5.37)
Age	−0.008*** (−6.46)	−0.008*** (−6.59)	−0.008*** (−6.57)	−0.008*** (−6.57)	−0.009*** (−6.94)	−0.008*** (−6.55)
Constant	−0.176*** (−3.27)	−0.183*** (−3.40)	−0.186*** (−3.46)	−0.236*** (−3.10)	0.192** (2.04)	−0.240*** (−4.01)
Year	控制	控制	控制	控制	控制	控制
Industry	控制	控制	控制	控制	控制	控制
Observations	3041	3041	3041	3041	3041	3041
Adjusted R²	0.670	0.670	0.670	0.670	0.672	0.670

注：*表示 p<0.1；**表示 p<0.05；***表示 p<0.01。

表 8-12 对债务融资的影响

	Dependent Variable: LONG2CUR					
	(1)	(2)	(3)	(4)	(5)	(6)
C1	−1.231*** (−2.68)					
C2		−0.682 (−1.15)				
C3			−0.148 (−0.27)			
C4				−3.328 (−1.37)		
C5					−3.788 (−1.24)	
EFI						−2.993* (−1.76)
SIZE	0.254*** (2.96)	0.232*** (2.72)	0.224*** (2.63)	0.230*** (2.70)	0.230*** (2.70)	0.248*** (2.88)
LEV	0.183 (0.44)	0.184 (0.44)	0.189 (0.46)	0.187 (0.45)	−0.081 (−0.17)	0.146 (0.35)
SOE	0.165 (1.01)	0.138 (0.85)	0.142 (0.87)	0.139 (0.85)	0.124 (0.76)	0.155 (0.95)
Q	−0.039 (−0.67)	−0.032 (−0.55)	−0.034 (−0.58)	−0.033 (−0.56)	−0.036 (−0.61)	−0.035 (−0.60)
Invest	2.047 (1.35)	1.988 (1.31)	1.952 (1.29)	1.974 (1.30)	2.050 (1.35)	2.032 (1.34)
Compete	−2.130 (−1.25)	−2.206 (−1.30)	−2.175 (−1.28)	−2.204 (−1.30)	−2.112 (−1.24)	−2.218 (−1.30)
SHRCR	1.284*** (2.60)	1.269** (2.56)	1.271** (2.57)	1.276*** (2.58)	1.291*** (2.61)	1.265** (2.56)
INDIR	3.526*** (2.62)	3.636*** (2.69)	3.539*** (2.62)	3.465** (2.56)	3.512*** (2.60)	3.532*** (2.62)
CEO_DUM	−0.211 (−1.23)	−0.201 (−1.18)	−0.196 (−1.15)	−0.185 (−1.08)	−0.198 (−1.16)	−0.197 (−1.16)
Age	0.009 (0.60)	0.009 (0.65)	0.009 (0.64)	0.010 (0.72)	0.009 (0.62)	0.010 (0.66)
Constant	−6.137*** (−2.91)	−5.924*** (−2.81)	−5.941*** (−2.81)	−3.177 (−1.08)	−2.304 (−0.63)	−4.217* (−1.81)
Year	控制	控制	控制	控制	控制	控制

续表

	Dependent Variable: LONG2CUR					
	(1)	(2)	(3)	(4)	(5)	(6)
Industry	控制	控制	控制	控制	控制	控制
Observations	2576	2576	2576	2576	2576	2576
Adjusted R^2	0.131	0.129	0.128	0.129	0.129	0.129

注：* 表示 $p<0.1$；** 表示 $p<0.05$；*** 表示 $p<0.01$。

通过上述的数据分析，本书发现较高的环境财务融合明显有利于企业获得更多的债务融资。其中，环境合法、环境沟通、环境管理以及绿色绩效均能在不同程度上提高银行对企业的信用评估，帮助企业获得长期、稳定的信贷。但是通过对企业债务融资期限的进一步检验，我们发现环境财务融合度较高的公司并未能提高自身的长期贷款占比。究其原因，一方面，当前市场中"短债常借"现象较为普遍，能够在降低银行信贷风险、加快信贷审批、保持短期借款灵活性的同时，满足企业长期借款的本质需求。另一方面，近年来我国银行业信贷规模收紧，信贷风险不断增加，给银行业经营造成了一定的压力，贷款审批相对谨慎。因此，当企业的环境财务融合还不足以形成取得长期借款的充分条件时，可能就会使企业退而求其次，通过短期借款续借滚动实现长期借款的目的，以至于甚至表现出企业银行借款增多以及短期借款占比增加。

8.3.2 企业环境财务融合的内部管理效应

表8-13是环境财务融合与内部管理主要指标的描述性统计分析结果。职工福利指标LNEMP的均值为16.971，中位数为17.076，标准差为1.598，反映出企业间的职工福利较符合正态分布的情况。但是其最大值为21.154，最小值为9.874，说明不同企业间的职工福利差异较显著。高管薪酬LNMAN的均值为13.053，标准差为0.698，而最大值和最小值分别为15.156、11.046，可见相对于职工福利，企业间的高管薪酬差异幅度更小。

表8-14报告的是环境财务融合与内部管理各指标之间的相关性分析结果。比较明显的是，职工福利LNEMP和环境财务指数各指标均显著，但C5的相关系数为负，而高管薪酬LNMAN与环境财务指数的各项指标均正向显著。前述结果基本反映出环境财务融合程度会对职工福利及高管薪酬产生正向影响。

表 8-13 环境财务融合与内部管理效应描述性统计分析

	平均值	标准差	中位数	最小值	最大值	25分位数	75分位数
LNEMP	16.971	1.598	17.076	9.874	21.154	16.036	17.941
LNMAN	13.053	0.698	13.045	11.046	15.156	12.620	13.489
C1	0.580	0.194	0.605	0.234	1.000	0.448	0.734
C2	0.618	0.151	0.555	0.099	1.000	0.517	0.719
C3	0.760	0.135	0.761	0.145	1.000	0.642	0.856
C4	0.910	0.032	0.919	0.686	0.996	0.885	0.927
C5	0.968	0.032	0.976	0.673	0.999	0.956	0.990
EFI	0.834	0.047	0.834	0.644	0.969	0.806	0.868
SIZE	22.243	1.201	22.060	19.082	25.971	21.429	22.912
LEV	0.444	0.214	0.438	0.034	1.223	0.271	0.607
Invest	0.052	0.048	0.042	−0.078	0.242	0.019	0.074
Compete	0.056	0.070	0.032	0.017	0.363	0.025	0.059
Donation	0.013	0.029	0.001	0.000	0.216	0.000	0.012
SOE	0.438	0.496	0.000	0.000	1.000	0.000	1.000
SHRCR	0.478	0.157	0.473	0.131	0.881	0.363	0.586
INDIR	0.370	0.051	0.333	0.250	0.600	0.333	0.400
CEO_DUM	0.223	0.416	0.000	0.000	1.000	0.000	0.000
Age	11.383	6.030	12.000	1.000	24.000	6.000	16.000

表 8-14 环境财务融合与内部管理相关性分析

	1	2	3	4	5	6	7	8
LNEMP	1.000							
LNMAN	0.392***	1.000						
C1	0.243***	0.158***	1.000					
C2	0.100***	0.096***	0.168***	1.000				
C3	0.126***	0.077***	−0.016	0.298***	1.000			
C4	0.070***	0.050***	−0.157***	0.077***	0.457***	1.000		
C5	−0.031*	0.108***	−0.306***	−0.086***	−0.018	0.050***	1.000	
EFI	0.206***	0.156***	0.268***	0.550***	0.883***	0.574***	0.002	1.000

注：* 表示 $p<0.1$；*** 表示 $p<0.01$。

表 8-15 和表 8-16 分别是环境财务融合程度对职工福利及高管薪酬的回归结果。表 8-15 中，除 C4 外，各项指标的回归系数均正向显著，C1、C2、C3、C5、EFI 的系数分别为 0.555、0.736、0.547、6.239、2.618，显著性水平分别为 1%、1%、5%、1%、1%。表 8-16 中，指标 C2、C3、C5、EFI 回归系数正向显著，其值分别为 0.33、0.194、4.314、1.021，显著性水平分别为 1%、5%、1%和 1%。

表 8-15　对职工福利的影响

	\(1\)	\(2\)	\(3\)	\(4\)	\(5\)	\(6\)
	Dependent Variable: LNEMP					
C1	0.555*** (2.77)					
C2		0.736*** (2.84)				
C3			0.547** (2.28)			
C4				−0.212 (−0.20)		
C5					6.239*** (5.10)	
EFI						2.618*** (3.58)
SIZE	0.744*** (25.06)	0.751*** (25.69)	0.750*** (25.50)	0.761*** (25.97)	0.755*** (26.04)	0.737*** (24.74)
LEV	0.007 (0.06)	0.015 (0.14)	0.016 (0.14)	0.015 (0.13)	0.222* (1.85)	0.029 (0.26)
Invest	−0.784 (−1.36)	−0.798 (−1.39)	−0.763 (−1.33)	−0.764 (−1.33)	−0.943 (−1.64)	−0.794 (−1.38)
Compete	1.250* (1.73)	1.316* (1.82)	1.284* (1.78)	1.274* (1.76)	1.136 (1.58)	1.283* (1.78)
Donation	−0.382 (−0.49)	−0.363 (−0.47)	−0.327 (−0.42)	−0.298 (−0.38)	−0.438 (−0.57)	−0.400 (−0.52)
SOE	0.418*** (5.95)	0.432*** (6.17)	0.424*** (6.04)	0.435*** (6.20)	0.462*** (6.60)	0.419*** (5.98)
SHRCR	0.693*** (3.37)	0.686*** (3.34)	0.699*** (3.40)	0.686*** (3.33)	0.627*** (3.06)	0.697*** (3.40)
INDIR	−0.105 (−0.19)	−0.202 (−0.36)	−0.094 (−0.17)	−0.108 (−0.19)	−0.091 (−0.17)	−0.103 (−0.19)

续表

	Dependent Variable: LNEMP					
	(1)	(2)	(3)	(4)	(5)	(6)
CEO_DUM	−0.090 (−1.23)	−0.092 (−1.26)	−0.097 (−1.32)	−0.096 (−1.31)	−0.080 (−1.10)	−0.094 (−1.29)
Age	0.003 (0.42)	0.002 (0.32)	0.002 (0.34)	0.002 (0.33)	0.004 (0.60)	0.002 (0.35)
Constant	−2.081*** (−2.67)	−2.322*** (−2.98)	−2.337*** (−2.99)	−2.029* (−1.73)	−8.266*** (−5.82)	−3.713*** (−4.20)
Year	控制	控制	控制	控制	控制	控制
Industry	控制	控制	控制	控制	控制	控制
Observations	3165	3165	3165	3165	3165	3165
Adjusted R^2	0.320	0.321	0.320	0.319	0.324	0.321

注：* 表示 $p<0.1$；** 表示 $p<0.05$；*** 表示 $p<0.01$。

表 8−16　对高管薪酬的影响

	Dependent Variable: LNMAN					
	(1)	(2)	(3)	(4)	(5)	(6)
C1	0.003 (0.04)					
C2		0.330*** (3.36)				
C3			0.194** (2.13)			
C4				0.445 (1.10)		
C5					4.314*** (9.39)	
EFI						1.021*** (3.68)
SIZE	0.227*** (20.14)	0.223*** (20.12)	0.223*** (20.03)	0.226*** (20.32)	0.224*** (20.54)	0.218*** (19.30)
LEV	−0.403*** (−9.39)	−0.403*** (−9.40)	−0.403*** (−9.39)	−0.404*** (−9.40)	−0.260*** (−5.78)	−0.398*** (−9.28)
Invest	0.980*** (4.49)	0.966*** (4.44)	0.981*** (4.50)	0.980*** (4.49)	0.856*** (3.97)	0.968*** (4.45)

续表

Dependent Variable: LNMAN						
	(1)	(2)	(3)	(4)	(5)	(6)
Compete	−0.617** (−2.25)	−0.599** (−2.19)	−0.614** (−2.24)	−0.615** (−2.25)	−0.714*** (−2.64)	−0.614** (−2.25)
Donation	1.942*** (6.60)	1.912*** (6.52)	1.933*** (6.58)	1.939*** (6.60)	1.847*** (6.37)	1.904*** (6.49)
SOE	−0.084*** (−3.16)	−0.085*** (−3.22)	−0.088*** (−3.30)	−0.084*** (−3.15)	−0.065** (−2.48)	−0.090*** (−3.39)
SHRCR	0.374*** (4.79)	0.374*** (4.79)	0.379*** (4.84)	0.374*** (4.78)	0.335*** (4.33)	0.379*** (4.85)
INDIR	−0.281 (−1.33)	−0.325 (−1.54)	−0.278 (−1.32)	−0.273 (−1.30)	−0.270 (−1.30)	−0.282 (−1.34)
CEO_DUM	0.053* (1.90)	0.055** (1.97)	0.053* (1.90)	0.052* (1.87)	0.064** (2.34)	0.054* (1.94)
Age	0.004* (1.95)	0.004* (1.95)	0.004** (1.97)	0.004* (1.90)	0.006** (2.48)	0.005** (1.98)
Constant	7.632*** (25.79)	7.579*** (25.66)	7.583*** (25.62)	7.265*** (16.37)	3.437*** (6.45)	7.042*** (20.99)
Year	控制	控制	控制	控制	控制	控制
Industry	控制	控制	控制	控制	控制	控制
Observations	3157	3157	3157	3157	3157	3157
Adjusted R^2	0.255	0.257	0.256	0.255	0.277	0.258

注：* 表示 $p<0.1$；** 表示 $p<0.05$；*** 表示 $p<0.01$。

根据上文实证分析结果，企业环境财务融合与职工福利、高管薪酬呈显著正相关。企业在环境合法、环境沟通以及环境管理方面的责任履行能够积极促进员工的工作热情和积极情绪，获得更高的员工忠诚度，并且令高管获得更高的薪酬激励，降低代理成本，最终有利于企业长远经济利益。而绿色经营绩效外部性特征过于明显，且信息专业度较高，相对来说既无法使员工清晰感知，也由于利益存在背离而较难缓解高管和股东之间的代理冲突。因此，从内部员工这一利益相关者视角出发，整体上企业的环境财务融合对于员工管理具有明显的正向作用，最终一定程度转化为对企业财务业绩的提升。

8.3.3 企业环境财务融合的供应链反哺

表 8-17 报告的是环境财务融合与供应链反哺各项指标之间的描述性统计分析结果。本书采用三个指标 APAYR、APAY2ASS 和 APAY2SALE 来反映企业与供应商之间的关系。APAYR 的均值为 0.197，最大值为 0.926，说明应付账款构成了企业债务的重要组成部分，很多企业的融资依赖应付给供应商的账款。APAY2ASS 的均值为 0.075，反映平均而言，企业的应付账款额度相对于总资产而言并不是很大。APAY2SALE 的均值为 0.175，标准差为 1.622，说明平均而言，企业的应付账款相对于经营规模占比较高，且不同企业间差异较大。

表 8-17 环境财务融合与供应链反哺描述性统计分析

	平均值	标准差	中位数	最小值	最大值	25 分位数	75 分位数
APAYR	0.197	0.138	0.160	0.000	0.926	0.101	0.256
APAY2ASS	0.075	0.050	0.067	0.000	0.394	0.040	0.096
APAY2SALE	0.175	1.622	0.111	0.000	87.504	0.070	0.176
C1	0.584	0.194	0.605	0.234	1.000	0.448	0.734
C2	0.620	0.152	0.611	0.099	1.000	0.517	0.720
C3	0.762	0.135	0.761	0.145	1.000	0.666	0.856
C4	0.910	0.032	0.919	0.656	0.996	0.885	0.927
C5	0.968	0.032	0.976	0.673	0.999	0.956	0.990
EFI	0.835	0.047	0.835	0.633	0.967	0.807	0.868
LNSALE	21.713	1.353	21.586	15.942	28.689	20.853	22.457
LEV	0.445	0.212	0.441	0.016	1.897	0.277	0.604
Q	1.965	1.816	1.481	0.083	21.023	0.825	2.452
Compete	0.057	0.072	0.032	0.017	0.363	0.025	0.058
SOE	0.453	0.498	0.000	0.000	1.000	0.000	1.000
SHRCR	0.478	0.159	0.472	0.084	0.955	0.363	0.585
INDIR	0.370	0.053	0.333	0.182	0.667	0.333	0.400
CEO_DUM	0.215	0.411	0.000	0.000	1.000	0.000	0.000
Growth	0.198	1.226	0.073	−0.942	36.395	−0.049	0.221
Age	11.620	5.866	12.000	2.000	26.000	6.000	16.000

表 8-18 为各主要变量之间两两相关性分析的结果。可以看到，在不控制其他因素的情况下，APAYR、APAY2ASS 和 APAY2SALE 三个变量与环境财务融合各指标之间的相关性并不明确。例如，EFI 仅与 APAY2SALE 显著负向关，而与另外两个变量并不显著相关。为了进一步了解环境财务融合对供应链关系的影响，有必要做进一步的回归分析，以控制其他因素的影响。

表 8-18 环境财务融合与供应链反哺相关性分析

	1	2	3	4	5	6	7	8	9
APAYR	1.00								
APAY2ASS	0.56***	1.00							
APAY2SALE	0.01	0.06***	1.00						
C1	−0.08***	−0.02	−0.02	1.00					
C2	−0.00	0.02	−0.02	0.17***	1.00				
C3	−0.01	0.01	−0.04**	−0.02	0.29***	1.00			
C4	−0.04**	−0.01	−0.02	−0.16***	0.05**	0.41***	1.00		
C5	0.14***	−0.09***	−0.07***	−0.31***	−0.09***	−0.01	0.07***	1.00	
EFI	−0.03	−0.00	−0.05***	0.25***	0.54***	0.88***	0.55***	0.02	1.00

注：** 表示 $p < 0.05$；*** 表示 $p < 0.01$。

表 8-19、表 8-20、表 8-21 分别是以 APAYR、APAY2ASS 和 APAY2SALE 指标为被解释变量的线性回归结果。可以看到，表 8-19 中，C1、C5 和 EFI 的回归系数显著为负，值分别为 −0.056、−0.377、−0.123，显著性水平分别为 1%、1% 和 5%；表 8-20 中，C1、C3、C5、EFI 对 APAY2ASS 具有显著的影响，其系数分别为 −0.026、−0.016、0.095、−0.064，显著性水平分别为 1%、5%、5%、1%；表 8-21 中，则仅有 C5 和 EFI 具有显著负向的影响，系数为 −4.577、−1.436，显著性水平分别为 1% 和 10%。

表 8-19 对供应链的影响（a）

	Dependent Variable: APAYR					
	(1)	(2)	(3)	(4)	(5)	(6)
C1	−0.056*** (−3.61)					
C2		0.010 (0.50)				

续表

	Dependent Variable: APAYR					
	(1)	(2)	(3)	(4)	(5)	(6)
C3			−0.012 (−0.66)			
C4				−0.125 (−1.55)		
C5					−0.377*** (−3.68)	
EFI						−0.123** (−2.16)
LNSALE	0.0002 (0.08)	−0.001 (−0.58)	−0.001 (−0.44)	−0.001 (−0.38)	0.0001 (0.04)	−0.0001 (−0.06)
LEV	−0.266*** (−20.63)	−0.267*** (−20.66)	−0.267*** (−20.67)	−0.267*** (−20.67)	−0.291*** (−20.15)	−0.269*** (−20.76)
Q	0.001 (0.95)	0.002 (1.09)	0.002 (1.10)	0.002 (1.13)	0.001 (0.86)	0.002 (1.09)
Compete	−0.102* (−1.75)	−0.105* (−1.80)	−0.106* (−1.81)	−0.106* (−1.82)	−0.095 (−1.63)	−0.105* (−1.80)
SOE	0.024*** (4.30)	0.022*** (4.07)	0.023*** (4.12)	0.022*** (4.08)	0.021*** (3.76)	0.023*** (4.21)
SHRCR	0.054*** (3.30)	0.054*** (3.32)	0.054*** (3.29)	0.054*** (3.32)	0.054*** (3.33)	0.053*** (3.27)
INDIR	−0.106** (−2.48)	−0.107** (−2.50)	−0.106** (−2.48)	−0.108** (−2.52)	−0.106** (−2.50)	−0.106** (−2.48)
CEO_DUM	−0.004 (−0.70)	−0.004 (−0.62)	−0.004 (−0.62)	−0.003 (−0.58)	−0.004 (−0.70)	−0.004 (−0.62)
Growth	0.001 (0.42)	0.001 (0.48)	0.001 (0.47)	0.001 (0.49)	0.001 (0.61)	0.001 (0.48)
TIME	−0.002*** (−3.36)	−0.002*** (−3.25)	−0.002*** (−3.25)	−0.001*** (−3.17)	−0.002*** (−3.43)	−0.002*** (−3.24)
Constant	0.344*** (5.62)	0.346*** (5.63)	0.352*** (5.71)	0.452*** (4.97)	0.702*** (6.16)	0.422*** (6.01)
Year	控制	控制	控制	控制	控制	控制
Industry	控制	控制	控制	控制	控制	控制
Observations	2924	2924	2924	2924	2924	2924
Adjusted R^2	0.230	0.226	0.226	0.227	0.230	0.228

注：* 表示 $p<0.1$；** 表示 $p<0.05$；*** 表示 $p<0.01$。

表 8-20 对供应链的影响（b）

	\multicolumn{6}{c}{Dependent Variable: APAY2ASS}
	（1）	（2）	（3）	（4）	（5）	（6）
C1	−0.026*** (−4.46)					
C2		0.003 (0.37)				
C3			−0.016** (−2.33)			
C4				−0.046 (−1.54)		
C5					0.095** (2.47)	
EFI						−0.064*** (−3.01)
LNSALE	0.001 (0.71)	−0.0001 (−0.09)	0.0002 (0.28)	0.0001 (0.10)	−0.0004 (−0.43)	0.001 (0.59)
LEV	0.090*** (18.74)	0.090*** (18.59)	0.090*** (18.56)	0.090*** (18.60)	0.096*** (17.74)	0.089*** (18.42)
Q	0.001 (1.25)	0.001 (1.43)	0.001 (1.45)	0.001 (1.46)	0.001 (1.60)	0.001 (1.43)
Compete	−0.001 (−0.04)	−0.003 (−0.12)	−0.002 (−0.11)	−0.003 (−0.13)	−0.005 (−0.25)	−0.002 (−0.09)
SOE	0.007*** (3.57)	0.007*** (3.30)	0.007*** (3.46)	0.007*** (3.30)	0.007*** (3.51)	0.007*** (3.49)
SHRCR	0.017*** (2.84)	0.017*** (2.86)	0.017*** (2.79)	0.018*** (2.87)	0.017*** (2.86)	0.017*** (2.80)
INDIR	−0.040** (−2.48)	−0.040** (−2.50)	−0.040** (−2.50)	−0.040** (−2.53)	−0.039** (−2.47)	−0.040** (−2.48)
CEO_DUM	−0.003 (−1.30)	−0.003 (−1.20)	−0.003 (−1.19)	−0.003 (−1.17)	−0.002 (−1.16)	−0.003 (−1.20)
Growth	0.0002 (0.33)	0.0003 (0.40)	0.0003 (0.41)	0.0003 (0.41)	0.0002 (0.29)	0.0003 (0.41)
Age	−0.0005*** (−2.60)	−0.0004** (−2.46)	−0.0004** (−2.46)	−0.0004** (−2.38)	−0.0004** (−2.34)	−0.0004** (−2.45)
Constant	0.016 (0.71)	0.018 (0.77)	0.023 (0.98)	0.057* (1.67)	−0.071* (−1.66)	0.056** (2.15)
Year	控制	控制	控制	控制	控制	控制

续表

Dependent Variable: APAY2ASS						
	(1)	(2)	(3)	(4)	(5)	(6)
Industry	控制	控制	控制	控制	控制	控制
Observations	2924	2924	2924	2924	2924	2924
Adjusted R^2	0.179	0.173	0.175	0.174	0.175	0.176

注：* 表示 $p<0.1$；** 表示 $p<0.05$；*** 表示 $p<0.01$。

表 8-21 对供应链的影响（c）

Dependent Variable: APAY2SALE						
	(1)	(2)	(3)	(4)	(5)	(6)
C1	−0.074 (−0.36)					
C2		−0.039 (−0.15)				
C3			−0.382 (−1.54)			
C4				−1.208 (−1.13)		
C5					−4.577*** (−3.36)	
EFI						−1.436* (−1.90)
LNSALE	−0.189*** (−6.19)	−0.190*** (−6.29)	−0.184*** (−6.06)	−0.187*** (−6.20)	−0.175*** (−5.76)	−0.178*** (−5.79)
LEV	0.980*** (5.70)	0.979*** (5.70)	0.974*** (5.67)	0.978*** (5.69)	0.689*** (3.59)	0.960*** (5.58)
Q	−0.029 (−1.40)	−0.029 (−1.38)	−0.029 (−1.38)	−0.029 (−1.37)	−0.034 (−1.60)	−0.029 (−1.39)
Compete	0.424 (0.55)	0.416 (0.54)	0.427 (0.55)	0.416 (0.54)	0.551 (0.71)	0.432 (0.56)
SOE	−0.010 (−0.13)	−0.011 (−0.15)	−0.003 (−0.04)	−0.012 (−0.16)	−0.033 (−0.45)	−0.003 (−0.04)
SHRCR	0.435** (2.01)	0.436** (2.01)	0.426** (1.96)	0.437** (2.01)	0.437** (2.02)	0.427** (1.97)
INDIR	−0.519 (−0.91)	−0.514 (−0.90)	−0.526 (−0.93)	−0.538 (−0.95)	−0.528 (−0.93)	−0.518 (−0.91)

续表

	Dependent Variable：APAY2SALE					
	(1)	(2)	(3)	(4)	(5)	(6)
CEO_DUM	−0.079 (−1.03)	−0.079 (−1.03)	−0.077 (−1.01)	−0.076 (−1.00)	−0.084 (−1.10)	−0.078 (−1.02)
Growth	−0.018 (−0.73)	−0.018 (−0.73)	−0.018 (−0.72)	−0.018 (−0.71)	−0.015 (−0.59)	−0.018 (−0.72)
Age	−0.004 (−0.61)	−0.004 (−0.60)	−0.004 (−0.60)	−0.003 (−0.54)	−0.005 (−0.76)	−0.004 (−0.59)
Constant	3.802*** (4.66)	3.814*** (4.66)	3.914*** (4.78)	4.814*** (3.98)	8.110*** (5.35)	4.666*** (5.01)
Year	控制	控制	控制	控制	控制	控制
Industry	控制	控制	控制	控制	控制	控制
Observations	2924	2924	2924	2924	2924	2924
Adjusted R²	0.016	0.016	0.017	0.017	0.020	0.018

注：* 表示 $p<0.1$；** 表示 $p<0.05$；*** 表示 $p<0.01$。

从整体上看，环境财务融合的程度（EFI）与应付账款之间存在负相关关系，这说明环境财务融合度与供应链之间的良性互动以企业"让利"为主要形式，环境财务融合度好的企业更注重和供应商之间的和谐共处，进而反映在财务指标上就是较少地占用供应商的资源。

在分项指标中，环境合法性（C1）与应付账款之间存在较为稳定的负相关，说明企业是否愿意与第三方合作、是否受到过处罚更好地反映了企业环境保护的真实意愿。

在其他分项指标中，实证结果大都不显著，一方面说明在这些路径上，财务或者环境对于供应商的影响不大；另一方面说明，在C1~C5五个维度中，虽然只有一个维度稳定显著，但整体结果 EFI 也是稳定显著的，这说明财务环境需要作为一个整体才能有效影响供应商，"偏科"则有抑制作用。

8.3.4 企业环境财务融合的客户反馈

表8-22是环境财务融合与客户反馈各主要变量的描述性统计结果。可以看到，客户反馈指标 LINDEX 的均值为 0.098，中位数为 0.083，标准差为 0.135，最小值为−0.724，而最大值为 0.531，表明不同企业间的差异较大，一些企业的

客户反馈良好，而另一些则较差。SOE 的均值为 0.443，说明较大比例的企业为国有企业。Age 的均值为 11.637，反映出本书研究的多数企业上市时间较长。AD 的均值为 0.504，RD 的均值为 0.201，说明多数企业都会投入资金进行营销和研发活动，但是营销活动的资金投入比研发投入更大。

表 8-22 环境财务融合与客户反馈描述性统计分析

	平均值	标准差	中位数	最小值	最大值	25 分位数	75 分位数
LINDEX	0.098	0.135	0.083	−0.724	0.531	0.034	0.157
C1	0.583	0.194	0.605	0.234	1.000	0.448	0.734
C2	0.621	0.152	0.612	0.099	1.000	0.517	0.720
C3	0.762	0.136	0.761	0.145	1.000	0.666	0.856
C4	0.910	0.032	0.919	0.656	0.996	0.885	0.927
C5	0.968	0.032	0.976	0.604	0.999	0.956	0.989
EFI	0.835	0.047	0.835	0.633	0.967	0.807	0.868
SIZE	22.277	1.184	22.095	19.081	26.086	21.466	22.946
SOE	0.443	0.497	0.000	0.000	1.000	0.000	1.000
Growth	0.149	0.473	0.073	−0.628	5.985	−0.051	0.223
SHRCR	0.476	0.156	0.469	0.155	0.875	0.361	0.581
Institution	0.057	0.079	0.031	0.000	0.525	0.009	0.072
INDIR	0.370	0.052	0.333	0.300	0.600	0.333	0.400
CEO_DUM	0.216	0.412	0.000	0.000	1.000	0.000	0.000
Age	11.637	5.863	12.000	2.000	25.000	6.000	16.000
AD	0.504	0.500	1.000	0.000	1.000	0.000	1.000
RD	0.201	0.401	0.000	0.000	1.000	0.000	0.000

表 8-23 是研究变量间两两相关性分析的结果。在不控制其他变量的情况下，LINDEX 与 C1、C5、EFI 具有显著正向的关系，其相关系数分别为 0.028、0.278 和 0.075，反映出总体而言，企业的环境融合程度和客户反馈指标之间存在正向关联。

表 8-24 是环境财务融合各指标对客户反馈线性回归的检验结果。可以看到，在控制其他因素影响的情况下，C5 和 EFI 的回归系数正向显著，系数分别为 3.445、0.463，而显著性水平为 1% 和 5%。

表 8-23 环境财务融合与客户反馈相关性分析

	1	2	3	4	5	6	7
LINDEX	1.000						
C1	0.028*	1.000					
C2	0.020	0.173***	1.000				
C3	0.025	−0.021	0.287***	1.000			
C4	0.024	−0.163***	0.051***	0.410***	1.000		
C5	0.278***	−0.307***	−0.093***	−0.012	0.067***	1.000	
EFI	0.075***	0.250***	0.539***	0.882***	0.550***	0.019	1.000

注：* 表示 $p<0.1$；*** 表示 $p<0.01$。

表 8-24 对顾客利益的影响

Dependent Variable：LINDEX						
	(1)	(2)	(3)	(4)	(5)	(6)
C1	0.014 (0.23)					
C2		−0.010 (−0.13)				
C3			0.062 (0.85)			
C4				0.358 (1.12)		
C5					3.445*** (9.95)	
EFI						0.463** (2.07)
SIZE	−0.001 (−0.16)	−0.001 (−0.10)	−0.002 (−0.24)	−0.002 (−0.24)	0.001 (0.16)	−0.005 (−0.55)
SOE	−0.022 (−1.03)	−0.022 (−1.01)	−0.023 (−1.07)	−0.021 (−0.99)	0.00004 (0.002)	−0.024 (−1.12)
Growth	0.002 (0.60)	0.002 (0.60)	0.002 (0.61)	0.002 (0.59)	0.002 (0.70)	0.002 (0.63)
SHRCR	0.179*** (2.82)	0.179*** (2.82)	0.180*** (2.84)	0.178*** (2.80)	0.131** (2.09)	0.179*** (2.82)
Institution	0.227** (2.13)	0.229** (2.14)	0.225** (2.11)	0.228** (2.14)	0.144 (1.37)	0.217** (2.04)

续表

	Dependent Variable: LINDEX					
	(1)	(2)	(3)	(4)	(5)	(6)
INDIR	0.077 (0.46)	0.079 (0.46)	0.079 (0.47)	0.084 (0.50)	0.047 (0.28)	0.078 (0.46)
CEO_DUM	−0.026 (−1.14)	−0.026 (−1.15)	−0.026 (−1.15)	−0.027 (−1.18)	−0.017 (−0.78)	−0.026 (−1.14)
Age	−0.001 (−0.47)	−0.001 (−0.48)	−0.001 (−0.48)	−0.001 (−0.54)	0.001 (0.44)	−0.001 (−0.47)
AD	0.059*** (2.76)	0.059*** (2.77)	0.058*** (2.74)	0.058*** (2.72)	0.046** (2.20)	0.056*** (2.63)
RD	0.045* (1.91)	0.045* (1.90)	0.044* (1.90)	0.045* (1.90)	0.039* (1.70)	0.045* (1.90)
Constant	−0.073 (−0.29)	−0.074 (−0.30)	−0.091 (−0.37)	−0.371 (−1.03)	−3.474*** (−8.27)	−0.346 (−1.23)
Year	控制	控制	控制	控制	控制	控制
Industry	控制	控制	控制	控制	控制	控制
Observations	3019	3019	3019	3019	3019	3019
Adjusted R^2	0.068	0.068	0.068	0.068	0.098	0.069

注：* 表示 $p<0.1$；** 表示 $p<0.05$；*** 表示 $p<0.01$。

环境财务指数（EFI）与勒纳指数呈现显著正相关，说明企业财务与环境融合较好，能在销售市场获得较好的竞争优势。在分项的绩效中，只有财务绩效（C5）与勒纳指数呈现显著正相关，说明财务绩效本身是市场竞争力的主要保证。此外，其他分项与企业市场竞争力之间的关系并不显著，说明企业构建市场竞争力是一项复杂的系统工程，单方面的环境绩效并不能提升整体市场竞争力。

8.3.5 企业环境财务融合的政府资源牵引

表 8-25 是分析环境财务融合对政府资源牵引各主要变量的描述性统计分析结果。表中 SUBSY1 的均值为 0.004，SUBSY2 的均值为 0.009，两个指标的中位数分别为 0.002 和 0.004。均值和中位数之间的差异反映出企业的政府补助呈现出偏态分布的特征，部分企业获取的政府补助明显更多。政治关联指标 Politic 的均值达到 0.599，说明多数企业存在着政治关联；SHRCR 的均值为 0.476，反映出企业的股权集中度较大，前五大股东拥有较高比例的股权。

表 8-25　环境财务融合与政府资源牵引描述性统计分析

	平均值	标准差	中位数	最小值	最大值	25 分位数	75 分位数
SUBSY1	0.004	0.007	0.002	0.000	0.047	0.000	0.005
SUBSY2	0.009	0.016	0.004	0.000	0.141	0.001	0.009
C1	0.584	0.194	0.605	0.234	1.000	0.448	0.734
C2	0.621	0.152	0.612	0.099	1.000	0.517	0.720
C3	0.762	0.136	0.761	0.145	1.000	0.666	0.856
C4	0.910	0.032	0.919	0.656	0.996	0.885	0.927
C5	0.967	0.032	0.976	0.604	0.999	0.956	0.989
EFI	0.835	0.047	0.835	0.633	0.967	0.807	0.868
SIZE	22.287	1.196	22.106	19.081	26.086	21.466	22.960
LEV	0.445	0.208	0.441	0.034	1.067	0.277	0.607
SOE	0.449	0.497	0.000	0.000	1.000	0.000	1.000
Politic	0.599	0.490	1.000	0.000	1.000	0.000	1.000
Growth	0.149	0.476	0.072	−0.628	5.985	−0.052	0.223
Institution	0.057	0.079	0.031	0.000	0.525	0.009	0.073
INDIR	0.370	0.052	0.333	0.300	0.600	0.333	0.400
SHRCR	0.476	0.157	0.470	0.155	0.875	0.361	0.583
Age	11.685	5.863	13.000	2.000	25.000	6.000	17.000

表 8-26 是各主要变量两两相关分析的结果。在不控制其他因素的影响时，SUBSY1 与 C2、EFI 显著正相关，相关系数分别为 0.045 和 0.033，而 SUBSY2 与 C2 显著正相关，系数达到 0.04，但与 C5 显著负相关，相关系数为 −0.071。整体而言，结果并不统一，要得到更准确的结论，有赖进一步的回归分析。

表 8-26　环境财务融合与政府资源牵引相关性分析

	1	2	3	4	5	6	7	8
SUBSY1	1.000							
SUBSY2	0.840***	1.000						
C1	0.007	−0.002	1.000					
C2	0.045***	0.040***	0.173***	1.000				
C3	0.023	0.014	−0.021	0.287***	1.000			

续表

	1	2	3	4	5	6	7	8
C4	0.010	−0.002	−0.163***	0.051***	0.410***	1.000		
C5	0.002	−0.071***	−0.307***	−0.093***	−0.012	0.067***	1.000	
EFI	0.033*	0.011	0.250***	0.539***	0.882***	0.550***	0.019	1.000

注：* 表示 $p<0.1$；*** 表示 $p<0.01$。

在控制其他因素的影响后，企业环境财务融合对政府资源的牵引作用较为明确。表8-27和表8-28为以SUBSY1和SUBSY2为被解释变量的Tobit回归结果，可以看到，表8-27中，C1、C2、C3、EFI对SUBSY1具有显著正向的影响，回归系数分别为0.003、0.006、0.004、0.018，显著性水平均为1%，但C5的回归系数显著为负；表8-28中的结果类似，C1、C2、C3、EFI的系数分别为0.006、0.012、0.007、0.032，显著性水平分别为1%、1%、5%、1%，而C5的系数同样显著为负。

表8-27 对政府补助的影响（a）

	Dependent Variable: SUBSY1					
	(1)	(2)	(3)	(4)	(5)	(6)
C1	0.003*** (4.41)					
C2		0.006*** (6.04)				
C3			0.004*** (3.31)			
C4				0.006 (1.27)		
C5					−0.008* (−1.71)	
EFI						0.018*** (5.68)
SIZE	−0.001*** (−8.84)	−0.001*** (−8.64)	−0.001*** (−8.36)	−0.001*** (−8.09)	−0.001*** (−7.98)	−0.001*** (−9.03)
LEV	0.004*** (4.69)	0.004*** (4.76)	0.004*** (4.60)	0.003*** (4.47)	0.003*** (3.72)	0.004*** (5.00)
SOE	0.001*** (4.32)	0.002*** (4.57)	0.001*** (4.24)	0.001*** (4.40)	0.001*** (4.38)	0.001*** (4.29)

续表

	Dependent Variable: SUBSY1					
	(1)	(2)	(3)	(4)	(5)	(6)
Politic	0.004*** (14.45)	0.004*** (13.51)	0.004*** (13.71)	0.004*** (13.94)	0.004*** (14.09)	0.004*** (13.67)
Growth	−0.001*** (−4.37)	−0.001*** (−4.28)	−0.001*** (−4.27)	−0.001*** (−4.36)	−0.001*** (−4.33)	−0.001*** (−4.24)
Institution	0.007*** (3.78)	0.006*** (3.47)	0.007*** (3.68)	0.007*** (3.80)	0.007*** (3.88)	0.006*** (3.51)
INDIR	−0.003 (−1.20)	−0.004 (−1.43)	−0.003 (−1.16)	−0.003 (−1.15)	−0.003 (−1.19)	−0.003 (−1.21)
SHRCR	0.001 (1.41)	0.001 (1.38)	0.001 (1.42)	0.001 (1.28)	0.001 (1.33)	0.002 (1.49)
Age	−0.0001*** (−5.17)	−0.0001*** (−5.16)	−0.0001*** (−4.94)	−0.0001*** (−5.03)	−0.0001*** (−5.14)	−0.0001*** (−5.06)
Constant	0.029*** (9.00)	0.026*** (8.25)	0.026*** (8.01)	0.022*** (4.43)	0.035*** (6.32)	0.016*** (4.19)
Year	控制	控制	控制	控制	控制	控制
Industry	控制	控制	控制	控制	控制	控制
Observations	3037	3037	3037	3037	3037	3037
Log Likelihood	6920.29	6927.07	6918.62	6916.30	6931.12	6921.71

注：*表示 $p<0.1$；***表示 $p<0.01$。

表8-28 对政府补助的影响（b）

	Dependent Variable: SUBSY2					
	(1)	(2)	(3)	(4)	(5)	(6)
C1	0.006*** (3.34)					
C2		0.012*** (5.33)				
C3			0.007** (2.57)			
C4				0.008 (0.75)		
C5					−0.055*** (−4.82)	
EFI						0.032*** (4.08)

续表

	Dependent Variable: SUBSY2					
	(1)	(2)	(3)	(4)	(5)	(6)
SIZE	−0.002*** (−5.78)	−0.002*** (−5.69)	−0.002*** (−5.41)	−0.002*** (−5.18)	−0.002*** (−5.02)	−0.002*** (−5.87)
LEV	0.008*** (4.07)	0.008*** (4.16)	0.008*** (4.01)	0.007*** (3.91)	0.004** (2.23)	0.008*** (4.28)
SOE	0.002* (1.88)	0.002** (2.10)	0.001* (1.83)	0.002* (1.95)	0.002* (1.93)	0.002* (1.86)
Politic	0.010*** (12.82)	0.009*** (12.07)	0.009*** (12.27)	0.009*** (12.46)	0.010*** (12.99)	0.009*** (12.25)
Growth	−0.005*** (−5.91)	−0.005*** (−5.83)	−0.005*** (−5.83)	−0.005*** (−5.89)	−0.004*** (−5.81)	−0.004*** (−5.81)
Institution	0.016*** (3.54)	0.014*** (3.26)	0.015*** (3.45)	0.016*** (3.55)	0.017*** (3.79)	0.015*** (3.34)
INDIR	−0.001 (−0.15)	−0.002 (−0.36)	−0.001 (−0.12)	−0.001 (−0.11)	−0.001 (−0.20)	−0.001 (−0.16)
SHRCR	−0.001 (−0.46)	−0.001 (−0.47)	−0.001 (−0.45)	−0.001 (−0.56)	−0.001 (−0.41)	−0.001 (−0.41)
Age	−0.0003*** (−3.67)	−0.0003*** (−3.68)	−0.0002*** (−3.49)	−0.0003*** (−3.56)	−0.0003*** (−4.06)	−0.0003*** (−3.58)
Constant	0.045*** (5.74)	0.040*** (5.12)	0.039*** (4.99)	0.035*** (2.84)	0.096*** (7.08)	0.022** (2.38)
Year	控制	控制	控制	控制	控制	控制
Industry	控制	控制	控制	控制	控制	控制
Observations	3059	3059	3059	3059	3059	3059
Log Likelihood	4388.89	4473.55	4468.01	4466.05	4440.03	4462.98

注：* 表示 $p<0.1$；** 表示 $p<0.05$；*** 表示 $p<0.01$。

企业环境财务融合程度与政府利益反馈呈现稳定的显著正相关，说明政府对企业的环境与财务融合度有着较高的关注度，同时从利益导向上也鼓励企业融合环境绩效与财务绩效，使之达到平衡。

在分项指标上，政府的反馈与其他利益相关者（如客户、供应商）有较大差异，对于大部分利益相关者，环境的分项指标好并不能直接提升利益相关者的满意度，但在政府这侧则有所不同，政府的正向反馈和环境合法（C1）、环境沟通（C2）以及环境管理（C3）都有显著正相关关系，仅仅与绿色经营（C4）显著性较低，一方面说明相对于其他利益相关者，政府更加注重企业的环境绩效；另一方面，环境合法（C1）、环境沟通（C2）以及环境管理（C3）都与环境信息披露有较强的关系，而绿色经营（C4）则反映了企业具体排污、排气的生产性指标，这说明政府在判断企业环境绩效时更加依赖外部的披露信息，而对企业内部经营信息的关注程度不够。

9 结　语

本章将对全书进行简单总结，从模型构建和主要结论两方面介绍本书的主要贡献，并结合相关实证结论提出研究启示与建议。

9.1　研究贡献

9.1.1　模型构建

相较于以往国内外学者对企业环境绩效评价体系的研究，本书的模型贡献主要体现在指标选取与测度方法上。首先，本书环境财务指数体系的建立以环境外部性理论、生态经济学、可持续发展理论和共生理论为基础，坚持全面性与重要性相结合、主观与客观互补、财务与非财务平衡的三大原则进行指标选取，以提高体系适用性、普遍性、可操作性和可比性，最终环境财务指数体系由环境合法、环境沟通、环境管理、绿色经营和财务水平五大二级指标和29个三级指标构成。其次，在测度方法上，本书选取环境信息披露得分排名与资产收益率（ROA）排名均在前10%的公司拟合成标杆公司，用上市公司的实际数值与标杆公司之间的差值作为与最优环境财务融合程度的偏离距离，为了符合正常思维逻辑，运用阈值法将负向指标的偏离距离标准化为正向指标，然后综合运用专家评分法和层次分析法求出各级权重，最终获得各个上市公司环境财务指数的具体数值。

9.1.2 主要结论

本书从资本市场、股东、债权人、员工、政府、供应商、客户七大利益相关者角度出发，综合分析环境财务融合的牵引机制，主要结论有：①企业环境财务融合能够显著缓解企业的融资约束，帮助企业吸引更多资本市场中的投资者，尤其是机构投资者，可见企业环保治理与经济利益的融合将会比单方面突出的企业更加容易获得资本市场中的资源。②最佳的环境财务融合能够使企业在充满风险和挑战的市场中同时满足监管方和股东的需求，兼顾更多的社会负担和经济利益，有助于企业更加稳定、长远的发展，有利于获得较低的股权融资成本。③较高的环境财务融合度明显有利于企业获得更多的债务融资，但环境财务融合度较高的公司并未能提高自身的长期贷款占比。④在公司内部管理机制方面，企业环境财务融合与员工薪酬、高管薪酬呈显著正相关，企业重视环境资源，能够吸引更多有责任感、有使命担当的员工和高管，增加员工与高管对企业的忠诚度。⑤财务为环境治理提供了必要的资源基础，而良好的环境治理又有效地帮助企业规避环境风险，保障财务绩效的持续增长，环境与财务融合度比较高，并且两者都处于较高水平的企业较易获得外界，特别是政府的认可，获得更多的政府财务补贴。⑥环境财务整体水平较高的企业有更强的供应商管理能力，也更容易得到供应商的正向反馈，体现出更强的上下游控制能力，更有能力优化供应商管理体系，形成上下游的良性互动。⑦企业拥有较好的财务和环境绩效，对吸引客户有重要的意义，企业履行社会责任具有一定的市场策略功效，同时从资源基础的角度看，财务绩效较好的公司有较多资源开展市场活动、提升品牌吸引力，进而获得更好的客户体验。⑧环境财务指数对利益相关者的牵引机制效果明显，但是细化到环境合法、环境沟通、环境管理、绿色经营和财务水平五个二级指标上，则无法统一出现显著相关性，可见只有单分项指数好的企业不一定能对利益相关者产生明显的牵引作用，而五项二级指标整体较好即环境财务指数达到较优水平才是股东、债权人、政府等利益相关者所看重的，才更容易获得外部或内部利益相关者的积极反馈，从而有利于企业的长远发展。

9.2 启示与建议

环境财务指数的提出是为了树立上市公司顺应自然、尊重生态、保护环境的理念,把经济发展与环境保护统一起来,推动国家绿色发展、低碳发展和可持续发展,发展生态经济,实现人类文明与生态文明的共生。同时,推进上市公司环境与财务融合度的提高,观念转变是前提,生产发展是基础,制度建立是保障,科技发展是动力,协同创新是方针。

9.2.1 管理建议

9.2.1.1 加强企业环境信息披露规范,关注非财务性环境定量数据

本书研究发现,我国机构投资者在考虑投资决策时,除了会对财务绩效进行关注外,还会对企业所造成的环境影响等社会责任方面的表现加以综合考虑。因此,在保证较好的经营情况下,企业应当提高环境信息披露水准,规范环境信息披露内容,尤其是非财务性环境定量数据。目前,上市公司对环境信息的披露大多停留在定性指标上,量化指标较少,或披露过为粗糙。事实上,非财务性定量环境数据相较于环境定性数据(是否有环境事故应急预案、是否有环境违规或收到投诉、惩罚情况等)和财务性环境数据(环境投入总额、环境整治费用、排污费金额等),能更快反映企业的环境问题和环境风险,及时给予企业积极的反馈。对管理者而言,关注非财务性定量数据能够拓宽管理者视野,有利于引导管理者做出正确的决策,最终在政府和公众中树立良好形象。具体操作时,例如上市公司披露废气排放方面的环境信息时,报告中可以从年度废气排放量、万元产值二氧化碳排放量、温室气体排放量等多方面进行披露,同时增加废气减排量等正向指标,通过具体数字让利益相关者有更加理性的认识,能够多维了解企业实际绿色经营情况,从而提升机构投资者等利益相关者对企业的综合评价与社会价值感知,引导机构投资者进行最优投资,降低企业自身融资约束,优化资源配置。

9.2.1.2 致力于环境绩效与财务绩效融合,打造绿色企业形象

单纯的企业终端环境治理、环境保护等行为并不能带来企业环境财务融合度

的提升，由此引起的环境绩效与财务绩效之间的相关性并不明确，甚至可能是负相关。但长期的环保治理投资、环境污染预防投资将会转化为公司竞争优势的重要资源，从而带来环境绩效和经济绩效的共赢。因此，企业可以从以下几个方面入手：首先，加强对中能耗中排放领域及高能耗高排放领域的技术创新，开发循环利用自然资源和污染治理的先进技术，来替代原先严重污染环境的落后技术；其次，注重制度完善、管理创新和人才培养，使资源要素配置和环保技术协调发展；最后，加大节能减排政策的实施力度，提升环境质量，促进环境绩效的提高，从而保持经济的可持续发展。最终成为以可持续发展为己任，在企业经营管理过程中考虑环境利益与环境管理，并取得成效的优秀企业，提高在政府、投资者等利益相关者心中的形象，提升企业绿色环保等在社会责任方面的声誉。

9.2.1.3 促进企业与供应商的共生关系，扩展绿色供应链

绿色供应链的提出要求将环保原则纳入供应商管理机制中，而上市公司本身既可以作为上游公司的消费者，也可以作为下游企业的供应商，长远来看，供应商与消费者之间的沟通也是供应商与下级供应商之间的沟通，因此，上市公司应当将绿色供应链本身的目的——"让产品更具环保概念"拓展为"在每一环节都使半产品、产品具有环保性质"，提升环境管理水平，以环境保护为先决条件来制定采购方案、绩效指标与生产评估，列出有毒物质的清单，并要求供应商使用的原料、生产过程和废弃物中都不能含有该清单中的材料。对上下游因为环境保护造成资金紧张的公司，放宽还款期限、提高还款优惠力度，以刺激整个供应链的健康、绿色发展。

9.2.2 政策建议

9.2.2.1 完善环境信息披露法律建设，建立自愿性环境信息披露监管体系

国家对企业环境信息披露的规范始于 2008 年 5 月 1 日颁布的《环境信息公开办法（试行）》，同月 14 日，上海证券交易所颁布的《上市公司环境信息披露指引》促使环境信息成为年度报告的组成部分。从所收集到的数据来看，近年来上市公司进行环境信息披露的比例逐年上升，披露内容不断增多，披露形式也越发丰富，其主要动机来自政府政策的指引和要求。本书研究发现，由于企业的自利性倾向，披露内容往往以环境"好"信息为主，如是否通过 ISO14000 体系认证、是否获得环保奖项等，而更能反映企业环保状况的环境违规、环保惩罚、"三废"

具体排放量等带有负面色彩的环境信息却往往一笔带过。可见，上市公司在进行环境信息披露时有各自偏好，同时外部监管的缺乏使上市公司缺乏压力去披露强制性信息以外的环境信息，尤其是对企业自身形象或声誉不利的信息，即便披露也会因为披露格式各异导致环境信息的可比性降低。因此，政府应当进一步规范环境信息披露内容，建立环境信息披露监管体系，例如成立专门的环境信息披露管理监督小组，负责环境信息披露法律法规与相关环境会计准则的制定，统一环境绩效量化形式，加强日常监督。同时，环保部列出重点关注的企业名单，进行重点监督检查。优化生态建设的监督机制，建立规范的生态管理部门，负责所有个人、企业、社会等在生物多样性保护、植被保护、水土保持和绿色建设等方面的监督工作。制定环境保护和节约资源的法律法规，加大执法力度，严究违法现象，提高有关环境保护单位工作人员的法律意识，切实提高用法律手段解决经济社会发展与环境保护矛盾冲突的能力。同时，提高政府在环境立法方面的公众参与度，让人人都成为有力的监督者，让群众意见能够有处表达、充分表达。建立健全环境行政问责体系，对环境保护采取不作为、失职渎职、违法行政等行为的政府机构工作人员直接辞退并交罚金，对造成部门或地区发生重大环境责任的单位或个人严惩不贷。

9.2.2.2 提高环境保护宣传力度，增加政府环保补贴

我国正处于社会经济转型期，在经济矛盾不断产生的形势下，尊重自然、树立环境保护意识显得尤为重要。道家的生态伦理对于现代社会进行生态环境保护有着借鉴意义，推动人类坚定不移地走可持续发展之路。道家生态伦理的基本原则为"道法自然"，其基本要求是顺应自然和勿强行妄为。可见，这提醒着我们从原先"人与自然利用与被利用、征服与被征服"的理念转变为"人与自然和谐共处、互动共存"上来，不仅是上市公司个体，全社会、全人类都应该充分认识到生态环境对人类发展的价值、生态系统对人类生存的意义，在保证人类价值和权利的同时，要提高对自然价值和权利的肯定。因此，面对自然资源不断稀缺、环境污染日益严重、生态系统日趋退化的严峻形势，社会应摈弃以往"先污染再治理"的落后理念，树立保护优先、节约优先的发展观念，把生态文明建设放在突出地位。政府可以利用座谈会、网络教育、宣传片等形式，向上市公司宣传保护环境的重要性。同时，提高政府环保补贴、增加环保技术研发费用的加计扣除、对环境财务融合好的企业给予银行优先贷款名额并合理提高贷款力度等，都

将提高企业环境保护的主观能动性。

9.2.2.3 加强舆论宣传，引导利益相关者关注企业的环境绩效

目前，虽然我国的机构投资者已经开始关注企业的环境绩效，但是相较于国际投资者而言，整体上我国的机构投资者对企业环境绩效的关注度与兴趣度仍有待提高，这就需要政府加强舆论宣传。例如设立环境信息披露奖惩制度，针对企业环保目标完成情况设立"红黑榜"，将出色完成环保目标的企业纳入"红榜"，给予环保补贴、提高贷款额度、政府或国有企业优先采购等优惠政策；将不如实、不按时完成最低环保目标的企业纳入"黑榜"，采取公开批评、停止发放贷款、罚款、严重者吊销营业许可证等惩治措施；并且最终通过电视台、广播、报纸等宣传媒介发布，提高环境绩效的认可度和关注度，引导机构投资者、消费者、供应商等利益相关者在选择与上市公司进行经济活动时更加关注环境绩效。另外，舆论的加强、社会关注度的提升，对上市公司增强环保力度、创新环保技术、开发环保产品等也会有正向反馈作用。

总之，我国政府在考虑公司环境绩效和财务绩效之外，还应当考虑公司环境财务两者融合的表现，这对市场监管部门如何合理引导机构投资者投资行为、优化资源配置、制定法律法规有一定的政策意义。同时，我国要保护生态环境，不能仅依靠政府的推动，还应该依靠企业将政府的政策和理念实践到经济行为和环保活动中，从真正意义上提升环境绩效，提高企业社会责任水平，最终实现绿色发展。

附 录

附录A：环境财务指数体系100强

排名	2012年		2013年		2014年		2015年		2016年		2017年	
	证券简称（证券代码）	EFI	证券简称（证券代码）	EFI	证券简称（证券代码）	EFI	证券简称（证券代码）	EFI	证券简称（证券代码）	EFI	证券简称（证券代码）	EFI
1	五粮液 000858	92.25	五粮液 000858	96.69	五粮液 000858	96.36	永安药业 002365	91.58	利民股份 002734	96.90	联化科技 002250	95.22
2	兰花科创 600123	91.05	华润双鹤 600062	95.43	维维股份 600300	95.14	云南白药 000538	91.13	中核钛白 002145	96.03	皖维高新 600063	95.20
3	中金岭南 000060	90.22	德美化工 002054	94.24	中金岭南 000060	94.84	长青股份 002391	90.67	长青股份 002391	96.01	嘉化能源 600273	94.90
4	维维股份 600300	90.08	伊力特 600197	93.85	洋河股份 002304	94.29	豫能控股 001896	90.61	金禾实业 002597	95.59	南钢股份 600282	94.76

续表

排名	2012年 证券简称(证券代码)	EFI	2013年 证券简称(证券代码)	EFI	2014年 证券简称(证券代码)	EFI	2015年 证券简称(证券代码)	EFI	2016年 证券简称(证券代码)	EFI	2017年 证券简称(证券代码)	EFI
5	露天煤业 002128	89.84	东方雨虹 002271	93.56	天山股份 000877	94.17	佰丰纸业 600356	90.59	联发股份 002394	95.45	酒钢宏兴 600307	94.68
6	中海油服 601808	89.72	中海油服 601808	93.34	兴发集团 600141	93.43	信邦制药 002390	90.56	众生药业 002317	95.35	五粮液 000858	94.51
7	华润双鹤 600062	89.56	华泰股份 600308	93.29	金钼股份 601958	93.41	新奥股份 600803	90.46	和邦生物 603077	94.94	龙蟒佰利联 002601	94.05
8	兖州煤业 600188	89.26	中金岭南 000060	93.17	沙钢股份 002075	93.14	会稽山 601579	90.35	嘉化能源 600273	94.83	普洛药业 000739	94.00
9	大唐发电 601991	88.76	通宝能源 600780	93.09	金正大 002470	93.01	天坛生物 600161	90.34	广济药业 000952	94.37	鞍钢股份 000898	93.97
10	江山股份 600389	88.55	露天煤业 002128	93.04	江西铜业 600362	92.91	瀚叶股份 600226	90.33	亿帆医药 002019	94.27	安纳达 002136	93.93
11	*ST南纸 600163	88.44	京能电力 600578	93.03	万华化学 600309	92.64	中集集团 000039	90.15	云南白药 000538	94.18	鸿达兴业 002002	93.83
12	韶钢松山 000717	88.41	古越龙山 600059	92.63	安源煤业 600397	92.61	德美化工 002054	90.09	滨化股份 601678	94.10	九芝堂 000989	93.50
13	广州发展 600098	88.35	山东黄金 600547	92.52	天药股份 600488	92.59	君正集团 601216	90.07	醋化股份 603968	94.07	大钢不锈 000825	93.33
14	青岛啤酒 600600	88.35	青山纸业 600103	92.37	红宝丽 002165	92.39	兰太实业 600328	89.99	万润股份 002643	94.05	金浦钛业 000545	93.25
15	红宝丽 002165	88.30	维维股份 600300	92.22	京能电力 600578	92.39	浙江龙盛 600352	89.95	世龙实业 002748	94.02	山西三维 000755	93.22

续表

排名	2012年 证券简称(证券代码)	EFI	2013年 证券简称(证券代码)	EFI	2014年 证券简称(证券代码)	EFI	2015年 证券简称(证券代码)	EFI	2016年 证券简称(证券代码)	EFI	2017年 证券简称(证券代码)	EFI
16	双钱股份 600623	88.19	海油工程 600583	92.10	鞍钢股份 000898	92.20	广济药业 000952	89.93	兄弟科技 002562	93.82	新和成 002001	93.18
17	宏达股份 600331	88.16	佰利联 002601	91.90	同力水泥 000885	92.11	云图控股 002539	89.93	华润双鹤 600062	93.68	世龙实业 002748	93.13
18	新兴铸管 000778	88.15	江山股份 600389	91.73	铜陵有色 000630	92.07	上峰水泥 000672	89.90	万华化学 600309	93.65	洛阳钼业 603993	93.00
19	德美化工 002054	87.94	永高股份 002641	91.40	宏达高科 002144	92.05	蓝丰生化 002513	89.89	广州发展 600098	93.59	北化股份 002246	92.77
20	西山煤电 000983	87.90	云天化 600096	91.35	福能股份 600483	92.04	金浦钛业 000545	89.85	鞍钢股份 000898	93.56	利尔化学 002258	92.71
21	长青股份 002391	87.83	亚宝药业 600351	91.35	云天化 600096	91.98	湖南黄金 002155	89.52	江苏索普 600746	93.56	醋化股份 603968	92.66
22	海螺水泥 600585	87.82	锡业股份 000960	91.15	平煤股份 601666	91.88	江苏索普 600746	89.47	天赐材料 002709	93.40	建新矿业 000688	92.64
23	安阳钢铁 600569	87.76	紫金矿业 601899	91.14	新洋丰 000902	91.85	今世缘 603369	89.22	芭田股份 002170	93.26	丽珠集团 000513	92.59
24	博汇纸业 600966	87.62	洋河股份 002304	91.13	南钢股份 600282	91.79	九洲药业 603456	89.17	山西三维 000755	93.16	江山股份 600389	92.49
25	古越龙山 600059	87.58	马钢股份 600808	91.07	云南铜业 000878	91.77	河池化工 000953	89.14	华茂股份 000850	93.09	金钼股份 601958	92.49
26	紫金矿业 601899	87.55	宝钛股份 600456	91.05	内蒙华电 600863	91.69	丽珠集团 000513	89.14	百隆东方 601339	93.09	联环药业 600513	92.46

续表

排名	2012年 证券简称(证券代码)	EFI	2013年 证券简称(证券代码)	EFI	2014年 证券简称(证券代码)	EFI	2015年 证券简称(证券代码)	EFI	2016年 证券简称(证券代码)	EFI	2017年 证券简称(证券代码)	EFI
27	铜陵有色 000630	87.53	安泰科技 000969	91.03	北新建材 000786	91.57	仙琚制药 002332	89.12	齐翔腾达 002408	93.08	国光股份 002749	92.46
28	宏达高科 002144	87.53	上海电力 600021	90.95	海螺水泥 600585	91.42	大同煤业 601001	89.11	凌钢股份 600231	93.04	利邦生物 603077	92.36
29	*ST 中鲁 600962	87.47	浙江龙盛 600352	90.85	通产丽星 600243	91.40	阳泉煤业 600348	89.10	兴化股份 002109	93.02	众生药业 002317	92.22
30	华峰氨纶 002064	87.45	安源煤业 600397	90.84	亚泰集团 600881	91.40	本钢板材 000761	89.08	天士力 600535	92.90	云南铜业 000878	92.15
31	安泰科技 000969	87.39	南玻 A 000012	90.81	西部资源 600139	91.38	利民股份 002734	89.00	鲁抗医药 600789	92.89	诚志股份 000990	92.12
32	风神股份 600469	87.25	金正大 002470	90.77	莫高股份 600543	91.26	世龙实业 002748	88.92	开滦股份 600997	92.87	辉丰股份 002496	92.11
33	航民股份 600987	87.24	通产丽星 002243	90.75	万年青 000789	91.19	亿帆医药 002019	88.85	永兴特钢 002756	92.84	海利尔 603639	92.05
34	上海能源 600508	87.24	现代制药 600420	90.70	中集集团 000039	91.18	同仁堂 600085	88.83	同德化工 002360	92.73	三维股份 603033	91.95
35	中集集团 000039	87.19	柳钢股份 601003	90.67	航民股份 600987	91.10	金贵银业 002716	88.83	国光股份 002749	92.69	云南白药 000538	91.93
36	中色股份 000758	87.18	华峰氨纶 002064	90.66	大同煤业 601001	91.07	盘江股份 600395	88.79	上峰水泥 000672	92.68	江苏索普 600746	91.91
37	澳洋科技 002172	87.09	华海药业 600521	90.62	中材科技 002080	91.06	醋化股份 603968	88.76	酒钢宏兴 600307	92.68	浙江龙盛 600352	91.87

续表

排名	2012 年 证券简称(证券代码)	EFI	2013 年 证券简称(证券代码)	EFI	2014 年 证券简称(证券代码)	EFI	2015 年 证券简称(证券代码)	EFI	2016 年 证券简称(证券代码)	EFI	2017 年 证券简称(证券代码)	EFI
38	西部矿业 601168	86.95	天山股份 000877	90.60	湖北金环 000615	90.99	三爱富 600636	88.73	江山股份 600389	92.59	井神股份 603299	91.83
39	青岛碱业 600229	86.93	广汇能源 600256	90.52	山东如意 002193	90.95	哈药股份 600664	88.71	华鲁恒升 600426	92.38	湘潭电化 002125	91.82
40	湖南黄金 002155	86.91	宏达高科 002144	90.50	中国巨石 600176	90.78	同德化工 002360	88.71	诚志股份 000990	92.22	山东海化 000822	91.79
41	柳化股份 600423	86.88	濮耐股份 002225	90.47	南玻A 000012	90.77	鲁抗医药 600789	88.70	云图控股 002539	92.22	新洋丰 000902	91.75
42	赤天化 600227	86.85	平煤股份 601666	90.31	*ST南纸 600163	90.72	万润股份 002643	88.69	焦作万方 000612	92.11	长青股份 002391	91.73
43	天山股份 000877	86.83	中粮生化 000930	90.29	太阳纸业 002078	90.67	宏昌电子 603002	88.67	上海石化 600688	92.11	卫星石化 002648	91.69
44	中煤能源 601898	86.80	福能股份 600483	90.21	*ST乐电 600644	90.63	华润三九 000999	88.65	石大胜华 603026	92.02	楚江新材 002171	91.63
45	马钢股份 600808	86.80	铜陵有色 000630	90.18	金瑞科技 600390	90.60	雪峰科技 603227	88.62	山东矿达 002810	92.02	豫能控股 001896	91.60
46	本钢板材 000761	86.76	赤天化 600227	90.14	金隅股份 601992	90.59	钱江生化 600796	88.61	西山煤电 000983	91.99	钱江生化 600796	91.56
47	金正大 002470	86.62	双钱股份 600623	90.11	金贵银业 002716	90.59	中牧股份 600195	88.61	方大特钢 600507	91.97	闰土股份 002440	91.53
48	包钢股份 600010	86.57	通产丽星 002243	90.08	南山铝业 600219	90.57	辉丰股份 002496	88.56	云维股份 600725	91.96	金路集团 000510	91.52

续表

排名	2012年 证券简称(证券代码)	EFI	2013年 证券简称(证券代码)	EFI	2014年 证券简称(证券代码)	EFI	2015年 证券简称(证券代码)	EFI	2016年 证券简称(证券代码)	EFI	2017年 证券简称(证券代码)	EFI
49	皖维高新 600063	86.56	健康元 600380	89.94	本钢板材 000761	90.56	沙钢股份 002075	88.55	新兴铸管 000778	91.89	迎驾贡酒 603198	91.52
50	九九久 002411	86.49	新兴铸管 000778	89.93	天士力 600535	90.55	沙隆达 000553	88.50	中化国际 600500	91.88	齐翔腾达 002408	91.50
51	豫能控股 001896	86.44	精华制药 002349	89.69	惠泉啤酒 600573	90.55	浙江医药 600216	88.48	云铝股份 000807	91.77	兴化股份 002109	91.35
52	天原集团 002386	86.28	山东如意 002193	89.67	包钢股份 600010	90.49	三房巷 600370	88.48	陕西黑猫 601015	91.75	复星医药 600196	91.30
53	瑞贝卡 600439	86.28	沱牌舍得 600702	89.63	仙琚制药 002332	90.48	天赐材料 002709	88.47	国电电力 600795	91.61	四川美丰 000731	91.27
54	中国铝业 601600	86.28	中材科技 002080	89.59	三力士 002224	90.46	吉林敖东 000623	88.46	丽珠集团 000513	91.60	沙隆达 000553	91.27
55	国投电力 600886	86.26	燕京啤酒 000729	89.58	同仁堂 600085	90.45	湘潭电化 002125	88.43	中牧股份 600195	91.55	华北制药 600812	91.22
56	新钢股份 600782	86.23	美欣达 002034	89.53	新兴铸管 000778	90.37	惠泉啤酒 600573	88.43	今世缘 603369	91.54	红星发展 600367	91.21
57	洛阳钼业 603993	86.22	北新建材 000786	89.51	国电电力 600795	90.35	红星发展 600367	88.37	东方市场 000301	91.53	沙钢股份 002075	91.16
58	昊华能源 601101	86.18	*ST 中鲁 600962	89.50	联发股份 002394	90.33	中国巨石 600176	88.36	露天煤业 002128	91.52	扬农化工 600486	91.16
59	山东钢铁 600022	86.13	三爱富 600636	89.49	金枫酒业 600616	90.33	金枫酒业 600616	88.35	天药股份 600488	91.51	同德化工 002360	91.16

续表

排名	2012年 证券简称(证券代码)	EFI	2013年 证券简称(证券代码)	EFI	2014年 证券简称(证券代码)	EFI	2015年 证券简称(证券代码)	EFI	2016年 证券简称(证券代码)	EFI	2017年 证券简称(证券代码)	EFI
60	山东如意 002193	86.10	国投电力 600886	89.48	安彩高科 600207	90.32	中钢天源 002057	88.32	方大化工 000818	91.48	龙星化工 002442	91.15
61	兴业科技 002674	86.07	四川双马 000935	89.47	安泰科技 000969	90.31	东方钼业 000962	88.32	北新建材 000786	91.43	凌钢股份 600231	91.14
62	*ST南化 600301	86.01	金瑞科技 600390	89.36	新民科技 002127	90.28	卫星石化 002648	88.20	东方钼业 000962	91.37	亚邦股份 603188	91.12
63	东方雨虹 002271	85.92	新奥股份 600803	89.35	洛阳玻璃 600876	90.22	尖峰集团 600668	88.19	金钼集团 601992	91.24	怡球资源 601388	91.10
64	三友化工 600409	85.89	广州发展 600098	89.30	亿利能源 600277	90.14	必康股份 002411	88.17	中色股份 000758	91.22	泰和新材 002254	91.04
65	雅克科技 002409	85.86	阳泉煤业 600348	89.21	华电国际 600027	90.14	北方稀土 600111	88.10	通化东宝 600867	91.20	天药股份 600488	91.04
66	中化国际 600500	85.84	西藏矿业 000762	89.18	晨鸣纸业 000488	90.12	伊力特 600197	88.10	潞安环能 601699	91.20	瀚叶股份 600226	91.02
67	美欣达 002034	85.82	西部资源 600139	89.16	长青股份 002391	90.10	凌钢股份 600231	88.08	赞宇科技 002637	91.13	中核钛白 002145	91.01
68	北新建材 000786	85.76	北方稀土 600111	89.14	联环药业 600513	90.09	洛阳钼业 603993	88.02	安阳钢铁 600569	91.09	凯莱英股份 002821	90.92
69	华联矿业 600882	85.76	皖维高新 600063	89.13	华海药业 600521	90.08	尤夫股份 002427	88.01	南钢股份 600282	91.08	宏达高科 002144	90.88
70	沙钢股份 002075	85.70	氯碱化工 600618	89.09	燕京啤酒 000729	90.06	康弘药业 002773	88.01	恩华药业 002262	91.04	海正药业 600267	90.84

续表

排名	2012 年 证券简称(证券代码)	2012 年 EFI	2013 年 证券简称(证券代码)	2013 年 EFI	2014 年 证券简称(证券代码)	2014 年 EFI	2015 年 证券简称(证券代码)	2015 年 EFI	2016 年 证券简称(证券代码)	2016 年 EFI	2017 年 证券简称(证券代码)	2017 年 EFI
71	中泰化学 002092	85.68	金钼股份 601958	89.07	片仔癀 600436	90.06	宁夏建材 600449	87.97	鲁泰纺织 000726	91.02	尖峰集团 600668	90.79
72	穗恒运A 000531	85.66	青松建化 600425	88.96	穗恒运A 000531	90.06	赣锋锂业 002460	87.97	氯碱化工 600618	91.00	信立泰 002294	90.75
73	人民同泰 600829	85.57	洛阳玻璃 600876	88.92	永泰能源 600157	89.99	株冶集团 600961	87.96	浙江富润 600070	90.88	万润股份 002643	90.75
74	同力水泥 000885	85.51	湖北金环 000615	88.87	海南矿业 601969	89.99	鞍钢股份 000898	87.95	鸿达兴业 002002	90.84	鲁抗医药 600789	90.71
75	升华拜克 600226	85.47	同仁堂 600085	88.87	神奇制药 600613	89.97	五矿稀土 000831	87.95	深圳能源 000027	90.78	天坛生物 600161	90.70
76	太龙药业 600222	85.47	吉恩镍业 600432	88.86	濮耐股份 002225	89.96	仁和药业 000650	87.92	华锦股份 000059	90.77	安阳钢铁 600569	90.67
77	广晟有色 600259	85.45	瑞贝卡 600439	88.73	冀东水泥 000401	89.95	滨化股份 601678	87.91	西陇科学 002584	90.76	方大特钢 600507	90.67
78	洋河股份 002304	85.44	内蒙华电 600863	88.73	上峰水泥 000672	89.93	科伦药业 002422	87.91	沪天化 000912	90.69	华纺股份 600448	90.60
79	*ST 华锦 000059	85.44	青岛碱业 600229	88.72	华北制药 600812	89.88	中材科技 002080	87.91	金枫酒业 600616	90.68	沧州大化 600230	90.59
80	万年青 000789	85.44	上海能源 600508	88.67	大有能源 600403	89.87	云天化 600096	87.87	包钢股份 600010	90.66	联发股份 002394	90.56
81	上海石化 600688	85.34	三友化工 600409	88.65	青松建化 600425	89.84	华北制药 600812	87.86	国投电力 600886	90.66	山东赫达 002810	90.55

续表

排名	2012年 证券简称(证券代码)	EFI	2013年 证券简称(证券代码)	EFI	2014年 证券简称(证券代码)	EFI	2015年 证券简称(证券代码)	EFI	2016年 证券简称(证券代码)	EFI	2017年 证券简称(证券代码)	EFI
82	长江电力 600900	85.31	冀东水泥 000401	88.63	厦门钨业 600549	89.83	岳阳兴长 000819	87.83	宏达高科 002144	90.64	广晟有色 600259	90.54
83	洛阳玻璃 600876	85.31	沙钢股份 002075	88.63	恒邦股份 002237	89.82	江中药业 600750	87.82	利尔化学 002258	90.58	华峰氨纶 002064	90.53
84	平煤股份 601666	85.30	闽发铝业 002578	88.61	申能股份 600642	89.81	开滦股份 600997	87.82	科伦药业 002422	90.58	华能国际 600011	90.44
85	华海药业 600521	85.29	天药股份 600488	88.60	西藏矿业 000762	89.80	天齐锂业 002466	87.78	大同煤业 601001	90.50	潞安环能 601699	90.42
86	阳泉煤业 600348	85.28	中银绒业 000982	88.59	古越龙山 600059	89.80	山东威达 002026	87.77	贵绳股份 600992	90.45	水井坊 600779	90.41
87	亚宝药业 600351	85.27	山东钢铁 600022	88.52	广州发展 600098	89.78	海翔药业 002099	87.76	济川药业 600566	90.44	西陇科学 002584	90.40
88	英力特 000635	85.27	江西铜业 600362	88.51	国投电力 600886	89.77	天药股份 600488	87.72	美达股份 000782	90.44	中色股份 000758	90.40
89	健康元 600380	85.26	新民科技 002127	88.46	锡业股份 000960	89.75	新疆天业 600075	87.72	众和股份 002070	90.41	华锦股份 000059	90.36
90	安源煤业 600397	85.17	青岛啤酒 600600	88.40	永高股份 002641	89.74	新洋丰 000902	87.71	龙星化工 002442	90.35	滨化股份 601678	90.33
91	惠泉啤酒 600573	85.16	科伦药业 002422	88.37	恒源煤电 600971	89.72	通化东宝 600867	87.71	兴发集团 600141	90.32	国投电力 600886	90.33
92	红星发展 600367	85.14	金贵银业 002716	88.36	*ST银鸽 600069	89.72	华润双鹤 600062	87.68	钱江生化 600796	90.30	开滦股份 600997	90.31

续表

排名	2012 年 证券简称(证券代码)	EFI	2013 年 证券简称(证券代码)	EFI	2014 年 证券简称(证券代码)	EFI	2015 年 证券简称(证券代码)	EFI	2016 年 证券简称(证券代码)	EFI	2017 年 证券简称(证券代码)	EFI
93	科伦药业 002422	85.08	蓝鼎控股 000971	88.34	云铝股份 000807	89.72	誉衡药业 002437	87.67	广誉远 600771	90.30	广州发展 600098	90.24
94	万年青 000789	85.05	长江电力 600900	88.31	吉电股份 000875	89.69	佳通轮胎 600182	87.66	新疆天业 600075	90.29	铜陵有色 000630	90.23
95	锡业股份 000960	85.01	人民同泰 600829	88.24	伟星新材 002372	89.67	洋河股份 002304	87.66	湖南海利 600731	90.28	金禾实业 002597	90.23
96	云天化 600096	84.93	英力特 000635	88.14	江中药业 600750	89.66	京新药业 002020	87.64	华纺股份 600448	90.24	天原集团 002386	90.22
97	云煤能源 600792	84.93	广晟有色 600259	88.12	福建水泥 600802	89.61	兴业科技 002674	87.63	沙钢股份 002075	90.24	上海石化 600688	90.20
98	冀东水泥 000401	84.89	*ST南纸 600163	88.11	兴业科技 002674	89.56	鲁泰纺织 000726	87.62	方盛制药 603998	90.23	美诺华 603538	90.18
99	*ST阳化 600691	84.88	大唐发电 601991	88.07	瑞贝卡 600439	89.54	福耀玻璃 600660	87.57	中银绒业 000982	90.23	华鲁恒升 600426	90.16
100	三钢闽光 002110	84.86	恒源煤电 600971	88.00	华能国际 600011	89.51	上海能源 600508	87.57	东材科技 601208	90.23	中煤能源 601898	90.16

附录 B：中华人民共和国环境保护法

中华人民共和国环境保护法

（自 2015 年 1 月 1 日起施行）

（1989 年 12 月 26 日第七届全国人民代表大会常务委员会第十一次会议通过 2014 年 4 月 24 日第十二届全国人民代表大会常务委员会第八次会议修订）

第一章 总 则

第一条 为保护和改善环境，防治污染和其他公害，保障公众健康，推进生态文明建设，促进经济社会可持续发展，制定本法。

第二条 本法所称环境，是指影响人类生存和发展的各种天然的和经过人工改造的自然因素的总体，包括大气、水、海洋、土地、矿藏、森林、草原、湿地、野生生物、自然遗迹、人文遗迹、自然保护区、风景名胜区、城市和乡村等。

第三条 本法适用于中华人民共和国领域和中华人民共和国管辖的其他海域。

第四条 保护环境是国家的基本国策。

国家采取有利于节约和循环利用资源、保护和改善环境、促进人与自然和谐的经济、技术政策和措施，使经济社会发展与环境保护相协调。

第五条 环境保护坚持保护优先、预防为主、综合治理、公众参与、损害担责的原则。

第六条 一切单位和个人都有保护环境的义务。

地方各级人民政府应当对本行政区域的环境质量负责。

企业事业单位和其他生产经营者应当防止、减少环境污染和生态破坏，对所造成的损害依法承担责任。

公民应当增强环境保护意识，采取低碳、节俭的生活方式，自觉履行环境保护义务。

第七条 国家支持环境保护科学技术研究、开发和应用，鼓励环境保护产业发展，促进环境保护信息化建设，提高环境保护科学技术水平。

第八条　各级人民政府应当加大保护和改善环境、防治污染和其他公害的财政投入，提高财政资金的使用效益。

第九条　各级人民政府应当加强环境保护宣传和普及工作，鼓励基层群众性自治组织、社会组织、环境保护志愿者开展环境保护法律法规和环境保护知识的宣传，营造保护环境的良好风气。

教育行政部门、学校应当将环境保护知识纳入学校教育内容，培养学生的环境保护意识。

新闻媒体应当开展环境保护法律法规和环境保护知识的宣传，对环境违法行为进行舆论监督。

第十条　国务院环境保护主管部门，对全国环境保护工作实施统一监督管理；县级以上地方人民政府环境保护主管部门，对本行政区域环境保护工作实施统一监督管理。

县级以上人民政府有关部门和军队环境保护部门，依照有关法律的规定对资源保护和污染防治等环境保护工作实施监督管理。

第十一条　对保护和改善环境有显著成绩的单位和个人，由人民政府给予奖励。

第十二条　每年 6 月 5 日为环境日。

第二章　监督管理

第十三条　县级以上人民政府应当将环境保护工作纳入国民经济和社会发展规划。

国务院环境保护主管部门会同有关部门，根据国民经济和社会发展规划编制国家环境保护规划，报国务院批准并公布实施。

县级以上地方人民政府环境保护主管部门会同有关部门，根据国家环境保护规划的要求，编制本行政区域的环境保护规划，报同级人民政府批准并公布实施。

环境保护规划的内容应当包括生态保护和污染防治的目标、任务、保障措施等，并与主体功能区规划、土地利用总体规划和城乡规划等相衔接。

第十四条　国务院有关部门和省、自治区、直辖市人民政府组织制定经济、技术政策，应当充分考虑对环境的影响，听取有关方面和专家的意见。

第十五条　国务院环境保护主管部门制定国家环境质量标准。

省、自治区、直辖市人民政府对国家环境质量标准中未作规定的项目，可以制定地方环境质量标准；对国家环境质量标准中已作规定的项目，可以制定严于国家环境质量标准的地方环境质量标准。地方环境质量标准应当报国务院环境保护主管部门备案。

国家鼓励开展环境基准研究。

第十六条　国务院环境保护主管部门根据国家环境质量标准和国家经济、技术条件，制定国家污染物排放标准。

省、自治区、直辖市人民政府对国家污染物排放标准中未作规定的项目，可以制定地方污染物排放标准；对国家污染物排放标准中已作规定的项目，可以制定严于国家污染物排放标准的地方污染物排放标准。地方污染物排放标准应当报国务院环境保护主管部门备案。

第十七条　国家建立、健全环境监测制度。国务院环境保护主管部门制定监测规范，会同有关部门组织监测网络，统一规划国家环境质量监测站（点）的设置，建立监测数据共享机制，加强对环境监测的管理。

有关行业、专业等各类环境质量监测站（点）的设置应当符合法律法规规定和监测规范的要求。

监测机构应当使用符合国家标准的监测设备，遵守监测规范。监测机构及其负责人对监测数据的真实性和准确性负责。

第十八条　省级以上人民政府应当组织有关部门或者委托专业机构，对环境状况进行调查、评价，建立环境资源承载能力监测预警机制。

第十九条　编制有关开发利用规划，建设对环境有影响的项目，应当依法进行环境影响评价。

未依法进行环境影响评价的开发利用规划，不得组织实施；未依法进行环境影响评价的建设项目，不得开工建设。

第二十条　国家建立跨行政区域的重点区域、流域环境污染和生态破坏联合防治协调机制，实行统一规划、统一标准、统一监测、统一的防治措施。

前款规定以外的跨行政区域的环境污染和生态破坏的防治，由上级人民政府协调解决，或者由有关地方人民政府协商解决。

第二十一条　国家采取财政、税收、价格、政府采购等方面的政策和措施，鼓励和支持环境保护技术装备、资源综合利用和环境服务等环境保护产业的发展。

第二十二条　企业事业单位和其他生产经营者，在污染物排放符合法定要求的基础上，进一步减少污染物排放的，人民政府应当依法采取财政、税收、价格、政府采购等方面的政策和措施予以鼓励和支持。

第二十三条　企业事业单位和其他生产经营者，为改善环境，依照有关规定转产、搬迁、关闭的，人民政府应当予以支持。

第二十四条　县级以上人民政府环境保护主管部门及其委托的环境监察机构和其他负有环境保护监督管理职责的部门，有权对排放污染物的企业事业单位和其他生产经营者进行现场检查。被检查者应当如实反映情况，提供必要的资料。实施现场检查的部门、机构及其工作人员应当为被检查者保守商业秘密。

第二十五条　企业事业单位和其他生产经营者违反法律法规规定排放污染物，造成或者可能造成严重污染的，县级以上人民政府环境保护主管部门和其他负有环境保护监督管理职责的部门，可以查封、扣押造成污染物排放的设施、设备。

第二十六条　国家实行环境保护目标责任制和考核评价制度。县级以上人民政府应当将环境保护目标完成情况纳入对本级人民政府负有环境保护监督管理职责的部门及其负责人和下级人民政府及其负责人的考核内容，作为对其考核评价的重要依据。考核结果应当向社会公开。

第二十七条　县级以上人民政府应当每年向本级人民代表大会或者人民代表大会常务委员会报告环境状况和环境保护目标完成情况，对发生的重大环境事件应当及时向本级人民代表大会常务委员会报告，依法接受监督。

第三章　保护和改善环境

第二十八条　地方各级人民政府应当根据环境保护目标和治理任务，采取有效措施，改善环境质量。

未达到国家环境质量标准的重点区域、流域的有关地方人民政府，应当制定限期达标规划，并采取措施按期达标。

第二十九条　国家在重点生态功能区、生态环境敏感区和脆弱区等区域划定生态保护红线，实行严格保护。

各级人民政府对具有代表性的各种类型的自然生态系统区域，珍稀、濒危的野生动植物自然分布区域，重要的水源涵养区域，具有重大科学文化价值的地质构造、著名溶洞和化石分布区、冰川、火山、温泉等自然遗迹，以及人文遗迹、古树名木，应当采取措施予以保护，严禁破坏。

第三十条　开发利用自然资源，应当合理开发，保护生物多样性，保障生态安全，依法制定有关生态保护和恢复治理方案并予以实施。

引进外来物种以及研究、开发和利用生物技术，应当采取措施，防止对生物多样性的破坏。

第三十一条　国家建立、健全生态保护补偿制度。

国家加大对生态保护地区的财政转移支付力度。有关地方人民政府应当落实生态保护补偿资金，确保其用于生态保护补偿。

国家指导受益地区和生态保护地区人民政府通过协商或者按照市场规则进行生态保护补偿。

第三十二条　国家加强对大气、水、土壤等的保护，建立和完善相应的调查、监测、评估和修复制度。

第三十三条　各级人民政府应当加强对农业环境的保护，促进农业环境保护新技术的使用，加强对农业污染源的监测预警，统筹有关部门采取措施，防治土壤污染和土地沙化、盐渍化、贫瘠化、石漠化、地面沉降以及防治植被破坏、水土流失、水体富营养化、水源枯竭、种源灭绝等生态失调现象，推广植物病虫害的综合防治。

县级、乡级人民政府应当提高农村环境保护公共服务水平，推动农村环境综合整治。

第三十四条　国务院和沿海地方各级人民政府应当加强对海洋环境的保护。向海洋排放污染物、倾倒废弃物，进行海岸工程和海洋工程建设，应当符合法律法规规定和有关标准，防止和减少对海洋环境的污染损害。

第三十五条　城乡建设应当结合当地自然环境的特点，保护植被、水域和自然景观，加强城市园林、绿地和风景名胜区的建设与管理。

第三十六条　国家鼓励和引导公民、法人和其他组织使用有利于保护环境的产品和再生产品，减少废弃物的产生。

国家机关和使用财政资金的其他组织应当优先采购和使用节能、节水、节材等有利于保护环境的产品、设备和设施。

第三十七条　地方各级人民政府应当采取措施，组织对生活废弃物的分类处置、回收利用。

第三十八条　公民应当遵守环境保护法律法规，配合实施环境保护措施，按照规定对生活废弃物进行分类放置，减少日常生活对环境造成的损害。

第三十九条　国家建立、健全环境与健康监测、调查和风险评估制度；鼓励和组织开展环境质量对公众健康影响的研究，采取措施预防和控制与环境污染有关的疾病。

第四章　防治污染和其他公害

第四十条　国家促进清洁生产和资源循环利用。

国务院有关部门和地方各级人民政府应当采取措施，推广清洁能源的生产和使用。

企业应当优先使用清洁能源，采用资源利用率高、污染物排放量少的工艺、设备以及废弃物综合利用技术和污染物无害化处理技术，减少污染物的产生。

第四十一条　建设项目中防治污染的设施，应当与主体工程同时设计、同时施工、同时投产使用。防治污染的设施应当符合经批准的环境影响评价文件的要求，不得擅自拆除或者闲置。

第四十二条　排放污染物的企业事业单位和其他生产经营者，应当采取措施，防治在生产建设或者其他活动中产生的废气、废水、废渣、医疗废物、粉尘、恶臭气体、放射性物质以及噪声、振动、光辐射、电磁辐射等对环境的污染和危害。

排放污染物的企业事业单位，应当建立环境保护责任制度，明确单位负责人和相关人员的责任。

重点排污单位应当按照国家有关规定和监测规范安装使用监测设备，保证监测设备正常运行，保存原始监测记录。

严禁通过暗管、渗井、渗坑、灌注或者篡改、伪造监测数据，或者不正常运行防治污染设施等逃避监管的方式违法排放污染物。

第四十三条　排放污染物的企业事业单位和其他生产经营者，应当按照国家有关规定缴纳排污费。排污费应当全部专项用于环境污染防治，任何单位和个人不得截留、挤占或者挪作他用。

依照法律规定征收环境保护税的，不再征收排污费。

第四十四条　国家实行重点污染物排放总量控制制度。重点污染物排放总量控制指标由国务院下达，省、自治区、直辖市人民政府分解落实。企业事业单位在执行国家和地方污染物排放标准的同时，应当遵守分解落实到本单位的重点污染物排放总量控制指标。

对超过国家重点污染物排放总量控制指标或者未完成国家确定的环境质量目标的地区，省级以上人民政府环境保护主管部门应当暂停审批其新增重点污染物排放总量的建设项目环境影响评价文件。

第四十五条　国家依照法律规定实行排污许可管理制度。

实行排污许可管理的企业事业单位和其他生产经营者应当按照排污许可证的要求排放污染物；未取得排污许可证的，不得排放污染物。

第四十六条　国家对严重污染环境的工艺、设备和产品实行淘汰制度。任何单位和个人不得生产、销售或者转移、使用严重污染环境的工艺、设备和产品。

禁止引进不符合我国环境保护规定的技术、设备、材料和产品。

第四十七条　各级人民政府及其有关部门和企业事业单位，应当依照《中华人民共和国突发事件应对法》的规定，做好突发环境事件的风险控制、应急准备、应急处置和事后恢复等工作。

县级以上人民政府应当建立环境污染公共监测预警机制，组织制定预警方案；环境受到污染，可能影响公众健康和环境安全时，依法及时公布预警信息，启动应急措施。

企业事业单位应当按照国家有关规定制定突发环境事件应急预案，报环境保护主管部门和有关部门备案。在发生或者可能发生突发环境事件时，企业事业单位应当立即采取措施处理，及时通报可能受到危害的单位和居民，并向环境保护主管部门和有关部门报告。

突发环境事件应急处置工作结束后，有关人民政府应当立即组织评估事件造成的环境影响和损失，并及时将评估结果向社会公布。

第四十八条　生产、储存、运输、销售、使用、处置化学物品和含有放射性物质的物品，应当遵守国家有关规定，防止污染环境。

第四十九条　各级人民政府及其农业等有关部门和机构应当指导农业生产经营者科学种植和养殖，科学合理施用农药、化肥等农业投入品，科学处置农用薄膜、农作物秸秆等农业废弃物，防止农业面源污染。

禁止将不符合农用标准和环境保护标准的固体废物、废水施入农田。施用农药、化肥等农业投入品及进行灌溉，应当采取措施，防止重金属和其他有毒有害物质污染环境。

畜禽养殖场、养殖小区、定点屠宰企业等的选址、建设和管理应当符合有关法律法规规定。从事畜禽养殖和屠宰的单位和个人应当采取措施,对畜禽粪便、尸体和污水等废弃物进行科学处置,防止污染环境。

县级人民政府负责组织农村生活废弃物的处置工作。

第五十条　各级人民政府应当在财政预算中安排资金,支持农村饮用水水源地保护、生活污水和其他废弃物处理、畜禽养殖和屠宰污染防治、土壤污染防治和农村工矿污染治理等环境保护工作。

第五十一条　各级人民政府应当统筹城乡建设污水处理设施及配套管网,固体废物的收集、运输和处置等环境卫生设施,危险废物集中处置设施、场所以及其他环境保护公共设施,并保障其正常运行。

第五十二条　国家鼓励投保环境污染责任保险。

第五章　信息公开和公众参与

第五十三条　公民、法人和其他组织依法享有获取环境信息、参与和监督环境保护的权利。

各级人民政府环境保护主管部门和其他负有环境保护监督管理职责的部门,应当依法公开环境信息、完善公众参与程序,为公民、法人和其他组织参与和监督环境保护提供便利。

第五十四条　国务院环境保护主管部门统一发布国家环境质量、重点污染源监测信息及其他重大环境信息。省级以上人民政府环境保护主管部门定期发布环境状况公报。

县级以上人民政府环境保护主管部门和其他负有环境保护监督管理职责的部门,应当依法公开环境质量、环境监测、突发环境事件以及环境行政许可、行政处罚、排污费的征收和使用情况等信息。

县级以上地方人民政府环境保护主管部门和其他负有环境保护监督管理职责的部门,应当将企业事业单位和其他生产经营者的环境违法信息记入社会诚信档案,及时向社会公布违法者名单。

第五十五条　重点排污单位应当如实向社会公开其主要污染物的名称、排放方式、排放浓度和总量、超标排放情况,以及防治污染设施的建设和运行情况,接受社会监督。

第五十六条　对依法应当编制环境影响报告书的建设项目,建设单位应当在编制时向可能受影响的公众说明情况,充分征求意见。

负责审批建设项目环境影响评价文件的部门在收到建设项目环境影响报告书后,除涉及国家秘密和商业秘密的事项外,应当全文公开;发现建设项目未充分征求公众意见的,应当责成建设单位征求公众意见。

第五十七条 公民、法人和其他组织发现任何单位和个人有污染环境和破坏生态行为的,有权向环境保护主管部门或者其他负有环境保护监督管理职责的部门举报。

公民、法人和其他组织发现地方各级人民政府、县级以上人民政府环境保护主管部门和其他负有环境保护监督管理职责的部门不依法履行职责的,有权向其上级机关或者监察机关举报。

接受举报的机关应当对举报人的相关信息予以保密,保护举报人的合法权益。

第五十八条 对污染环境、破坏生态,损害社会公共利益的行为,符合下列条件的社会组织可以向人民法院提起诉讼:

(一)依法在设区的市级以上人民政府民政部门登记;

(二)专门从事环境保护公益活动连续五年以上且无违法记录。

符合前款规定的社会组织向人民法院提起诉讼,人民法院应当依法受理。

提起诉讼的社会组织不得通过诉讼牟取经济利益。

第六章 法律责任

第五十九条 企业事业单位和其他生产经营者违法排放污染物,受到罚款处罚,被责令改正,拒不改正的,依法作出处罚决定的行政机关可以自责令改正之日的次日起,按照原处罚数额按日连续处罚。

前款规定的罚款处罚,依照有关法律法规按照防治污染设施的运行成本、违法行为造成的直接损失或者违法所得等因素确定的规定执行。

地方性法规可以根据环境保护的实际需要,增加第一款规定的按日连续处罚的违法行为的种类。

第六十条 企业事业单位和其他生产经营者超过污染物排放标准或者超过重点污染物排放总量控制指标排放污染物的,县级以上人民政府环境保护主管部门可以责令其采取限制生产、停产整治等措施;情节严重的,报经有批准权的人民政府批准,责令停业、关闭。

第六十一条 建设单位未依法提交建设项目环境影响评价文件或者环境影

评价文件未经批准，擅自开工建设的，由负有环境保护监督管理职责的部门责令停止建设，处以罚款，并可以责令恢复原状。

第六十二条　违反本法规定，重点排污单位不公开或者不如实公开环境信息的，由县级以上地方人民政府环境保护主管部门责令公开，处以罚款，并予以公告。

第六十三条　企业事业单位和其他生产经营者有下列行为之一，尚不构成犯罪的，除依照有关法律法规规定予以处罚外，由县级以上人民政府环境保护主管部门或者其他有关部门将案件移送公安机关，对其直接负责的主管人员和其他直接责任人员，处十日以上十五日以下拘留；情节较轻的，处五日以上十日以下拘留：

（一）建设项目未依法进行环境影响评价，被责令停止建设，拒不执行的；

（二）违反法律规定，未取得排污许可证排放污染物，被责令停止排污，拒不执行的；

（三）通过暗管、渗井、渗坑、灌注或者篡改、伪造监测数据，或者不正常运行防治污染设施等逃避监管的方式违法排放污染物的；

（四）生产、使用国家明令禁止生产、使用的农药，被责令改正，拒不改正的。

第六十四条　因污染环境和破坏生态造成损害的，应当依照《中华人民共和国侵权责任法》的有关规定承担侵权责任。

第六十五条　环境影响评价机构、环境监测机构以及从事环境监测设备和防治污染设施维护、运营的机构，在有关环境服务活动中弄虚作假，对造成的环境污染和生态破坏负有责任的，除依照有关法律法规规定予以处罚外，还应当与造成环境污染和生态破坏的其他责任者承担连带责任。

第六十六条　提起环境损害赔偿诉讼的时效期间为三年，从当事人知道或者应当知道其受到损害时起计算。

第六十七条　上级人民政府及其环境保护主管部门应当加强对下级人民政府及其有关部门环境保护工作的监督。发现有关工作人员有违法行为，依法应当给予处分的，应当向其任免机关或者监察机关提出处分建议。

依法应当给予行政处罚，而有关环境保护主管部门不给予行政处罚的，上级人民政府环境保护主管部门可以直接作出行政处罚的决定。

第六十八条　地方各级人民政府、县级以上人民政府环境保护主管部门和其他负有环境保护监督管理职责的部门有下列行为之一的，对直接负责的主管人员和其他直接责任人员给予记过、记大过或者降级处分；造成严重后果的，给予撤职或者开除处分，其主要负责人应当引咎辞职：

（一）不符合行政许可条件准予行政许可的；

（二）对环境违法行为进行包庇的；

（三）依法应当作出责令停业、关闭的决定而未作出的；

（四）对超标排放污染物、采用逃避监管的方式排放污染物、造成环境事故以及不落实生态保护措施造成生态破坏等行为，发现或者接到举报未及时查处的；

（五）违反本法规定，查封、扣押企业事业单位和其他生产经营者的设施、设备的；

（六）篡改、伪造或者指使篡改、伪造监测数据的；

（七）应当依法公开环境信息而未公开的；

（八）将征收的排污费截留、挤占或者挪作他用的；

（九）法律法规规定的其他违法行为。

第六十九条　违反本法规定，构成犯罪的，依法追究刑事责任。

第七章　附　则

第七十条　本法自 2015 年 1 月 1 日起施行。

附录 C：中华人民共和国环境保护税法

中华人民共和国环境保护税法

（2016 年 12 月 25 日第十二届全国人民代表大会常务委员会
第二十五次会议通过）

第一章 总 则

第一条 为了保护和改善环境，减少污染物排放，推进生态文明建设，制定本法。

第二条 在中华人民共和国领域和中华人民共和国管辖的其他海域，直接向环境排放应税污染物的企业事业单位和其他生产经营者为环境保护税的纳税人，应当依照本法规定缴纳环境保护税。

第三条 本法所称应税污染物，是指本法所附《环境保护税税目税额表》、《应税污染物和当量值表》规定的大气污染物、水污染物、固体废物和噪声。

第四条 有下列情形之一的，不属于直接向环境排放污染物，不缴纳相应污染物的环境保护税：

（一）企业事业单位和其他生产经营者向依法设立的污水集中处理、生活垃圾集中处理场所排放应税污染物的；

（二）企业事业单位和其他生产经营者在符合国家和地方环境保护标准的设施、场所贮存或者处置固体废物的。

第五条 依法设立的城乡污水集中处理、生活垃圾集中处理场所超过国家和地方规定的排放标准向环境排放应税污染物的，应当缴纳环境保护税。

企业事业单位和其他生产经营者贮存或者处置固体废物不符合国家和地方环境保护标准的，应当缴纳环境保护税。

第六条 环境保护税的税目、税额，依照本法所附《环境保护税税目税额表》执行。

应税大气污染物和水污染物的具体适用税额的确定和调整，由省、自治区、直辖市人民政府统筹考虑本地区环境承载能力、污染物排放现状和经济社会生态发展目标要求，在本法所附《环境保护税税目税额表》规定的税额幅度内提出，报同级人民代表大会常务委员会决定，并报全国人民代表大会常务委员会和国务院备案。

第二章　计税依据和应纳税额

第七条　应税污染物的计税依据，按照下列方法确定：

（一）应税大气污染物按照污染物排放量折合的污染当量数确定；

（二）应税水污染物按照污染物排放量折合的污染当量数确定；

（三）应税固体废物按照固体废物的排放量确定；

（四）应税噪声按照超过国家规定标准的分贝数确定。

第八条　应税大气污染物、水污染物的污染当量数，以该污染物的排放量除以该污染物的污染当量值计算。每种应税大气污染物、水污染物的具体污染当量值，依照本法所附《应税污染物和当量值表》执行。

第九条　每一排放口或者没有排放口的应税大气污染物，按照污染当量数从大到小排序，对前三项污染物征收环境保护税。

每一排放口的应税水污染物，按照本法所附《应税污染物和当量值表》，区分第一类水污染物和其他类水污染物，按照污染当量数从大到小排序，对第一类水污染物按照前五项征收环境保护税，对其他类水污染物按照前三项征收环境保护税。

省、自治区、直辖市人民政府根据本地区污染物减排的特殊需要，可以增加同一排放口征收环境保护税的应税污染物项目数，报同级人民代表大会常务委员会决定，并报全国人民代表大会常务委员会和国务院备案。

第十条　应税大气污染物、水污染物、固体废物的排放量和噪声的分贝数，按照下列方法和顺序计算：

（一）纳税人安装使用符合国家规定和监测规范的污染物自动监测设备的，按照污染物自动监测数据计算；

（二）纳税人未安装使用污染物自动监测设备的，按照监测机构出具的符合国家有关规定和监测规范的监测数据计算；

（三）因排放污染物种类多等原因不具备监测条件的，按照国务院环境保护主管部门规定的排污系数、物料衡算方法计算；

（四）不能按照本条第一项至第三项规定的方法计算的，按照省、自治区、直辖市人民政府环境保护主管部门规定的抽样测算的方法核定计算。

第十一条　环境保护税应纳税额按照下列方法计算：

（一）应税大气污染物的应纳税额为污染当量数乘以具体适用税额；

（二）应税水污染物的应纳税额为污染当量数乘以具体适用税额；

（三）应税固体废物的应纳税额为固体废物排放量乘以具体适用税额；

（四）应税噪声的应纳税额为超过国家规定标准的分贝数对应的具体适用税额。

第三章　税收减免

第十二条　下列情形，暂予免征环境保护税：

（一）农业生产（不包括规模化养殖）排放应税污染物的；

（二）机动车、铁路机车、非道路移动机械、船舶和航空器等流动污染源排放应税污染物的；

（三）依法设立的城乡污水集中处理、生活垃圾集中处理场所排放相应应税污染物，不超过国家和地方规定的排放标准的；

（四）纳税人综合利用的固体废物，符合国家和地方环境保护标准的；

（五）国务院批准免税的其他情形。

前款第五项免税规定，由国务院报全国人民代表大会常务委员会备案。

第十三条　纳税人排放应税大气污染物或者水污染物的浓度值低于国家和地方规定的污染物排放标准百分之三十的，减按百分之七十五征收环境保护税。纳税人排放应税大气污染物或者水污染物的浓度值低于国家和地方规定的污染物排放标准百分之五十的，减按百分之五十征收环境保护税。

第四章　征收管理

第十四条　环境保护税由税务机关依照《中华人民共和国税收征收管理法》和本法的有关规定征收管理。

环境保护主管部门依照本法和有关环境保护法律法规的规定负责对污染物的监测管理。

县级以上地方人民政府应当建立税务机关、环境保护主管部门和其他相关单位分工协作工作机制，加强环境保护税征收管理，保障税款及时足额入库。

第十五条　环境保护主管部门和税务机关应当建立涉税信息共享平台和工作配合机制。

环境保护主管部门应当将排污单位的排污许可、污染物排放数据、环境违法和受行政处罚情况等环境保护相关信息，定期交送税务机关。

税务机关应当将纳税人的纳税申报、税款入库、减免税额、欠缴税款以及风险疑点等环境保护税涉税信息，定期交送环境保护主管部门。

第十六条　纳税义务发生时间为纳税人排放应税污染物的当日。

第十七条　纳税人应当向应税污染物排放地的税务机关申报缴纳环境保护税。

第十八条　环境保护税按月计算，按季申报缴纳。不能按固定期限计算缴纳的，可以按次申报缴纳。

纳税人申报缴纳时，应当向税务机关报送所排放应税污染物的种类、数量，大气污染物、水污染物的浓度值，以及税务机关根据实际需要要求纳税人报送的其他纳税资料。

第十九条　纳税人按季申报缴纳的，应当自季度终了之日起十五日内，向税务机关办理纳税申报并缴纳税款。纳税人按次申报缴纳的，应当自纳税义务发生之日起十五日内，向税务机关办理纳税申报并缴纳税款。

纳税人应当依法如实办理纳税申报，对申报的真实性和完整性承担责任。

第二十条　税务机关应当将纳税人的纳税申报数据资料与环境保护主管部门交送的相关数据资料进行比对。

税务机关发现纳税人的纳税申报数据资料异常或者纳税人未按照规定期限办理纳税申报的，可以提请环境保护主管部门进行复核，环境保护主管部门应当自收到税务机关的数据资料之日起十五日内向税务机关出具复核意见。税务机关应当按照环境保护主管部门复核的数据资料调整纳税人的应纳税额。

第二十一条　依照本法第十条第四项的规定核定计算污染物排放量的，由税务机关会同环境保护主管部门核定污染物排放种类、数量和应纳税额。

第二十二条　纳税人从事海洋工程向中华人民共和国管辖海域排放应税大气污染物、水污染物或者固体废物，申报缴纳环境保护税的具体办法，由国务院税务主管部门会同国务院海洋主管部门规定。

第二十三条　纳税人和税务机关、环境保护主管部门及其工作人员违反本法规定的，依照《中华人民共和国税收征收管理法》、《中华人民共和国环境保护法》和有关法律法规的规定追究法律责任。

第二十四条　各级人民政府应当鼓励纳税人加大环境保护建设投入，对纳税人用于污染物自动监测设备的投资予以资金和政策支持。

第五章 附 则

第二十五条 本法下列用语的含义：

（一）污染当量，是指根据污染物或者污染排放活动对环境的有害程度以及处理的技术经济性，衡量不同污染物对环境污染的综合性指标或者计量单位。同一介质相同污染当量的不同污染物，其污染程度基本相当。

（二）排污系数，是指在正常技术经济和管理条件下，生产单位产品所应排放的污染物量的统计平均值。

（三）物料衡算，是指根据物质质量守恒原理对生产过程中使用的原料、生产的产品和产生的废物等进行测算的一种方法。

第二十六条 直接向环境排放应税污染物的企业事业单位和其他生产经营者，除依照本法规定缴纳环境保护税外，应当对所造成的损害依法承担责任。

第二十七条 自本法施行之日起，依照本法规定征收环境保护税，不再征收排污费。

第二十八条 本法自2018年1月1日起施行。

环境保护税税目税额表

税目		计税单位	税额	备注
大气污染物		每污染当量	1.2元至12元	
水污染物		每污染当量	1.4元至14元	
固体废物	煤矸石	每吨	5元	
	尾矿	每吨	15元	
	危险废物	每吨	1000元	
	冶炼渣、粉煤灰、炉渣、其他固体废物（含半固态、液态废物）	每吨	25元	

续表

税目		计税单位	税额	备注
噪声	工业噪声	超标 1-3 分贝	每月 350 元	1. 一个单位边界上有多处噪声超标，根据最高一处超标声级计算应纳税额；当沿边界长度超过 100 米有两处以上噪声超标，按照两个单位计算应纳税额。 2. 一个单位有不同地点作业场所的，应当分别计算应纳税额，合并计征。 3. 昼夜均超标的环境噪声，昼夜分别计算应纳税额，累计计征。 4. 声源一个月内超标不超过 15 天的，减半计算应纳税额。 5. 夜间频繁突发和夜间偶然突发厂界超标噪声，按等效声级和峰值噪声两种指标中超标分贝值高的一项计算应纳税额。
		超标 4-6 分贝	每月 700 元	
		超标 7-9 分贝	每月 1400 元	
		超标 10-12 分贝	每月 2800 元	
		超标 13-15 分贝	每月 5600 元	
		超标 16 分贝以上	每月 11200 元	

一、第一类水污染物污染当量值

应税污染物和当量值表

污染物	污染当量值（千克）
1. 总汞	0.0005
2. 总镉	0.005
3. 总铬	0.04
4. 六价铬	0.02
5. 总砷	0.02
6. 总铅	0.025
7. 总镍	0.025
8. 苯并芘	0.0000003
9. 总铍	0.01
10. 总银	0.02

二、第二类水污染物污染当量值

污染物	污染当量值（千克）	备注
11. 悬浮物（SS）	4	
12. 生化需氧量（BOD5）	0.5	同一排放口中的生化需氧量、化学需氧量和总有机碳，只征收一项。
13. 化学需氧量（COD）	1	

续表

污染物	污染当量值（千克）	备注
14. 总有机碳（TOC）	0.49	
15. 石油类	0.1	
16. 动植物油	0.16	
17. 挥发酚	0.08	
18. 总氰化物	0.05	
19. 硫化物	0.125	
20. 氨氮	0.8	
21. 氟化物	0.5	
22. 甲醛	0.125	
23. 苯胺类	0.2	
24. 硝基苯类	0.2	
25. 阴离子表面活性剂（LAS）	0.2	
26. 总铜	0.1	
27. 总锌	0.2	
28. 总锰	0.2	
29. 彩色显影剂（CD-2）	0.2	
30. 总磷	0.25	
31. 元素磷（以P计）	0.05	
32. 有机磷农药（以P计）	0.05	
33. 乐果	0.05	
34. 甲基对硫磷	0.05	
35. 马拉硫磷	0.05	
36. 对硫磷	0.05	
37. 五氯酚及五氯酚钠（以五氯酚计）	0.25	
38. 三氯甲烷	0.04	
39. 可吸附有机卤化物（AOX）（以Cl计）	0.25	
40. 四氯化碳	0.04	
41. 三氯乙烯	0.04	
42. 四氯乙烯	0.04	
43. 苯	0.02	
44. 甲苯	0.02	

续表

污染物	污染当量值（千克）	备注
45. 乙苯	0.02	
46. 邻—二甲苯	0.02	
47. 对—二甲苯	0.02	
48. 间—二甲苯	0.02	
49. 氯苯	0.02	
50. 邻二氯苯	0.02	
51. 对二氯苯	0.02	
52. 对硝基氯苯	0.02	
53. 2.4—二硝基氯苯	0.02	
54. 苯酚	0.02	
55. 间—甲酚	0.02	
56. 2.4—二氯酚	0.02	
57. 2.4.6—三氯酚	0.02	
58. 邻苯二甲酸二丁酯	0.02	
59. 邻苯二甲酸二辛酯	0.02	
60. 丙烯腈	0.125	
61. 总硒	0.02	

三、pH 值、色度、大肠菌群数、余氯量污染当量值

污染物		污染当量值
1. pH 值	1.0—1，13—14	0.06 吨污水
	2.1—2，12—13	0.125 吨污水
	3.2—3，11—12	0.25 吨污水
	4.3—4，10—11	0.5 吨污水
	5.4—5，9—10	1 吨污水
	6.5—6	5 吨污水
2. 色度		5 吨水·倍
3. 大肠菌群数（超标）		3.3 吨污水
4. 余氯量（用氯消毒的医院废水）		3.3 吨污水

说明：1. 大肠菌群数和总余氯只征收一项。
　　　2. pH5—6 指大于等于 5，小于 6；pH9—10 指大于 9，小于等于 10，其余类推。

四、禽畜养殖业、小型企业和第三产业污染当量值

类型		污染当量值
禽畜养殖场	1. 牛	0.1 头
	2. 猪	1 头
	3. 鸡、鸭等家禽	30 羽
4. 小型企业		1.8 吨污水
5. 饮食娱乐服务业		0.5 吨污水
6. 医院	消毒	0.14 床
		2.8 吨污水
	不消毒	0.07 床
		1.4 吨污水

说明：1. 本表仅适用于计算无法进行实际监测或物料衡算的禽畜养殖业、小型企业和第三产业等小型排污者的污染当量数。
2. 仅对存栏规模大于 50 头牛、500 头猪、5000 羽鸡、鸭等的禽畜养殖场征收。
3. 医院病床数大于 20 张的按本表计算污染当量。

五、大气污染物污染当量值

污染物	污染当量值（千克）
1. 二氧化硫	0.95
2. 氮氧化物	0.95
3. 一氧化碳	16.7
4. 氯气	0.34
5. 氯化氢	10.75
6. 氟化物	0.87
7. 氰化氢	0.005
8. 硫酸雾	0.6
9. 铬酸雾	0.0007
10. 汞及其化合物	0.0001
11. 一般性粉尘	4
12. 石棉尘	0.53
13. 玻璃棉尘	2.13
14. 碳黑尘	0.59

续表

污染物	污染当量值（千克）
15. 铅及其化合物	0.02
16. 镉及其化合物	0.03
17. 铍及其化合物	0.0004
18. 镍及其化合物	0.13
19. 锡及其化合物	0.27
20. 烟尘	2.18
21. 苯	0.05
22. 甲苯	0.18
23. 二甲苯	0.27
24. 苯并（a）芘	0.000002
25. 甲醛	0.09
26. 乙醛	0.45
27. 丙烯醛	0.06
28. 甲醇	0.67
29. 酚类	0.35
30. 沥青烟	0.19
31. 苯胺类	0.21
32. 氯苯类	0.72
33. 硝基苯	0.17
34. 丙烯腈	0.22
35. 氯乙烯	0.55
36. 光气	0.04
37. 硫化氢	0.29
38. 氨	9.09
39. 三甲胺	0.32
40. 甲硫醇	0.04
41. 甲硫醚	0.28
42. 二甲二硫	0.28
43. 苯乙烯	25
44. 二硫化碳	20

参考文献

[1] Almeida H., Campello M., Weisbach M. S. The Cash Flow Sensitivity of Cash [J]. The Journal of Finance, 2004, 59 (4): 1777-1804.

[2] Beerronr Pascual, Gomez-Mejia L. R. Environmental Performance and Executive Compensation: An Integrated Agency-institutional Perspective [J]. Academy of Management Journal, 2009, 52 (2): 103-126.

[3] Bhattacharyya A., Cummings L. Measuring Corporate Environmental Performance-stakeholder Engagement Evaluation [J]. Business Strategy & the Environment, 2015, 24 (5): 309-325.

[4] Blacconiere W. G., Patten D. M. Environmental Disclosures, Regulatory Costs, and Changes in Firm Value [J]. Journal of Accounting Economics, 1994 (18): 357-377.

[5] Carroll A. B. A Commentary and an Overview of Key Questions on Corporate Social Performance Measurement [J]. Business & Society, 2000 (39): 466-478.

[6] Carson R. Silent Spring-1 [J]. New Yorker, 1962, 76 (6): 704.

[7] Charles J. Corbett C. J., Pan J. N. Evaluating Environmental Performance Using Statistical Process Control Techniques [J]. European Journal of Operational Research, 2002, 139 (1): 68-83.

[8] Christensen H. B., Nikolaev V. V., Wittenberg-Moerman R. Accounting Information in Financial Contracting: The Incomplete Contract Theory Perspective [J]. Journal of Accounting Research, 2016, 54 (2): 397-435.

[9] Cristina Cruz, Martin Larraza-Kintana. Socioemotional Wealth and Corporate Responses to Institutional Pressures: Do Family-Controlled Firms Pollute Less? [J]. Administrative Science Quarterly, 2010, 55 (8): 82-113.

[10] Deegan Craig, Michaela Rankin. The Materiality of Environmental Information to Users of Annual Reports [J]. Accounting, Auditing and Accountability, 1997, 10 (4): 562-583.

[11] Dhaliwal D. S., Li O. Z., Tsang A., et al. Voluntary Nonfinancial Disclosure and the Cost of Equity Capital: The Initiation of Corporate Social Responsibility Reporting [J]. The Accounting Review, 2001, 86 (1): 59-100.

[12] Du X., Weng J., Zeng Q., et al. Do Lenders Applaud Corporate Environmental Performance Evidence from Chinese Private-Owned Firms [J]. Journal of Business Ethics, 2015 (7).

[13] Easton P. D. PE Ratios, PEG Ratios, and Estimating the Implied Expected Rate of Return on Equity Capital [J]. The Accounting Review, 2004, 79 (1): 73-95.

[14] Elsayed Khaled, David Paton. The Impact of Environmental Performance on Firm Performance: Static and Dynamic Panel Data Evidence [J]. Structural Change and Economic Dynamics, 2005, 16 (3): 395-412.

[15] Fazzari S., Hubbard R. G., Petersen B. C. Financing Constraints and Corporate Investment [J]. Brookings Papers on Economic Activity, 1988 (1): 141-145.

[16] Gray R. H., Bebbington K. J., Walters D. Accounting for the Environment: The Greening of Accountancy [M]. London: Part II, Paul Chapman, 1993.

[17] Griffin P. A., Lont D. H., Sun Y. The Relevance to Investors of Greenhouse Gas Emission Disclosures [J]. UC Davis Graduate School of Management Research Paper, 2012.

[18] Hadlock C. J., Pierce J. R. New Evidence on Measuring Financial Constraints: Moving beyond the KZ Index [J]. Review of Financial Studies, 2010, 23 (5): 1909-1940.

[19] Hart S. L. A Natural-resource-based View of the Firm [J]. Academy of Management Review, 1995, 20 (4): 986-1014.

[20] Hart S. L., Dowell G. A. Natural-Resource-Based View of the Firm: Fifteen Years after [J]. Journal of Management, 2001, 37 (5): 1464-1479.

[21] Jensen M. C., Meckling W. H. Can the Corporation Survive? [J]. Social

Science Electronic Publishing, 1978, 34 (1): 31-37.

[22] Judge W. Q., Douglas T. J. Performance Implications of Incorporating Natural Environmental Issues into the Strategic Planning Process—An Empirical Assessment [J]. Journal of Management Studies, 1998 (35): 241-262.

[23] Kaplan S. N., Zingales L. Do Investment-Cash Flow Sensitivities Provide Useful Measures of Financing Constraints? [J]. The Quarterly Journal of Economics, 1997, 112 (1): 169-215.

[24] Klassen R. D., Whybark D. C. The Impact of Environmental Technologies on Manufacturing Performance [J]. Academy of Management Journal, 1999, 42 (6): 599-615.

[25] Lankoski L. Determinants of Environmental Profit: An Analysis of the Firm Level Relationship between Environmental Performance and Economic Performance [D]. Dissertation, Helsinki University of Technology, 2000.

[26] Lenciu lonel-Alin, Cluj-Napoca.Conceptual Model of Environmental Performance [J]. International Journal of Business Research, 2012 (3): 155-159.

[27] Milgrom P. R., Roberts J. Economics, Organization and Management [M]. Printice Hall, 1992.

[28] Newton T., Harte G. Green Business: Technicist Kitsch? [J]. Journal of Management Studies, 2010, 34 (1): 75-98.

[29] Palmer K., Oates W. E., Portney P. R. Tightening Environmental Standards: The Benefit-Cost or the No-Cost Paradigm? [J]. Journal of Economic Perspectives, 1995, 9 (4): 119-132.

[30] Pittman R. W.Issue in Pollution-Control-Interplant Cost Differences and Economies of Scale [J]. Land Economics, 1981 (57): 1-17.

[31] Porter M. E. Competitive Strategy: Techniques for Analyzing Industries and Competitors [M]. New York: The Free Press, 1980.

[32] Preston L. E., Obannon D. P. The Corporate Social-Financial Performance Relationship Typology and Analysis [J]. Business and Society, 1997, 36 (4): 419-429.

[33] Ruf B. M., K. Muralidhar, R. M. Brown, J. J. Janney, K. Paul. An Em-

pirical Investigation of the Relationship between Changein Corporate Social Performance and Financial Performance: A Stake Holder Theory Perspective [J]. Journal of Business Ethics, 2001 (2): 143-156.

[34] Russo M. V., Fouts P. A. A Resource-Based Perspective on Corporate Environmental Performance and Profitability [J]. Academy of Management Journal, 1997, 40 (3): 534-559.

[35] Sharma S., Vredenburg H. Proactive Corporate Environmental Strategy and the Development of Competitively Valuable Organizational Capabilities [J]. Strategic Management Journal, 1998, 19 (8): 729-753.

[36] Sharma S. Managerial Interpretations and Organizational Context as Predictors of Corporate Choice of Environmental Strategy [J]. Academy of Management Journal, 2000, 43 (4): 681-697.

[37] Surroca J., Tribo J. A., Waddock S. Corporate Responsibility and Financial Performance: The Role of Intangible Resources [J]. Strategic Management Journal, 2010, 31 (5): 463-490.

[38] Thoresen J. Environmental Performance Evaluation—A Tool for Industrial Improvement [J]. Journal of Cleaner Production, 1999, 7 (5): 365-370.

[39] Townsend R. M. Optimal Contracts and Competitive Markets with Costly State Verification [J]. Journal of Economic Theory, 1979 (21): 265-293.

[40] Tyteca D. Linear Programming Models for the Measurement of Environmental Performance of Firms—Concepts and Empirical Results [J]. Journal of Productivity Analysis, 1997, 8 (2): 183-197.

[41] Whited T. M., Wu G. Financial Constraints Risk [J]. Review of Financial Studies, 2006, 19 (2): 531-559.

[42] Xie S. Y., Kohji Hayase. Business Strategy and the Environment Bus [J]. Strat. Env, 2007 (16): 148-168.

[43] 北京师范大学"中国民生发展报告"课题组, 唐任伍. 中国民生发展指数总体设计框架 [J]. 改革, 2011 (9): 5-11.

[44] 毕茜, 顾立盟, 张济建. 传统文化、环境制度与企业环境信息披露 [J]. 会计研究, 2015 (3).

[45] 蔡兴扬. 1990 年度人文发展报告：联合国开发计划署 [J]. 世界经济译丛, 1992 (3): 13-20.

[46] 陈佳贵, 黄群慧, 彭华岗等. 中国企业社会责任研究报告 [M]. 北京: 社会科学文献出版社, 2009.

[47] 陈鹏, 徐顺青, 逯元堂, 高军, 刘双柳. 美国联邦财政环保支出经验借鉴 [J]. 中国环境管理, 2018, 10 (3): 84-88.

[48] 陈雯. 工业企业环境绩效与财务绩效关系的实证分析 [J]. 长春大学学报, 2011 (11): 14-18.

[49] 辞海编辑委员会. 辞海 (1989 年版) [M]. 上海: 上海辞书出版社, 1989.

[50] 樊纲, 王小鲁, 朱恒鹏. 中国市场化指数——各省区市场化相对进程 2011 年度报告 [M]. 北京: 经济科学出版社, 2011.

[51] 郭红建. 自然科学学报英文稿件的审稿 [J]. 信阳师范学院学报 (自然科学版), 2004, 17 (4): 495-498.

[52] 韩晓慧, 赵婧懿, 陈喜乐. 倡议联盟框架视阈下我国环境政策变迁研究 [J]. 生态经济, 2016 (4): 143-147.

[53] 何劭玥. 党的十八大以来中国环境政策新发展探析 [J]. 思想战线, 2017 (1): 93-100.

[54] 黄良文, 陈仁恩. 统计学原理 (第 4 版) [M]. 北京: 中央广播电视大学出版社, 2000.

[55] 霍尔. 统计学入门 [M]. 上海: 上海知识出版社, 1983.

[56] 蒋尉. 欧盟环境政策的有效性分析: 目标演进与制度因素 [J]. 欧洲研究, 2011, 29 (5): 6-7, 73-87.

[57] 黎文靖, 路晓燕. 机构投资者关注企业的环境绩效吗？——来自我国重污染行业上市公司的经验证据 [J]. 金融研究, 2015 (12): 97-112.

[58] 李广子, 刘力. 债务融资成本与民营信贷歧视 [J]. 金融研究, 2009 (12): 137-150.

[59] 李晓凤. 深圳市关爱指数及指标体系建构研究报告 [M]. 武汉: 武汉大学出版社, 2013.

[60] 李燕萍, 贺欢, 张海雯. 基于扎根理论的金融国企高管薪酬影响因素研

究[J]. 管理学报, 2010 (10): 1477-1483.

[61] 连玉君, 彭方平, 苏治. 融资约束与流动性管理行为[J]. 金融研究, 2010 (10): 158-171.

[62] 刘德银. 企业环境绩效综合评价探讨[J]. 理论与改革, 2007 (1): 106-108.

[63] 刘汉良. 统计学教程[M]. 上海: 上海财经大学出版社, 1995.

[64] 刘树成. 现代经济辞典[M]. 南京: 凤凰出版社, 2005.

[65] 鲁爱民, 黄德惠. 财政补贴对"ST"上市公司财务绩效的影响研究[J]. 经营与管理, 2015 (5): 102-104.

[66] 陆正飞, 叶康涛. 中国上市公司股权融资偏好解析——偏好股权融资就是缘于融资成本低吗？[J]. 经济研究, 2004 (4): 50-59.

[67] 吕峻, 焦淑艳. 环境披露、环境绩效和财务绩效关系的实证研究[J]. 山西财经大学学报, 2011 (1): 109-116.

[68] 毛晖, 余爽, 张胜楠. 优化我国环保支出体系研究[J]. 行政事业资产与财务, 2018 (9): 1-5.

[69] 毛新述, 叶康涛, 张顿. 上市公司权益资本成本的测度与评价——基于我国证券市场的经验检验[J]. 会计研究, 2012 (11): 12-22.

[70] 钱明, 徐光华, 沈弋. 社会责任信息披露、会计稳健性与融资约束——基于产权异质性的视角[J]. 会计研究, 2016 (5): 9-17.

[71] 任赟. 日本地方政府在环境政策实施中的作用[J]. 世界经济研究, 2012 (12): 72-77, 86.

[72] 沈红波, 谢越, 陈峥嵘. 企业的环境保护、社会责任及其市场效应——基于紫金矿业环境污染事件的案例研究[J]. 中国工业经济, 2012 (1): 141-151.

[73] 沈洪涛, 冯杰. 舆论监督、政府监管与企业环境信息披露[J]. 会计研究, 2012 (2): 72-78.

[74] 沈惠平. 日本环境政策分析[J]. 管理科学, 2003 (3): 92-96.

[75] 石峰. 英国低碳经济政策的研究[D]. 吉林大学博士学位论文, 2016.

[76] 石光, 周黎安等. 环境补贴与污染治理——基于电力行业的实证研究[J]. 经济学季刊, 2016, 15 (3): 1439-1462.

[77] 汤天滋. 中日环境政策及环境管理制度比较研究[J]. 现代日本经济,

2007（6）：1-6.

[78] 唐国平，李龙会，吴德军. 环境管制、行业属性与企业环保投资[J]. 会计研究，2013（6）：83-89.

[79] 唐李伟. 污染物排放环境治理与经济增长——机理、模型与实证[D]. 湖南大学博士学位论文，2015.

[80] 唐啸，陈维维. 动机、激励与信息——中国环境政策执行的理论框架与类型学分析[J]. 国家行政学院学报，2017（1）：76-81，127-128.

[81] 田翠香，沈君慧. 环境战略选择影响企业经营绩效研究综述[J]. 现代商贸工业，2015（6）：52-54.

[82] 汪劲. 21世纪日本环境立法与环境政策的新动向——以构建与地球共生的"环之国"为目标[J]. 环境保护，2006（24）：68-71.

[83] 王保平. 综合财务指数：理论、编制与实践[M]. 北京：中国财政经济出版社，2015.

[84] 王德发. 关于指数概念的科学定义[J]. 统计研究，1986，3（6）：50-51.

[85] 王宏，蒋占华，胡为名等. 中国上市公司内部控制指数研究[M]. 北京：人民出版社，2011.

[86] 王坤. 国外新能源汽车财税政策研究及启示[J]. 现代管理科学，2015（10）：52-54.

[87] 王威海，陆康强. 社会学视角的民生指标体系研究[J]. 人文杂志，2011（3）：161-171.

[88] 王霞，徐晓东，王宸. 公共压力、社会声誉、内部治理与企业环境信息披露——来自中国制造业上市公司的证据[J]. 南开管理评论，2013（2）：82-91.

[89] 王燕，王煦，赵凌云. 钢铁企业环境绩效评价指标体系研究——基于生态文明的视角[J]. 生态经济，2016（10）：46-50.

[90] 王云，李延喜，马壮等. 媒体关注、环境规制与企业环保投资[J]. 南开管理评论，2017（6）：83-94.

[91] 吴昊旻，杨兴全，魏卉. 产品市场竞争与公司股票特质性风险——基于我国上市公司的经验证据[J]. 经济研究，2012（6）：101-115.

[92] 吴晓波. 中国企业健康指数报告[M]. 杭州：浙江大学出版社，2012.

[93] 肖主安. 试论欧盟环境政策的发展[J]. 欧洲，2002（3）：75-81，112.

[94] 谢德仁. 企业绿色经营系统与环境会计 [J]. 会计研究, 2002 (1): 48-53.

[95] 徐常萍. 环境规制对制造业产业结构升级的影响及机制研究 [D]. 东南大学博士学位论文, 2016.

[96] 徐国祥. 统计指数理论及应用 [M]. 北京: 中国统计出版社, 2004.

[97] 杨东宁, 周长辉. 企业环境绩效与经济绩效的动态关系模型 [J]. 中国工业经济, 2004 (4): 43-50.

[98] 杨立雄, 李超. 中国社会福利发展指数报告 [M]. 北京: 人民出版社, 2014.

[99] 杨文举. 中国省份工业的环境绩效影响因素——基于跨期 DEA-Tobit 模型的经验分析 [J]. 北京理工大学学报 (社会科学版), 2015 (3).

[100] 杨志宇. 欧盟环境税研究 [D]. 吉林大学博士学位论文, 2016.

[101] 姚立杰, 罗玫, 夏冬林. 公司治理与银行借款融资 [J]. 会计研究, 2010 (8): 55-61.

[102] 姚圣, 周敏. 政策变动背景下企业环境信息披露的权衡: 政府补助与违规风险规避 [J]. 财贸研究, 2017 (7): 99-110.

[103] 叶陈刚, 王孜等. 外部治理、环境信息披露与股权融资成本 [J]. 南开管理评论, 2015, 18 (5): 85-96.

[104] 佚名. 欧盟能源政策绿皮书主要内容 [J]. 中国石油和化工标准与质量, 2006 (8): 62-63.

[105] 易阿丹. 日本环境税及其在国内的反响 [J]. 江苏环境科技, 2007 (1): 75-77.

[106] 余伟, 陈强, 陈华. 不同环境政策工具对技术创新的影响分析——基于 2004-2011 年我国省级面板数据的实证研究 [J]. 管理评论, 2016 (1): 53-61.

[107] 袁潇. 生态文明视角下对我国环境政策实施创新的研究 [J]. 经济研究导刊, 2018 (8): 74-76.

[108] 袁晓玲, 杨万平, 刘伯龙. 中国环境质量综合评价报告 [M]. 西安: 西安交通大学出版社, 2015.

[109] 张宏武, 时临云. 从日本环境问题对策的变迁看我国的环境政策 [J]. 改革与战略, 2008 (10): 203-207.

[110] 张金鑫, 王逸. 会计稳健性与公司融资约束——基于两类稳健性视角

的研究［J］.会计研究，2013（9）：44-50.

［111］张琪.特朗普首份财政预算大砍环保开支［N］.中国能源报，2017-03-27（007）.

［112］张维达.统计学理论与方法［M］.长春：吉林人民出版社，1983.

［113］张智光.人类文明与生态安全：共生空间的演化理论［J］.中国人口·资源与环境，2013，23（7）：1-8.

［114］中国统计学会"地区发展与民生指数研究"课题组.2011年地区发展与民生指数（DLI）报告［J］.调研世界，2013（3）：3-5.

［115］周夏飞，周强龙.产品市场势力、行业竞争与公司盈余管理——基于中国上市公司的经验证据［J］.会计研究，2014（8）：60-66.

［116］祝继高，韩非池，陆正飞.产业政策、银行关联与企业债务融资——基于A股上市公司的实证研究［J］.金融研究，2015（3）：176-191.

［117］综合开发研究院（中国·深圳）课题组.中国金融中心指数（CDICFCI）报告［M］.北京：中国经济出版社，2009.